STEAM 教育指南：
青少年人工智能时代成长攻略

[美] 琼·霍华斯（Joan Horvath）
里奇·卡梅隆（Rich Cameron） 著
梁志成 译

机 械 工 业 出 版 社

未来是AI的时代，也是科技快速变革的时代，而现今的青少年未来面对的会是很多未知的工作与创造性的机遇。如何胜任这样的未来，如何迎接AI的挑战，具有终身创造力将会是一个得到广泛认可的答案。但是具体如何培养终身创造力，并将其在实践中体现出来却很难回答。

因此，了解创造力的重要性，知道如何通过实践培养个体创造力并让它发挥展现，这将是一件重要的、极具价值的事情。从科学家、发明家、创客、设计师、艺术家等闪现耀眼创意的人群中我们可能得到答案。本书梳理了这些极具创造力的人是如何从小培养并实践自己的创意。虽然很久之前还没有创客、STEAM这样的名词，但培养并实践创造的过程却一直体现了创客、STEAM教育的精髓，直至今日本书系统梳理并归纳了这些适合青少年培养并实践创造力的成长路径与各种手段。

本书全景展现了如今创客、STEAM教育的精髓、成长路径、实践手段，让孩子、家长和更多的教育者可以了解到如何通过实践培养并体现出终身创造力，胜任未来的AI时代。

原书前言

Arduino、3D 打印、可穿戴电子技术，这些新奇的名字你知道它们都是些什么好玩的东西吗？为人父母的你，为人师表的你，或者作为学校管理者的你，或许正在感受着你身边年轻人的各种潮流。但与此同时，你或许也感觉被这些浪潮般炫目名词裹挟到一个海市蜃楼般的远方。作为在这个浪潮中工作的技术从业者，我们注意到这种感觉具有相当的普遍性，因为有太多的人向我们咨询类似的问题，让我们深感疲惫。为了让一些基本技术知识能在人群中更加普及，我们决定通过本书来回答一些大家共同关心的关键问题。比如，我们需要花费多少才能购买学习技术的基本材料？入门时需要学习哪些内容？除了能学习技术技能以外，我（或者我的孩子）又能从这些学习挑战中学到哪些对他们有更深远影响的东西？

在本书中所谈论的技术，绝大部分都脱胎于 DIY、创客文化浪潮。在第 1 章中会详细谈到这种文化浪潮。人们通过亲身实践学习各种技能知识，并通过在线互动或者线下造物活动，和同好者们共同交流切磋。然而，这种日新月异的先锋潮流文化与传统教育之间的代沟日渐显现。作为本书的作者，其中琼是一位接受传统航天工程教育，并转型为教育行业人士，而里奇则是网名为 Whosawhatsis、自学成才的创客和 3D 打印机专家。我们在书中从各自的视角出发，共同探讨这些代沟及其原因。并且，我们通过展示一些合作伙伴的精彩活动和经验，尝试给出一种能让传统教育方式与创客文化有所融合的模式，让学习者能更主动地学习，能有更丰富的学习体验，而不是被动地接受知识。

在第 1 章中，首先为大家简要介绍我们两个作者不同的思维模式，然后为读者简述全书的概貌。第 2 ~ 4 章进而介绍三种最受关注的、最基础的技术：一种被称为 Arduino 的简单易学的微控制器系统、3D 打印技术以及机器人技术。到了第 5 章，介绍的焦点将转到人们是如何在公共场所以及学校设计、建立造物空间的。而在第 6 章，则讨论如何将这些基础的技术应用在"公众科学"之中。在这里，公众科学指那些强调公众广泛参与的真实科学项目。到了第 7 章，则向读者展示一个称为可穿戴技术的全新领域。所谓可穿戴技术，是指将能与环境互动的电子电路和服饰相结合，创造出各种炫酷效果的技术手段。而在第 8 章中，我们将介绍一些更为简单的技术手段，并探讨人们为何对学习技术有畏惧心理，哪怕这些技术极其简单。

到了第 9 ～ 11 章中，我们将回顾孕育上面介绍过的那些技术的各种文化、潮流。第 9 章将深入介绍开源世界——一个通过分享创意并共同推动创意落地、发展的互联网技术社区群体。第 10 章则探讨如何吸引更多的女性进入创客社群——这个通常被视作男性专利的世界。而在第 11 章中，则深入探讨了一个社区大学造物课程的案例研究。在这个课程中，以 3D 打印技术为载体，学生通过一些具体设计主题，如为视障人士设计辅助用品等，在项目实施过程中学习如何设计与造物。

然后在第 12 ～ 14 章，探讨的方向将转到人们热情地将创客的手段与风格引进课堂的初心。科学家们在讲述亲身经历时都不约而同地提到，孩童时的造物经历是点燃孩子们的科技热情，并把他们最终引向科技世界广阔天地的良好途径。在这三章中，科学家们详细介绍了他们的真实的想法和工作状态，并且分享了他们是如何从小时候爱拆东西开始，一步步成为科学家的各种轶闻趣事。读完这些小故事，也许你就会发现，其实在周围就有很许许多多像他们一样出色的小创客。

来到最后的第 15 ～ 17 章，我们将对前文的观点、案例进行归纳、梳理。其中很多证据都证明了我们的观点，那就是亲身参与的造物活动确实能带来良好的学习效果，是学习科学的一个特别有效的途径。

十年树木，百年树人。

在全书开始之前，我们邀请了鼓励我们写作本书的几位好友为本书撰写了一个温馨励志的引言。可可·卡莱尔（Coco Kaleel），一个可爱的小女孩，因为她的父母不懂创客技术，而当时他们又急需为他们的女儿寻找好的创客技术发展路径指引。于是，卡莱尔在 11 岁的时候走进了我们的世界。而当时我们还在一家 3D 打印机公司工作。在引言中，他们会分享他们的造物心路历程，我们希望通过他们的叙述能让各位读者放下包袱，轻装踏上造物之路。

如果你想走进创客的世界，本书非常适合你。如果你想把你所关心的那个未来小小科学家引向科技的殿堂，本书也能给你一些实用的指引。我们尝试着通过书中的注释和参考文献让你不会迷茫和不知所措。当然，条条大路通罗马。之所以选择本书叙述的方法与案例，是因为我们经过思考后相信，为读者尽可能打开更多的大门，更能帮助他们找到适合他们的路。这能让他们在步入新世界以后能有所思考、有所创造。

——由可可、莫莎以及南希·卡莱尔一家撰文

当我们的女儿可可还很小的时候，她就很喜欢摆弄机器人、电动机和焊接之类的玩意。我们因此而感到很失落。作为动画和浪漫喜剧题材的电影制片人和作家，我们很理解女儿的创新欲望，但却被她想要学习的复杂技术和术语弄得晕头转向。我们需要一些浅显易懂的文字帮助我们了解这一切，让我们能理解并帮助我们的女儿走进创新的世界，成为一个真正拥有创新能力的人。

这本书对我们是及时雨。我相信对其他家长、教师和读者来说也一定是。

接下来，就让我们的女儿可可从她的视角，为大家讲述她的成长故事。

创客

我的创客故事是从一个阳光明媚的早晨开始的。那天我没有上学，正穿着粉红色的睡衣在房间里玩着"万能工匠（Tinkertoys）[⊖]"。我知道我的父母正忙于粉刷房间，所以是不能被打扰的。我是一个雄心勃勃的女孩，我想为我的动物娃娃们搭建一个旋转木马，而且是不需要我用手推的那种。然而忙活了一阵子后，我并没有成功。于是我向爸爸求助。但是他告诉我需要等一会儿，因为他身上沾满了油漆。所以我只能靠自己把它弄出来。在一个小时以后，我终于自己搭成了一个在"玩具店"上面的装有曲轴的"旋转木马"。最后，旋转木马只能自己空转，没有带上任何动物娃娃。而所谓的"玩具店"也只是一个立体的空空框框。但这并不重要，重要的是我和我的父母都明白了一件事——我，可可，是一名小小创客。

我是一个与众不同的女孩，我更喜欢在万圣节里打扮成宇航员，更愿意在生日收到乐高积木作为礼物而不是玩具娃娃。我9岁那一年的圣诞节，我收到的礼物是乐高头脑风暴套装（LEGO Mindstorms Kit）。这是一个配备了简易编程环境的机器人套装。几个月以后，当我告诉爸爸说我想玩更复杂的东西时，让他大呼意外。很快他就带我找到了一个机器人俱乐部。在那里，我终于学会了如何焊接以及 Arduino 编程。

这是我的故事的一个重要转折点。在那以后，我得到了人生第一台 3D 打印机，我第一次在

⊖ Tinkertoys，中文名为万能工匠，是美国有近百年历史的著名的拼插类积木品牌。——译者注

洛杉矶公共图书馆教授其他小朋友如何焊接。之后我创办了一个网站分享并传播我的创客经历。后来我还第一次被邀请参加会议并发表了题为"女孩和机器人"的演讲。本书的其中一位作者琼也邀请我到 3D 打印世界博览会上用海报介绍自己的故事。随后，我还在得克萨斯州 Linux 节中发表演讲，鼓励小朋友积极学习技术。目前，我是我们学校 3D 打印俱乐部的共同管理人，我们正致力于设计不同的 3D 打印教具，帮助失明的孩子学习数学。这是琼启发我进行的一个项目。

在这本书写作的五年以前，我告诉父母我想学更多的东西；在十年以前，我才刚刚完成了第一个旋转木马。那对我们全家人而言，是既惊且喜。那时我的父母没有太多的方法或途径来满足我，直到他们发现了机器人俱乐部。在那里我第一次成功地从零件组装成 3D 打印机，打破了组装 3D 打印机的最年轻的记录。那时候，他们知道他们找到了能满足我求知欲的地方。

幸运的是，儿童创客可以用的资源越来越多，玩具制造商为男孩女孩们设计各种各样的拼接积木玩具。很多人和公司把他们的"秘密"放在网络上分享给别人，并取了一个好听的名字叫"开源"。所以这让我这样的小白初学者以及其他人都能轻松找到这些资源，并用在自己的作品上。所以，我现在遇到什么困难也不会再害怕，因为我知道在网络上一定会有人曾经被这个问题困扰过，他的经验一定能帮助我解决这个困难。也许某一天，我也能为其他遇到困难的小朋友排忧解难。

当然，我也期待着工艺课回归的那一天。技术是学习的重点，每所学校都有一台 3D 打印机，C++ 语言就像外语那样正在被教授。像这些行动将激励我们这一代又一代人，并表明创客和程序员不是从一公里外就能侵入你手机的可怕的人，而是问题的解决者、创新的思想家。图 0-1 中就是我。

图 0-1　工作中的可可

父母的观点

如果孩子早期有体育、音乐或领导力等方面的能力，父母可以轻松在当地公园为他们找到儿童棒球或美国青少年足球组织（AYSO）的球队。对于那些对表演艺术充满热情的孩子们来说，音乐老师、合唱团、戏剧和舞蹈学院以及青少年交响乐团比比皆是，可以很容易为孩子找到感兴趣的社团。

但如果孩子想要制造机器人、编程、焊接电路板，或者想把东西拆开看看它的内部工作原理时又该怎么办呢？哦，那我们希望能为可可找到学前班关于科学、技术、工程、艺术和数学（STEAM）的学习组织，或者老师、艺术家或对创客感兴趣的成年人。但目前对于创客这个新生事物来说指导信息相当缺乏。

接下来的事

在 Tinkertoy、乐高积木和乐高机器人之后，我们对女儿"接下来应该做什么"一无所知。这就好像是一层窗户纸，也许很薄，但我们不知道如何捅破它，或向谁求助。我们可以对任何人说的是，我们的女儿想要学习编程，想把所有东西拆开，以及想要制造机器人（但谁不想要那个呢？）。

遗憾的是，她的小学无法提供相应支持。学科中没有相应课程，也没有实体创客空间，学校预算中也没有资金来支持学生探索技术。最糟糕的是，尽管有很多老师很好奇，但没有哪位老师真正理解这项技术。而如果我们本身就是科学家或工程师，那么情况可能会好一些。

即便在网上可以学到很多零碎的东西，但我们依然渴望能有一个权威的人或者地方指引我们玩创客。万幸的是，最后在家附近，我们找到了一个创客空间和机器人俱乐部。琼和里奇会在第 5 章中详细介绍。

一次偶然的机会，可可参加了由当地一个机器人组织在创客空间中组织的树莓派介绍会。当她来到介绍会现场，见到会议组织人的时候，她立刻有了"终于找到组织了"的感觉。虽然可可是他们中最小的一个，但他们依然把她当作组织成员看待，并热情地教给她很多我们并不懂的东西。帮助过我们一家的人实在太多了，我们都已经不知道如何表达我们的感激之情。这个机器人组织的很多成员是航天工程师和研究生。他们教会了可可 Arduino 编程、基础电子知识，而且还让她和很多成年人一起学习焊接。如今，当你问一个 55 岁的成年人他们是如何学会焊接的，他们会告诉你那是他们小时候在学校的工艺课上学会的技能。但是如果你问的是一个 21 岁的年轻人，可能大部分人都不知道那是什么。

培养创客

在和可可共同成长的路上，我们发现其实在市面上有很多现成的套装和仪器。通过组装或者制作东西是最佳的学习方式。我们发现对可可来说，套装是最有效果的，尤其是 3D 打印机套装。目前消费级的 3D 打印机还处于待普及阶段。所以当可可发现机器坏了的时候，她必须依靠自己而不是父母来修好这台机器。她知道父母在这方面明显无能为力。（可可热爱制作，并且热爱分享，她开设了一个网站专门帮助别人入门，介绍自己的心路历程。）后来，我们觉得是时候为可可买一台 3D 打印机。买来套装以后，可可独自一人把套装组装成了机器。那时她只有 11 岁。在这个过程中，她不仅学到了工程学、软件学和机械学知识，而且她还遇到了两位导师——琼和里奇。琼的正规工程教育背景、里奇的敏锐创新触觉以及他们俩开放的共享思维，点燃了可可的热情。他们为可可打开了一片天地，让她能将之前学习过的知识融合起来。随后，可可逐步掌握了 3D 打印技术和一些造物技巧。后来，她想继续学习四轴飞行器制作，就自己摸索着做了一个。当我们家附近的一个四轴无人机商店的老板知道了可可的想法以后，非常鼓励她学习。当可可发现摄像头并不能很好地装在她的无人机上的时候，商店老板就鼓励她自己寻求解决的方案。那年她刚满 12 岁，不但自学了 3D 建模软件，而且还用它设计了一个合适的摄像头固定装置，最后在 3D 打印机上打印出来。这个过程经历了很多曲折，但所幸她能最终坚持下来。在整个过程中最有价值的一件事情就是让孩子学到了什么是坚持不懈。而且可可还第一时间把设计的模型上传到自己的网站上分享给大家。到现在下载次数已经有几百次了。图 0-2 是我们一家人在完成了这个项目以后留下的快乐影像。

图 0-2　卡莱尔一家

属于你的时刻

可可的相机固定底座只是一小块简单的塑料块，但却凝聚了在焊接、电子、3D 打印以及开源分享方面的种种努力。琼、里奇、社区里的创客和工程师共同帮助我们 12 岁的女儿学会如何解决问题，取得了远超于我们预期的成就。但并不是每个人都能在自己的社区里，幸运地同时找到机器人、3D 打印和无人机的导师和专家。琼和里奇深深认识到这一点。因此他们决定共同为已经摸索多年的人们照亮一条路，并凝聚资源填平路上的沟壑。

作为家长和社区的一员，我们希望未来的学校和社区也能像他们为棒球、足球、音乐、美术、喜剧所做的那样，为喜爱机器人的孩子们建立类似的支持系统和基础设施。我们也欣喜地看到体育、艺术和社区服务等活动极大地丰富了孩子们的生活体验。但我们更盼望能在不远的将来，技术教育能深度融入学校课程和社区活动中，将孩子们培养成为未来的创造者。

作为家长，我们是多么希望琼和里奇的书在十年前面世。那时我们刚刚发现了可可在造物方面的天赋，但在这方面毫无头绪。我们只知道她喜欢拼搭、喜欢捣鼓东西。即便在十年后的今天，能满足这些对造物有特殊热情的公共设施才刚刚起步。所以本书是一个非常好的资源。它能帮助家长、教师充分保护、培养孩子在技术、工程与造物方面的热情与素质。

致谢

虽然我们是本书的作者，但我们离不开身后那个强大的支持团队。创客与"黑客"的社区精神非常伟大，特别是 RepRap 社区与 Arduino 社区。社区中各路大牛慷慨无私地花费个人时间来帮助我们这种菜鸟快速入门，对此我们的感激无以言表。另外，我们非常感激 Metalnat Hayes 与我们深入探讨了可穿戴技术方面的内容，这让我们能站在更高的起点去探索一些前沿问题。同时我们也特别感谢 Karen Mikuni、Ethan Etnyre 和 Quin Etnyre 给我们分享他们关于在学校中开展造物活动的观点。

我们非常感激洛杉矶 Windward 学校的教职员允许我们引用了他们很多的创意以及他们给我们特别大的启发。我们特别要感谢 Simon Huss、Regina Rubio、Glen Chung、Lyn Hoge、Tom Haglund、Cynthia Beals、Geraldine Loveless、Julie Gunther、Ernie Levroney、Jim Bologna、Larisa Showalter、Dawn Barrett 对我们的帮助，让我们学会用教师容易理解的方式介绍他们需要了解的创客技术。同样，我们也非常感谢所有的采访对象。他们的想法、案例图片很好地帮助我们传达了所思所想。还有卡斯迪加学校的 Angi Chau，马尔伯勒学校的 Kathy Rea 和 Andy Wittman，圣马修教会学校的 John Umekubo，他们耐心地向我们介绍他们的工作和想法，让我们能理解他们的世界。此外，也要感谢 MatterHackers 的团队允许我们使用他们研发的 Matter-Control 控制软件。

最后，我们要感谢的是我们的家人。感谢你们一次次宽容地放弃安静享用晚餐的机会，让出餐桌让我们进行头脑风暴或者比萨饼会议。

我们希望每一个人看到本书的时候，都能认为帮助过我们的人们的辛勤付出是值得的。

目录

原书前言

原书引言

致谢

第1部分　技　术　篇

第1章　21世纪的工艺课教师 ⋯⋯⋯⋯⋯⋯⋯⋯⋯⋯⋯⋯⋯⋯⋯⋯⋯⋯⋯ 2

什么是"造物" ⋯⋯⋯⋯⋯⋯⋯⋯⋯⋯⋯⋯⋯⋯⋯⋯⋯⋯⋯⋯⋯⋯⋯⋯⋯⋯⋯⋯ 2

谁能成为21世纪工艺课教师 ⋯⋯⋯⋯⋯⋯⋯⋯⋯⋯⋯⋯⋯⋯⋯⋯⋯⋯⋯⋯⋯ 3

明确你的需求 ⋯⋯⋯⋯⋯⋯⋯⋯⋯⋯⋯⋯⋯⋯⋯⋯⋯⋯⋯⋯⋯⋯⋯⋯⋯⋯⋯ 11

培养科学人才 ⋯⋯⋯⋯⋯⋯⋯⋯⋯⋯⋯⋯⋯⋯⋯⋯⋯⋯⋯⋯⋯⋯⋯⋯⋯⋯⋯ 13

广泛的社会影响 ⋯⋯⋯⋯⋯⋯⋯⋯⋯⋯⋯⋯⋯⋯⋯⋯⋯⋯⋯⋯⋯⋯⋯⋯⋯⋯ 14

总结 ⋯⋯⋯⋯⋯⋯⋯⋯⋯⋯⋯⋯⋯⋯⋯⋯⋯⋯⋯⋯⋯⋯⋯⋯⋯⋯⋯⋯⋯⋯⋯⋯ 15

第2章　Arduino、树莓派与硬件编程 ⋯⋯⋯⋯⋯⋯⋯⋯⋯⋯⋯⋯⋯⋯⋯ 16

Processing 与 Arduino ⋯⋯⋯⋯⋯⋯⋯⋯⋯⋯⋯⋯⋯⋯⋯⋯⋯⋯⋯⋯⋯⋯⋯ 17

Arduino 及其生态系统 ⋯⋯⋯⋯⋯⋯⋯⋯⋯⋯⋯⋯⋯⋯⋯⋯⋯⋯⋯⋯⋯⋯⋯ 18

电路设计与元器件 ⋯⋯⋯⋯⋯⋯⋯⋯⋯⋯⋯⋯⋯⋯⋯⋯⋯⋯⋯⋯⋯⋯⋯⋯⋯ 24

树莓派 ⋯⋯⋯⋯⋯⋯⋯⋯⋯⋯⋯⋯⋯⋯⋯⋯⋯⋯⋯⋯⋯⋯⋯⋯⋯⋯⋯⋯⋯⋯⋯ 27

快速上手指南 ⋯⋯⋯⋯⋯⋯⋯⋯⋯⋯⋯⋯⋯⋯⋯⋯⋯⋯⋯⋯⋯⋯⋯⋯⋯⋯⋯ 28

你需要学习的 ⋯⋯⋯⋯⋯⋯⋯⋯⋯⋯⋯⋯⋯⋯⋯⋯⋯⋯⋯⋯⋯⋯⋯⋯⋯⋯⋯ 28

入门套装的预算 ⋯⋯⋯⋯⋯⋯⋯⋯⋯⋯⋯⋯⋯⋯⋯⋯⋯⋯⋯⋯⋯⋯⋯⋯⋯⋯ 30

总结 ⋯⋯⋯⋯⋯⋯⋯⋯⋯⋯⋯⋯⋯⋯⋯⋯⋯⋯⋯⋯⋯⋯⋯⋯⋯⋯⋯⋯⋯⋯⋯⋯ 30

第 3 章　3D 打印 ·· 31

什么是 3D 打印 ··· 32

消费级的 3D 打印机 ·· 36

3D 打印机的局限 ··· 42

3D 打印机选购指南 ··· 43

面向教育者的 3D 打印 ··· 45

设备安全性 ··· 45

3D 打印服务平台 ··· 45

3D 打印入门的预算 ··· 46

3D 打印所需知识准备 ··· 46

总结 ··· 46

第 4 章　机器人、四轴飞行器和其他可移动装置 ············· 47

机器人的种类 ·· 47

业余级机器人中的技术 ·· 48

四轴飞行器 ··· 53

竞技体育中的机器人 ·· 54

快速上手指南 ·· 55

机器人入门预算 ··· 56

总结 ··· 56

第 2 部分　技术应用与社区支持

第 5 章　解密创客空间 ·· 58

创客空间的类型 ··· 58

创客空间的重要性 ··· 59

创客社区的个案研究 ·· 61

生物创客 ··· 65

博物馆、学校和图书馆中的创客空间 ·· 66

创客空间起步须知 ··· 71

创客空间起步预算 ··· 72

总结 ··· 72

第 6 章　公众科学与开源科学实验室 ································· 73

　公众科学项目的类型 ······················· 73

　公众科学项目成功个案研究："入侵物种" ················· 75

　公众科学项目中的技术应用 ····················· 78

　开源科学实验室 ···························· 81

　DIY 实验仪器的挑战与限制 ····················· 81

　DIY 实验仪器起步须知 ······················· 82

　DIY 实验仪器起步预算 ······················· 83

　总结 ································· 84

第 7 章　角色扮演、可穿戴技术和物联网 ················· 85

　Arduino 可穿戴设备 ABC ······················ 85

　创意时尚技术 ···························· 87

　角色扮演 ······························ 89

　物联网 ······························· 92

　起步须知 ······························ 93

　起步预算 ······························ 93

　总结 ································· 93

第 8 章　给孩子们的电路与编程 ····················· 94

　众筹的发明 ····························· 94

　学习软件编程 ···························· 96

　学习硬件编程 ···························· 96

　起步须知 ······························100

　起步预算 ······························101

　总结 ································101

第 9 章　开源思维模式与开源社区 ····················· 103

　什么是开源 ····························· 103

　开源硬件 ······························ 105

　开源软件还是免费软件 ······················· 106

开源入门者须知 ·· 109

开源硬件的挑战 ·· 111

总结 ··· 112

第 10 章 女创客养成记 ·· 113

女孩的工程生涯 ·· 113

聚焦女性创客的意义 ·· 118

案例研究 ··· 120

入门须知 ··· 126

创办"创客女孩"组织的预算 ······································ 127

总结 ··· 127

第 11 章 社区大学中的"造"与"创" ······························ 128

"设计技术之旅"课程 ··· 128

"触感"模型设计案例 ··· 130

来自学生的课程反思 ·· 135

总结 ··· 136

第 3 部分 迈向科学家的第一步

第 12 章 科学家养成记 ·· 138

发轫 ··· 138

科学与科学家的大众印象 ·· 149

总结 ··· 152

第 13 章 科学家的思维方式 ······································ 153

所见即所信 ··· 155

不同的科学研究之路 ·· 156

跨越年龄的科学 ·· 168

总结 ··· 169

第 14 章 科学家的一天 ·· 170

  科学 VS 工程 ··· 170

  科研工作者的典型 ··· 173

  回顾过去，展望未来 ··· 180

  总结 ·· 183

第 4 部分 整装，出发

第 15 章 迭代中学习 ·· 186

  关于失败与挫折 ·· 186

  失败 VS 迭代 ·· 188

  案例分析：轴夹的故事 ··· 190

  问题迭代能力——职场新技能 ·· 194

  总结 ·· 195

第 16 章 科学在"造"中学 ·· 196

  学习造物中的科学 ··· 197

  传统科学课（数学课）的创客化 ··· 200

  跨越现实的藩篱 ·· 203

  让我们造起来 ·· 204

  总结 ·· 204

第 17 章 创客，科学家的他山之石 ·· 205

  向创客学习的应用科学家 ·· 205

  科学家向左，创客向右？ ·· 208

  变革时刻 ··· 211

  总结 ·· 212

第1部分

技术篇

这是全书第 1 部分，将为你介绍 Arduino、3D 打印的硬件及技术，以及将技术转化为消费产品的技术社区所蕴含的思维模式。

第 1 章概述了思维模式的差异，并展现了创客、黑客社区与传统教育两种不同的学习视角。这也是全书的线索。在第 2 章你会学习到 Arduino 微处理器板，以 Arduino 为核心并结合传感器、电动机和其他电子零件的低成本开发系统。其中一个典型案例便是廉价、开源的 3D 打印机，这将在第 3 章中介绍。

如果你拿着 Arduino、一些电动机和传感器，再加上一些 3D 打印部件，你就可以制作你自己的机器人以及其他自动化装置。在第 4 章中，探讨了机器人的基础知识，给出一些常见器件型号、方案和在线教程。

以上章节综合提供了技术学习所需的材料，并为进一步实现本书后面更复杂的技术案例打下基础。

第1章　21世纪的工艺课教师

提起"工艺课堂（shop class）"，人们常常会联想到一个地上铺满金属碎屑与木屑，摆满桌子，乱得像鸟巢一样的地方。而"计算机实验室"则往往给人留下一个窗明几净、空气清新的印象。工艺课堂或许是地球上最后一个，即使再脏再乱，也让我留恋的地方。然而由于学生缺乏兴趣和关注，学校纷纷削减了工艺课程和空间，而计算机实验室却越来越吃香。

然而，今日一种结合了木工、金工车间，计算机实验室和电工实训室的新型车间正浮出水面。外面称它为创客空间、Fab Lab，又或者机器人工作室。这种地方有些可能是向公众开放的、用于技能学习或工具使用的工作空间，而有些则是专注于机器人制造或创造各种令人惊叹的消费品的场所。

想象一下，如果让创客空间走进校园，生根落地，它能否成为承载21世纪工艺课程的新载体，学生能否从中有何收益，而谁会具备运作这种空间的能力？假设你是老师，你又是否有能力突破重重障碍，学会使用里面的设备，进而教学生使用这些设备？而如果你是家长，你们家是否有地方向它靠拢？

本章将讨论结合低成本3D打印和相对易学易用的电子元件来开展彰显个性的造物活动。接着，再介绍一些你能用得上的技术。而这些技术还会在后面章节进行深入探讨。最后，我们将分别从传统工程师、教育者和创客的角度，以对话的形式，探讨如何在教学中协调这两种不同风格的学习方法，如何熟练掌握这些不同的技术。

什么是"造物"

成为一名创客，往往更意味心智到达某种状态，而不是拥有某种特定能力。在下一节中，我们俩将分别表达对"什么是成为创客的必备条件，以及我如何成为一名创客"这两个问题的不同观点。所以，在这里我们把那些即使买得到也买得起，但却更愿意自己将东西造出来的人，定义为创客。同时，创客往往喜欢钻研事物是如何工作的，并希望通过动手造物来巩固、完善自己的理解。

按难度划分，动手造物有相当多不同等级，而且有些已经向艺术品和工艺品靠拢了。所以，在本书中，我们聚焦于偏重技术取向的制作，同时也兼顾一些深受喜爱的工艺设计、跨界电子的作品以及其他方面内容。例如图1-1，就展示了一名电子创客进行的圣诞树设计。

图 1-1　一棵创客制作的木质榫卯结构圣诞树（图片由 Luz Rivas 提供）

即使把制作的范围缩窄到技术层面上，想象空间依然巨大，海量的信息依然让人千头万绪。例如，你也许搜索 "Arduino" 关键词找到相当多应用 Arduino 板制作的项目，但可能并没有一个链接会向你解释 Arduino 板到底是个怎样的设备。

本书试图给你一些指引，让作为初学者的你找到入门的支点；让你在缺少社区支持的情况下也能不断进步，从初学者变成高手。在最后几章，我们将探讨为何动手造物是学习科学、技术、工程、数学的良好途径。

> **提示：**
>
> 　　如果你家附近有公共创客空间，它一般会有入门者课程（试着用创客空间（make space）加上你城市的名字搜索一下）。和他们联系，并沟通你的情况，比如你是不是有一个迷上技术的小孩等，他们或许能给出一些有用的资讯。但如果你周围没有创客空间，也可以借助网络论坛（详细见第 9 章介绍）。在上面贴出你准备要做的项目的帖子，你通常能如愿获得帮助。而且更奇妙的是很可能帮你的人生活在地球遥远的另一边！

谁能成为 21 世纪工艺课教师

开设创客空间其中一个挑战便是寻找能运作空间的人。这要求这个人综合掌握多种技能——从传统手工制作到电子技术再到计算机编程。这种一专多能型的综合人才是相当难得的。如果在一个学校中，即便信息技术科被要求牵头建立一个创客空间，他们未必有能力处理在造物过程中出现的问题。而工艺课或艺术课教师也未必有太多的计算机编程经验。

图 1-2 拍摄于纽约创客节。图中两位就是本书作者琼和里奇。他们从不同的途径走进了创客空间，并在一个小型 3D 打印机公司共事过一段时间。目前他们正合作研究用动手造物的方式教授各种科目的项目。

琼，是婴儿潮中出生的一代，是一位接受传统教育并有很强计算机背景的航天工程师。她在 2013 年年初迈入创客世界，在电子和手工制作方面完全是小白一枚。而里奇，则是千禧一代，是一名自学成才的电子"黑客"，是一位在 2008 年前后的开源 3D 打印机发展初期就参与研发的技术领军人物。这个技术背景让他成为两人之中的老资格。在本书中，他们将从各自的视角，为各位呈现这两个不同的社群是如何良好协作的。下一节将以第一人称的方式为大家讲述创客社区，以及他们是如何看待传统教育和手工制作的。希望大家能将本书看作两人的对话，并且能对你探索这个崭新世界有所启发。

图 1-2　本书两位作者在 2014 年纽约创客节中的合影
（由 Apress 出版社供图）

琼如是说：当工程师与教育者遇见造物

我曾在麻省理工学院（MIT）和加利福尼亚大学洛杉矶分校（UCLA）攻读工程学，并在 UCLA 获得工程学硕士学位。我也曾进入专门研制用于星际航行的航天器的喷气推进实验室（JPL）⊖ 工作过 16 年。在这种环境中工作，核心的技能是能够快速掌握新知识。因此我学会了自顶向下（演绎）式快速学习方法。通常，我会从写有一大堆公式方程的书本或手册中学习，获得对新领域的一个宏观的框架。在专业的研究环境中，特别是航天领域，人们的专业分工非常明确。而我基本属于一个软件人员，所以进入航天电子领域调试硬件是我想都不敢想的事情。在 16 年的职业生涯中，我一般都待在同一个房间里，透过玻璃窗才能看到飞行器的样子，而我接触硬件的次数 10 个手指头都能数得过来。

像喷气推进实验室（JPL）中绝大多数人一样，我和航天器模拟器有着特殊的感情。它们大多感觉像一个小孩或者合作者。在实验室中，我的工作室为麦哲伦飞船编写工作软件。麦哲

⊖　美国宇航局 NASA 的下属机构，参与过登月计划等重大计划。——译者注

伦飞船是第一艘能透过金星厚厚的外层大气，拍摄并传回金星表面的雷达影像的飞行器。因此飞船软件非常重要，不能有丝毫差错。

我们必须极具创新力。只有这样我们才可能去处理一些完全没人想过、遇过的问题。试想一下，会有多少人每天都在工作中思考金星轨道上会发生些什么？这些工作同样需要周密细致的计划和对细节预算的掌控。毫不夸张地说，在这个太阳系中，喷气推进实验室是仅有的一个践行"让我们去看看发生了什么"的创客理念的地方了。我是在 2000 年前后离开实验室的，然后在商业航天领域做过一段时间咨询工作。之后我就把更多的时间精力投入到几个学院的教学工作中。

2013 年年初，在为一门在线本科生的跨学科课程寻找资料的时候，我无意中进入了创客社区。当时，我是一个学院的助教老师，正在给一些将来要当小学教师的学员上课。我想让他们体会科学和工程是一个探索的过程，而不仅仅是学习单里一个个孤立的概念和单词。在实践中发现，虽然我们尝试了第一个基于 3D 打印技术的在线教师专业课程，但回头看来当时的课程对于学员来说还是困难重重，学习曲线过于陡峭。

从那以后，我发现了 3D 打印和其他创客技术的威力，而且还机缘巧合地进入到一家小型 3D 打印企业。这相当于给我上了新的一课。虽然我作为火箭工程师参与了多个星际飞船的项目（比如伽利略号木星探测器、卡西尼号土星探测器、麦哲伦号金星探测器，以及一些从来没有机会上天的研究项目），但自从离开大学实验室以后，我几乎没有动手组装过任何东西。我觉得搞电子对我而言相当不简单，虽然理智告诉自己这只是兴趣而已，即便弄砸了也不会像搞航天那样导致价值几百万美元的损失。

我周围的那些新伙伴们都很厉害，可以单凭着脑袋里的知识与想象就从零开始设计、组装一台 3D 打印机。然而在我没有坐下来干点什么的时候，他们中一些人并没有发现我从正规工程教育体系中累积下来的才干。这就像一个悖论，专业化分工就好像对于责任的分散，在让你专注于某个细分工作的同时也要坚信你其余的合作伙伴能够懂得剩下的一切。创客们引以为傲的是，他们完全用自己的双手建造东西，并对它的一切了如指掌。而我虽然曾经是控制航天器飞向金星的团队成员，但事实上我连一个接线器可能都连不好。顺便给超过 40 岁还要摆弄硬件的人一个忠告：一定要给你眼镜加一半的度数——因为某些元件真的太小了！

做中学——当真无往不利吗

渐渐地，我意识到 3D 打印机是一件比火箭还复杂的东西。然而此时的我却要开始给客户准备培训材料，并试图让他们觉得这玩意儿非常简单。当我尝试自学使用开源 3D 打印机以后，我发现在网络上有相当多现成的资源，但几乎没有一步步展现 3D 创作全过程的或者针对初学者量身定制的基本流程和基本概念的材料。即使网上有用户论坛，但这是一个随机而成的松散结构，而且是围绕用户问题而组织的。当然你可以在论坛上搜索你想要的内容，但前提是你必须知道如何使用正确的术语描述并问出一个合适的问题。然而这些网上的词汇往往不一定和工程师们交流时使用的术语相同。

当我向别人提及这个疑惑时，他们其中一种典型的回答是："所有东西都在那儿了，还有问题吗？"而另一种答复则是："自学其实只是一套仪式。如果你没有完全了解所有东西，那么你就不要轻易使用这项技术。"然而通过不断请教里奇这样的资深用户和主动试错以后，我慢慢步入正轨，并逐渐走上快车道。即便如此，我还是很清楚在这个创客社区里，我的学习方法相当稚嫩。而且，我也常常看到不断有人重复我当年的错误，比如坐在计算机前花上整天的时间从不同的地方找来一些支离破碎的相同信息。

早年我在喷气推进实验室工作的时候，使用的是早期超级计算机。第 2 章要介绍的 25 美元的处理器已经和当年这种计算机的性能相仿。今天的 3D 打印机和那些早期的大型机应用面临着相似的情形：软件或硬件的专业化程度很高，但是能样样精通的跨界者少之又少。

有一个笑话是这样调侃科学家与工程师的区别的，科学家喜欢惊喜，而工程师则讨厌意外。这个笑话表明，工程其实是在工作中应用已有知识的过程。但创客运动的发展过程似乎也在暗示着，创客其实也需要发现的知识，就像一个需要爱上意外的工程师一样。

如果你询问一个创客对发现新生事物看法，他们一定会坚持认为做中学是一种更好的学习方式。但是在我看来，这种哲学似乎会把人的学习局限在他们的思维所能够达到的范围之内，而这并不一定能让人学会如何发现新知识。做中学往往只能了解事物的工作原理，但却并没有呈现普遍规律以及事物背后更宏观的图景。我通常把这类学习称为钉子式学习，表现为在若干领域拥有相当精深的知识，但领域之间的知识缺乏融会贯通。

从真实世界中的学习

假如你是接受传统工科教育的人，你也许认为上面所说的那种创客正在"发明"一些已经存在的发明，并且他们拒绝像往常那样刻苦学习数学和科学。也许你们因此觉得创客空间就像玩过家家一样，拒绝让它走进校园。但正如我所说的那样，这并没有那么简单。

我深知自己是一个非常结构化的，自顶向下的学习者。在女性只占大多数工程领域百分之几的时候，我有机会进入学校学习成为一名女工程师。我便是书中所指的那种"传统工程师"。然而我会认为，我只是以传统方式接受过教育而已。几乎所有技术领域的教学都是以适合视觉风格和自顶向下风格学习者的方式呈现的。

但如果某些人习惯于自底向上（归纳）学习，他们能否更好地掌握那些自顶向下式的知识呢？表面上看来，创客们是在创客空间中边做边交流而学习，或者以虚拟的方式在论坛和 BBS 中经历类似的学习过程。但本质上看，他们归根到底是从尝试和观察中学习的。如果你觉得从书本学习并太适合你，成为一个通过互联网向全球拜师的创客是否会让你有了学习的动力？又或者创客其实是一群新型艺术家？又或者他们在创造一门包罗万象的新学科？这些问题，我们将在本书后面中探索的例子中尝试找到答案。

在不太久的以前，受硬件价格、复杂性比较高，并且缺乏相关学习资源的条件所限，通过"快速接插（cut-and-try）"实验的方式学习电子电路课程还不太普遍的。到了现在，由于像 3D 打印机之类新的硬件比以前更易学易用，价格更亲民，基于互联网的学习资源更加丰富易得，所以使用的人越来越多。在后面章节中，我们将介绍一些专为教育或者兴趣爱好所定制的新模块。这些新硬件和 3D 打印技术结合起来，产生了很多新颖而强大的应用案例。很多有原型制作、快速定制硬件需求的学生和专家，比如产品设计师、科学家和艺术家，可以借助这些硬件快速地、相对廉价地制作他们项目装置的最初版本，可能是一个电子装置、科学仪器，也可能是一件动态艺术品。

对很多学生来说，如果有机会能让他们将新学的知识马上应用到实践上，那么他们的学习效果会更显著。尤其是很喜欢在工艺课上动手实践的孩子。但值得注意的是，目前在美国很多工艺课程因为学生兴趣不大、安全责任重大等各种原因，正被不断削减。而另一部分孩子则被虚拟世界所吸引，从编程开始，逐步进入造物领域。但这同样是学校里不太受重视的一个科目。

也许你会问，到底创客是怎样学习的呢？现在我将把接力棒交给里奇，让他分享自己进入造物领域的全过程，并介绍从软件黑客到创客的转型之路。图 1-3 就是他日常工作学习的一个典型场景。

图 1-3　沉浸在造物环境中的创客

里奇如是说：“黑客”之路

我的工程知识是来源于人类至今所创造的最大的知识库——互联网。像众多黑客一样，我都是自学成才的。以前在学校里读书的时候，虽然我大部分考试成绩都很好，但仍有一些科目是涉险而过。我极不乐意将自己的时间浪费在一些我认为没有意义的重复性练习和考试中，特别是那些我一学就懂的东西。相反，我更愿意花时间去学习感兴趣的 C 语言编程以及动手编写各种有趣的软件项目。

我一向认为学习新知识的最佳途径就是在项目运用中掌握这些知识。这种学习方式的成功关键在于学习者需要能畅通无阻地获取他所需要的信息，而互联网能为此提供前所未有的便利。

在学校中，除了掌握了一些常常被学生们诟病没有多大用处的电子学、数学和科学知识之外，我现在在工作中需要的绝大部分知识都不是在学校里面学习得来的。我之所以能成功开发出第一台低成本 3D 打印机（在第 3 章中介绍），并成为一个小型 3D 打印机公司的技术研发副总裁，是因为我有极强的自学能力。

在学校中，我曾花了一个学期的时间学习欧姆定律、瓦特定律（在第 2 章中介绍）以及其他一些基础电路知识。但是后来我接触到 Arduino 以后的第一个星期，我就学到了比那一个学期更多更深入的电子电路知识（在第 2 章 Arduino 部分将会介绍）。后来当我开始设计制作电路时，我最初使用万用板和导电墨水展开实验，接着我就开始用免费的 CAD 软件绘制电路图，并通过电路板制作服务商为我定制样板。

而当我开始用 Arduino 作为控制器，制作机器人的时候，以及当我需要制作更复杂更精密的零件的时候，我发现得依靠智能机械工具才能完成任务。于是我就寻思着使用 Arduino 制作一台能按 CAD 图纸完全自动化加工的 CNC 机床。当我为这个机器寻找合适的控制软件时，我发现其实开源 3D 打印机上的控制软件就是我所需要的。如此看来，在第 3 章中你将了解到的 3D 打印机，事实上就是一台造物工具，它可以为其他机器制造零件，甚至为自己制造零件，从而让自己有更强大的功能。从这个角度看待 3D 打印机，我发现这比单纯制作机器人和 CNC 机床有趣多了。因此，从那时起我就全身心投入到开源 3D 打印机研发领域了。

"黑客" VS 创客

"黑客"一词长期饱受非议，常常被媒体和公众所误解，即便最近几年情况有所缓解。制作传播计算机病毒、篡改网站以及入侵他人计算机其实本不是真正的黑客所为。只是黑客发展了这些技术，但被别有用心的人用在不正当的用途上了。

对于什么是"黑客"，在"黑客辞典（Jargon File）"[⊖] 中有几个定义，其中一个我最喜欢的定义是这样说的："黑客是喜欢挑战脑洞的，锐意创新并且渴望超越极限的一群人。"玩黑客的人可以培养自身的创造性思维、批判性思维以及问题解决能力这三类通用而重要的能力。

而一些人不喜欢用"黑客"这个词描述在本书中提到的一些创新行为，是因为他们觉得这个词会让人马上联想起那些通常被称为"黑帽子（black hat）"的危害计算机安全的人。因为他们会利用计算机漏洞窃取他人信息。而与这种人相反的人通常被称为"白帽子（white hat）"。他们是寻找并公布计算机系统的漏洞，让人能补全这些漏洞的黑客。真正的黑客做事的动机往往简单而纯粹，可能仅仅是为了挑战自我，甚至是炫技。但是如果某个人的行为已经涉及恶搞他人，甚至欺诈，那就不能把他称为黑客了。

在整个黑客社区里，通常只有一小撮不法分子专门入侵别人的计算机。但本书中介绍的所有黑客技术和活动都和这种损人利己的攻击行为无关。我们只是想通过技术攻关，解决一些前人无法解决的问题。从这个意义上来说，我们所指的黑客，其实就是技术发明家。

创客运动就是在这样的黑客文化、DIY 文化以及先锋艺术背景下诞生的。如果你试着在搜

⊖　文件网址：www.catb.org/jargon/html/H/hacker.html。这是最经典、全面的黑客技术文档。——原书注

索引擎以"动态艺术（kinetic sculpture）"为关键词搜索的话，你会看到很多令人惊艳的作品。这也就是创客想做的东西。黑客一词常常给人带来破坏性的刻板印象，但创客则会给人一种积极向上的追求，虽然两者很可能都是指同一类人。所以那些仍对黑客存有误解的人常常会更多使用创客一词。另外，事实上，黑客与创客之间还是有那么一点点差异的。对于黑客来说，他们更追求解决创新问题所带来的快感，而创客更注重造物的乐趣。因此，我认为自己首先是一个黑客，然后才是创客。

做中学——克服自身极限

经历时间沉淀的经典知识总是有用的。但在发展快速如 3D 打印机的领域中，最需要学习的就是知识是如何被发现的。传统教育方式以传授经典知识为主，但如果你要紧跟甚至引领发展的脚步，你就必须学会如何独立发现新知识。开源社区虽然能让搜索、获取知识变得容易，但是学会如何学习依然是每一个人的核心技能。知其然更需知其所以然。懂得如何发现自己知识结构的缺陷，学会在有需要的时候通过必要的学习弥补这些缺陷，比记忆大量的事实和公式更有价值。

能帮助洞察未来知识进步方向的知识，比那些已经被发现的知识更有价值。但信息并不等同于知识。学习如何搜索信息非常重要，但是如果你不能从信息中自主发现某些潜在的共性与规律，那么你不会收获任何新知识。受传统工程教育的工程师往往会认为像我这样自学成才的黑客所做的事情是"在玩过家家、自娱自乐"。他们甚至认为，我们重新"发现"了这些已经早已被发现的知识的行为显得很可笑。但是，有一点他们并不了解，当我们重新走过这些发明与发现的历史之路以后，我们收获的不仅是知识，我们还会学会如何发明与创造。

一个人听再多的音乐也成不了音乐家，只有一步一个脚印地练习、实践，才能有所成就。在电视上看过很多大联盟比赛可能会让你在别人面前显得更专业。但是真正的球员，个个都是从小在球场上摸爬滚打而成长起来的。虽然现成的知识和发明都是来自前人的积累，但是如果你想要发现并挑战知识的前沿，从探索那些确定的但对你而言是未知的"旧"知识开始，在积累知识的同时不断积累探索、发现的经验技巧。

琼很喜欢讨论自上而下与自下而上这两种不同学习风格的区别。但我认为我的方法更像是两者的折中，像洒落在过冷水中众多小冰晶所引发的水像网络状那样凝固[⊖]，而不像琼所形容的那样，像一根屋檐前的冰凌，慢慢从细变粗。平时我会像一个过滤器一样，接收各种分散的、甚至有点随机性质的信息。等我需要用到它们的时候，我就会沿着知识点深入研究，并努力填补知识点之间的空隙，将碎片信息深化为结构化知识。那些和我已有知识结构足够贴近的新知识很容易就能被我吸收。而面对那些相对较大的知识壕沟，我会通过互联网快速获取必要的信息，不断搭建沟通已有知识与未知之间的桥梁，帮我跨越知识壕沟。

与此同时，我还很喜欢思考自己知识体系的边界，并常常用推理、联想的方法扩展自己的知识结构。这和学校在教授类似科目时的方法很不一样。通常新的想法可能需要藏身于多个学科的交叉部分或者边缘之间，有一些还可能是传统理论无法解释的问题，比如量子物理和广义

⊖ 关于过冷水的凝固可以在网络上搜索到相关视频。——原书注

相对论。我常常会花很多时间去思考这些目前还没有人能真正回答的前沿问题。

硬件问题软件化

通常，我的角色更多是一名软件黑客，而我在学校读书的时候对工艺课也没有很明显的兴趣。而让我蜚声开源 3D 打印社区的重要原因却是我为 3D 打印机及其零部件设计所做出的突出贡献。这也许让很多人感到十分诧异。但事实上，这是因为数字化设计、加工工具的普及，让硬件和机械设计转变为一个软件问题。无论是电路、零件还是整台机器，都可以借助 CAD 软件进行设计，甚至能在制造之前进行各种仿真与测试。这意味着，有了数字化设计文件，由计算机控制的数控机床就可以制作出产品，并将人工参与的程度降到最低。

虽然这些面向 21 世纪的新型加工工具还远未及文件打印机般简单易用，但是它们的自动化程度已经远高于它们所要替代的需要人工操作的传统加工设备，而且还在不断地提升。有了这些技术基础，我可以很从容地像开发软件一样进行硬件系统设计与实体制造，同时也让我可以将探索软件方面的经验延伸到硬件设计之中。

我学习的第一个 CAD 软件是 CadSoft 公司的 EAGLE 软件。这是一个被 Arduino 社区广泛用于设计电路板的软件。我自学了软件的相关使用知识，并用它设计了我自己的 Arduino 兼容开发板和机器人控制器。在电路板设计好了以后，我将文件发到能够定制电路板的厂家制作。在收到完成的电路板后，我进一步地焊接上电子元器件并测试电路板的功能。如果电路板有错误，或者我需要修改设计，我只需要重复上面的步骤即可。

而让我有了制造实体能力的最重要的软件，非 OpenSCAD 莫属。它是一个典型的将"硬件问题软件化"的工具，被称为"程序员专属的 3D 实体建模软件"。在 OpenSCAD 软件中，你可以根据一些基本实体形状，通过一种被称为"构造实体建模（constructive solid geometry）"的方法构建二维或者三维模型。使用类似 C 语言风格的标签编写代码，你就可以完成一系列的建模过程。那些有一定编写代码经验的人，可以在很短的时间里就熟悉这种建模方式。然而这种建模方式并不适合每一个人，对于没有多少代码编写经验的人，还有很多使用鼠标进行人机交互的 3D 建模软件可以选择。但对我而言，编程式建模却是最理想的手段，因为它允许我可以将编写软件的套路迁移到实体建模中来。

殊途如何同归

回到开篇提出的那个问题，谁真正能成为 21 世纪的工艺课教师？我们的回答是，那些能融合我俩优势的人，那些能为传统学校教育和创客社区搭建桥梁的人。虽然我们知道通过书本学习科学的方式在很长一段时间内都不会消亡，但在与实践关系日益密切的未来，面向 21 世纪的工艺课堂需要越来越多的造物实践。正如里奇所言，知识贬值的速度是那么的快，数字化工具的能力越来越强大，学会如何学习必定成为未来极具价值的技能。

然而，学习需要建立在优质的资源之上。目前，只是创客社区通过小规模的、联系紧密的核心团队进行社区资源管理，但这种情况正在逐步得到改善。因为并不是每一个人都是博学多才，并且都可以从零开始做任何事情。所以，人们需要学习多久才能进入一个新领域，5 年、10 年还是 20 年？正如琼在尝试自学 3D 打印技术的时候，面对着一堆零散的资源，即使有良好的技术教育背景也没能降低她从零开始学习这个全新领域的难度。但这个艰苦的经历也帮助她搞清楚了能让这个过程变简单的一些过程和方法。

为了能让事情更上一个台阶，教育者和创客需要有更紧密的合作。这也是我们写作本书的最大动因。在写作过程中，我们对教育的方方面面产生过很多争论，最终也没能就最好的教育途径达成全面共识，但这丝毫没有影响我们彼此欣赏与相互学习。而且出于轻芝士比萨的共同热爱，我们很快就建立了良好的合作关系，并一起度过写书之余的每一段短暂而快乐的时光。

注意：

工业设计和产品设计教育一直以来都能将学生吸引在一个充满创新的创作过程中。而我们在书中将这称为 "hacking" ——创新实践。如果你想为你那些更有创造力、更有黑客范的学生设计课程作业，可以参考来自设计或心理学的经典著作。其中一本是意大利心理学家米哈里·契克森米哈赖（Mihaly Csikszentmihalyi）所著的《创造力：心流与创新心理学》⊖。契克森米哈赖以著名的 "心流（flow）" ⊖ 理论闻名于世。心流是指人聚精会神、全力以赴投入到一项活动时的一种心理状态。因为处于不断学习并突破自我极限的状态，所以此时人会有幸福感和充实感。创客就经常沉浸在这种状态中。图 1-3 就是处于心流状态下的人的一幅真实写照。

明确你的需求

本书的读者中，应该有相当一部分是家长和传统学校教育者。本书将会帮助你们在遇到下面情况时做出合理的应对与决策：

● 假设你是一位家长，当你的孩子希望能有一个 Arduino 入门套装作为生日礼物时，而你尴尬地发现原以为 Arduino 是一种宠物狗的名字，但事实上并不是。

● 假设你是一名学校员工，当你的校长决定在学校里开展创客活动，并要求你参与筹备工作、制定预算时，你发现自己一片空白、毫无头绪。

● 假设你是一名教师，你购置了一台 3D 打印机，打算用在科学和数学课上。当你拆开包装并打印了一个星球大战的人物模型以后发现，"这玩意能打模型，但那又能怎么样呢？"

● 某位热心的捐赠者为学校赞助 25 个 Arduino 起步套装。当套装送到学校时你才发现，套装中竟然有这么多电线和脆弱的小零件。而且没有人知道如何安置这些东西，也没有人知道怎么把套装用在课堂上。

⊖ 英文原版名为 *Creativity: Flow and the Psychology of Discovery and Invention*，中文译本由浙江人民出版社于 2015 年出版。——译者注
⊖ 在积极心理学中有时也译作 "福流"。——译者注

● 你已经迈进了创客学习的大门，但需要一些有利于学生学习的证据来说服其他存疑的同事和领导，并寻求他们支持你将造物活动引入你的课堂教学中。

为了帮助你快速定位上面所要面对的问题，我们特地在本书的某些部分，逐一介绍造物活动所涉及的主要技术。表1-1就是书中所介绍的各类技术及其所在章节的一览表。同样，在表中我们也列举了一些基本技能以便能帮助你更好地使用，或进一步深入了解这些技术。在每章的结尾，我们会给出入门这个章节中提到的技术所需要的基本概算。从第2～8章都有技能和概算汇总的部分。

表 1-1　典型创客技术和相关活动

技术种类	功能作用	知识基础	所在章节
Arduino	可用于控制灯光、电动机或传感器的微控制器	编程、电路连线、焊接（可选）	2～7、15～17
树莓派	基本的嵌入式计算机	Linux 操作系统	2
导电画笔*			
LittleBits*	通过画在物体表面的导电油墨或磁性或者其他方式连接的模块	基本电路知识	8
LightUp*			
LEGO*			
3D 打印技术	使用 3D 模型文件制作实体模型	3D 计算机建模或扫描软件使用；模型切片软使用；3D 打印机使用调试	3～7、15～17
机器人技术	机器人设计及组装	电路连线、编程；焊接和机械工具使用（可选）	4
可穿戴技术	将 Arduino 兼容模块与服饰结合，让服饰能亮灯、感知等	Arduino 技术和缝纫	7
角色扮演	个性化创新	缝纫与胶装	7
MakeyMakey*	通过计算机控制的，并可以将任何连接实物变成电路输入的接口模块	电路设计基础知识	8
公众科学	使用创客技术做科学研究	Arduino、传感器、科学基础知识	6、16、17

注：带 * 号项目的学习曲线短且平缓，比较容易掌握。

想要玩转这些不同的创客技术，首先得掌握这里所列举的基础知识和技能，比如最基本的焊接或编程技术。在后面的第2、3章对 Arduino 和 3D 打印技术的介绍中你将会发现，掌握这些知识和技术的学习曲线可能非常陡峭。正如里奇在前面所说的那样，如果没有一个项目整合这些学习内容，那么你的学习过程将会非常艰难。这也正是项目式学习常常被运用到技能教学中的重要原因。当你通过小项目积累了一定的技术基础后，你就可以进一步开展更复杂的项目了。

> **提示：**
>
> 　　如果你不清楚自己应该选用什么元器件，但却贸然踏上电子制作之路，那可能会让你非常沮丧。跳出这种困境的一个方法就是从初学者套装开始你的学习之旅。很多供应商都在销售各种"学习如何使用××"的入门套装，特别是 Sparkfun 和 Adafruit 公司。这些公司还在它们的网站上提供适合不同技术水平学习者的各种教程。虽然在本书的各章中都会指引你一些具体的入门方法，但是这两个网站对初学者来说绝对非常有用，经常上去逛逛可以让你了解模块的各种新奇玩法。

培养科学人才

　　让我们换一种视角扪心自问："为什么我们会花这么大力气去搞清楚创客技术在教育中可能的应用方式？"因为造物会是踏上科学之路的一块很好的垫脚石。如果你只是生吞活剥地吸收那些已经存在的知识而不去尝试独立理解它甚至"发现"它，那么你将不能理解知识和发现过程中蕴含的魅力。琼遇见过太多认为科学并不适合普通人学习的人，也遇到太多将科学课上成科学概念词汇课的老师。他们常常用一张概念填空学习单，考查学生对科学概念的掌握情况。这样的想法和做法，往往扼杀了学生科学探索的愿望和能力，让原本很有趣的事情变得很艰难。

　　因为在实验室工作的时候常常要制作或调试各种仪器，所以科学家在某种程度上也是一个创客。科学家的工作天然地与创新和尝试联系在一起。很多时候他们需要将已有的设备设计改装成为各种适合他们的仪器。随着低成本电子模块越来越普及，科学家可以第一时间了解到这些技术，并将其应用在新仪器的设计中，或者通过新技术收集到比以前更丰富的数据。这方面的内容我们将会在第 6 章"公众科学与开源科学实验室"部分做更详细介绍。

　　更为核心的是，创客或黑客那种探寻事物本源的思维模式，是成长为一个科学家的重要部分。为了佐证这个观点，我们在第 12 ~ 14 章介绍了一些科学家、工程师和数学家的小故事，并从中探讨他们的思维发展和观点形成过程。这些小故事里有些是描述专家在小时候是如何调皮捣蛋的，比如有的人曾经尝试要把一把叉子插到插座上（危险，请勿尝试）。另外一些则是描写他们日常工作中的具体事务。专家们的这些逸事能让你懂得，珍惜在学校中宝贵的正规课堂教育时间，会让一个人在人生道路上获益无穷。

　　在本书最后的几章，我们将会把第 2 ~ 11 章中所提及的创客的理念以及第 12 ~ 14 章所讲述的技术专家的故事紧密联系起来，提出一些通过结合 3D 打印技术、创客电子模块以及传统工具开展造物活动的教学建议。同时，我们也探讨了尝试与失败对造物的重要意义。我们认为，如果一个人从来没有失败过，就像琼在 JPL 的日子那样，人就很难有新的进步。低成本的造物活动，意味着你可以借助低风险成本的项目，真正在动手中学到工程与科学的真谛。

造物与共同核心标准

如果你在美国从事教师工作，那你一定会非常关注"共同核心课程标准"（www.corestandards.org）。在这些新标准中，问题解决与批判性思维能力被作为对学生学习的核心要求。在本书中我们不会明确讨论这些内容，但会给出相关的资源链接便于教师深入探索共同核心课程标准。如果你把"共同标准"和任一个技术的名称作为关键词在搜索引擎上搜索，你会找到很多支持材料。

教育意义

在过去的几十年中，美国传统制造业的水平每况愈下。虽然很多人正在尝试努力改变，但情况还没得到明显改善。这种情况意味着传统制造业的岗位在不断减少，而最终导致传统工艺课在学校中被边缘化。课程关注度逐渐降低、机械加工工具的安全责任问题重大，如果你把这些问题联系起来，你就会明白那些遇到预算问题的学校为什么会首先砍掉工艺课这门课程。关于这个问题的讨论，你可以参考塔拉·泰格·布朗（Tara Tiger Brown）发表在《福布斯》杂志上的文章（www.forbes.com/sites/tarabrown/2012/05/30/the-death-of-shop-class-and-americas-high-skilled-workforce）。

设立创客空间，可以为学生提供一些动手实践的活动机会，即便它并不是完整的工艺课程。正因为很多知识和技能都很难入门，但是我们也必须要了解物理世界的各种运作规律，所以那些有机会参与这类动手实践的学生，总会比从来没有机会把知识与实践联系起来的学生学得要更好一些。

> **注意：**
>
> 如果你想找一本基于设计的学习的书作为教学参考书，那么亨利·波卓斯基（Henry Petroski）关于工程设计流程的著作《设计，人类的本性》应该非常适合。它探讨了在一项好的工程实践中，实验、错误与失败的地位和作用到底是什么。在第 15 章我们将深入讨论这个话题。另外，唐纳德·诺曼（Donald Norman）一系列与设计相关的书，比如《设计心理学》⊖，就是教你如何观察世界并创造性满足实际需求方面的经典著作。

广泛的社会影响

类似 3D 打印一类的创客技术给社会带来的影响，就是大大降低了原型制造成本。降低一项技术的使用成本、提升它的易用性，可以让这项技术更大众化。技术门槛的降低意味着，现

⊖ 英文原版名为 *The Design of Everyday Things*。中译本《设计心理学》2003 年第一次由中信出版社出版，其他中译本有《好用型设计》。*The Design of Everyday Things* 增订版中译版收录在中信出版社 2016 年出版的《设计心理学（4 册）》套装中。——译者注

在 7 年级的小朋友就可以借助新技术制作作品原型。而在几年前，这种任务只有专业模型师才有条件完成。3D 打印机本质上是低成本计算机造型工具中的一种。对于 7 年级的小朋友而言，它也许很有趣，并有可能帮助他很好地完成作业。但对于某些专业领域，比如产品设计来说，3D 打印机的普及所带来的变化是革命性的。如果你是面向设计师、工程师或者创业者的培训者，那么你就应该让你的学员了解他们未来可能的工作方式。

让原型制造更廉价

如果原型制造的成本更低、速度更快，那么设计迭代过程将会变得更灵活，也有更强的容错性。制造业很快就要面临巨大变革。彼得·阿克顿（Peter Acton）撰写的"哈佛商业评论"（Harvard Business Review）博客中的一篇文章（原文网址：https://hbr.org/2014/12/is-the-era-of-mass-manufacturing-coming-to-an-end）推测，由于大规模制造业开始失去其吸引力和价格优势，因此分布式的小批量生产能力可能会带来广泛的社会转型。同时这也意味着就业需求可能会发生改变。因此学生需要为未来新兴经济模式做好充分准备。

知识产权问题

这些技术带来的其中一个最大问题，就是让复制实物变得轻而易举。也许相关知识产权法律需要经过一段时间才能应对这些技术，尤其是 3D 打印，所带来的新问题。我们应该如何看待传播或售卖可用于实体制造的模型文件的行为？当 3D 扫描技术变得更普及、更完善时，针对扫描他人物品并建模的行为，应该如何规范个人自用和商业使用之间的界限，尤其当你对扫描模型做了很多修改的时候？如果你在搜索引擎上搜索"3D 打印的知识产权（intellectual property 3D printing）"，你将会看到关于这个话题的各种观点。

总结

在本章中，我们介绍了创客的基本理念以及两位作者分别从教育者和创客工程师的角度合写本书的初衷。然后简单介绍了各章将要深入探讨的各种不同的创客技术，并以列表的形式归纳了技术的基本用途、学习这些技术的基础以及入门时需要投入的成本。此外，我们还简述了这些技术对教育的意义，以及对社会带来的影响。

第 2 章　Arduino、树莓派与硬件编程

在第 1 章中，我们讨论了各种通过手工制造的方法学习不同科目的途径。在本章中，我们将介绍一些开源电子中经常用到的基本组件（如微控制器、单片机以及其他元件），并提供应用这些技术进行造物的一些入门方法。

本章提到的一些组件（如 Arduino、树莓派）通常会用在相当复杂的项目中，例如基于 Arduino 控制系统的微型航天器（Ardusat，www.ardusat.com）。在第 4、6、7 和 8 章中，我们会介绍一些基于经典 Arduino 芯片的相对通俗易懂的案例。在树莓派和 Arduino 中，Arduino 主要是一块微控制器芯片，而不完全是一台计算机。像普通计算机那样运行多种程序、驱动一般显示器能做的事情，它不一定都能胜任。它最擅长的事情是对外部连接的一个或多个设备进行控制和监测。而树莓派板（Rasberry Pi Board），则是完完整整一台微型计算机。它可以运行程序、连接键盘以及具备普通计算机所有的功能。

对于学习如何应用这些技术来说，一个最大的挑战是你必须同时学习多个领域的知识。最常见的情形是，你得会在合适的 IDE（Integrated Development Environment，集成开发环境）平台上编写代码，会连接物理电路，而且你还得会调试你的系统让它能按照其应有的功能运作（见图 2-1）。如果在同一时间学习这些东西，你要想一下就找到项目的错误并改正，那是极其困难的。

本章主要是里奇所擅长的领域。但琼作为协助加入进来，并尝试让学习变得简单一点。在本章中某些地方，可能会让已经入门的你觉

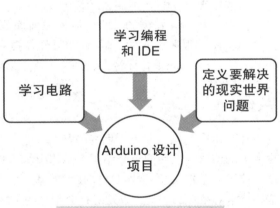

图 2-1　Arduino 学习内容框架

得有点太详尽而呆板。所以我们在某些地方会建议你，按照自己的程度选择性跳过某些部分。由于在本章中，我们俩的观点彼此交融，所以使用"我们"作为本章的主语进行叙述，而不是来回切换各自的观点。我们相信你会对有关黑客和教育者的共同观点部分感兴趣的。

在这个领域中，有相当多专业术语并且相互关联，要一下子把关系理顺并理解是相当困难的。所以我们也许在没有深入了解一个概念的时候，就已经开始使用它了。当这种情况出现时，我们会给出索引，指向后面的相关章节，提示你暂时把这些问题放在心上，等在后面章节详细

讨论时再深究。

我们会尽量不使用行业专用术语，但保留那些对你去市场买元件时、了解课程时，以及进一步购买相关书籍时有帮助的那些特定词汇。这是为了让你与人进行专业交流时有所准备。在本章最后，我们会一一归纳不同学习方式中涉及的学习要点，并列出你在学习过程中必备的元器件及其价格，以便你能灵活地预算和采购。

本章并不解决"怎么办"的问题（对此我们列出能提供答案的相关书籍），而重点在阐述"为什么这样做"。我们的目的是让你对 Arduino 和树莓派有所了解，知道它们的功能，为你在后面的案例章节中应用这些技术建立一个基本的技术理论基础。

在第 8 章提及的一些电子元件（如面包板、LightUp），在传统的课堂以及家庭中使用更广泛。它们设计的初衷就是为了点燃初学者的兴趣，让他们能安全、可靠地设计制作基本电路，以便在此基础上学习编写代码。

为了避免硬件连接和软件设计出现"胡子眉毛一把抓"的局面，建议编写程序从使用 Processing 软件开始。Processing 是一个能方便对 Arduino 及其兼容板进行编程的编程环境。在这里，我们把它作为介绍的开始。

在本章中，我们着重于如何循序渐进完成一系列有关联的项目，并在这个过程中学习到相关的知识。如果你能得到别人的一些指点，那就更好。但如果没有，项目的难易程度，你是很难分辨的。图 2-2 中列出了两条可能的学习路径。第一条路径中，我们首先讨论 Processing 的使用。然后回过头来学习一点电路的常识，方便理解后面的内容。最后我们再回到 Arduino 系统的综合学习上来。在接下来的各章中，我们基本使用类似的模式进行讲述。

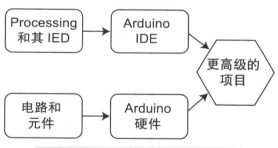

图 2-2　创客技术在本书中的学习路径

Processing 与 Arduino

在学习如何给 Arduino 编程的过程中，为了避免千头万绪无从下手，可以从编程语言 Processing 中的一些基本命令学起。对 Arduino 进行编程的过程与 Processing 中的过程是类似的。Processing 让你可以通过代码方式在屏幕上画图，这意味着你可以让你的学生通过编程实现一个杠杆平衡过程的动画。与之类似，Arduino 同样让你可以编程控制一个物体的运动，就像你用手去移动它一样。

学习 Processing

Processing 语言是一种基于 Java 平台开发的简单编程语言。它与 C 语言有很多相似的地方，并且非常适合编写动画。如果要浏览一下 Processing 的效果，可以访问 Processing 教程页面：https://processing.org/tutorials/overview/，并下载相应的 Processing IDE。

所谓 IDE，就是一个可供代码编写与运行的软件平台。Processing IDE 有一个非常简洁的编程界面。下面的连接是关于 IDE 界面的介绍链接：https://processing.org/reference/environment/。当我们安装了 IDE 程序后，你可以浏览几个样例程序，这样能帮助你很快编写出简单的动画。如果你想进一步操控硬件，那么你就要使用 Arduino 软件。这是一个使用 Processing 开发的软件，而且和 Processing 的界面极其类似。

Arduino 及其生态系统

Arduino 是一个开源开发平台，其中包括一系列微控制器控制板和对应编程开发工具 IDE。微控制器是一种集成电路芯片。它含有一个数据处理核心，一系列可编程输入输出端口（I/O），以及存放供处理器调用程序和数据的内存。为了能给 Arduino 开发程序，必须要在平板电脑或台式机上安装相应的 IDE 程序（Mac、Windows、Linux 系统的机器有对应的版本）。如果在 IDE 上为 Arduino 编写了代码，你可以通过 USB 接口把程序编译下载到 Arduino 电路板中。

Arduino IDE 安装包的下载页面为 http://Arduino.cc。图 2-3 中，并排放置了 Arduino 板和树莓派板，读者可以对比两者的大小。图中的 Arduino 板装在一块亚力克板上，旁边还放了一块面包板。关于面包板的作用，在后面的章节会提到。

Arduino 本质上是一块单芯片的计算机，因此称为单片机。因此，它的性能比一般的台式计算机要低得多，甚至比一些最新的手机还要低。即便如此，它也远比 20 世纪 70 年代的微型计算机强大。而 Arduino IDE，则是一个基于文本的计算机编程平台。用户在平台上可以利

图 2-3　附有面包板的 Arduino（图片上方）和树莓派

用内置的编译功能，把编写好的程序"翻译"成计算机能够识别的指令，然后通过 USB 通信方式，烧录到 Arduino 板上的闪存中（Flash Memory）。比如，你可以通过编程读取光传感器的数据，然后控制 LED 灯在天黑的时候亮起来。

Arduino 家族有很多不同大小、形状、性能的板。其中一些是 Arduino 团队认证的官方版本，并以 Arduino 命名。其余有相当一部分是根据其中一种开源的 Arduino 板的设计修改而成的，剩下的则是根据其他非官方版本修改而成的。这些非官方开发板参考 Arduino 板的设计是允许的，也可以被称为 Arduino 兼容板，但在板上却不能印有 Arduino 的商标标识。这些开发板的名称中，很多带有 Ardu 的前缀或者 duino 的后缀以表明它们 Arduino 兼容板的身份。

全系列官方 Arduino 板最低价格从 20 美元起，兼容板最低从 10 美元起。而一些盗版的

Arduino 板还可以低至 2.5 美元（这里所指是那些既使用了开源设计，同时又违规使用商标名和图案的电路板）。通常它们也可以工作，但是由于品质一般，所以我们社区成员并不推荐购买这样的产品。盗版行为也有违开源的精神（详见第 9 章）

> **提示：**
>
> 　　有很多很好的书籍和网站在介绍 Arduino。对初学者来说，最重要的是找到适合自己起步的项目。就好像你不会一开始教一个新手驾驶员驾驶 Indy 500 赛车那样，从相对简单的项目起步去学习新的开发环境是一个逐步成长的最佳途径。*Beginning Arduino*（第 2 版）就是这样的一本书。它从点亮板载的闪烁 LED 灯程序开始 Arduino 的学习。而在 Instructables 网站（www.instructables.com，一个分享兴趣制作的网站）上有更多不同的 DIY 项目。如果你搜索 "Arduino 初学者（beginner Arduino）" 或者 "树莓派初学者（beginner Raspberry Pi）"，你会找到合适的项目（虽然我不认同有一些项目被定义成"初学者"等级，因为这些项目有不小的挑战性）。

　　虽然 Arduino 和 Arduino 兼容板没有普通个人计算机那强大的计算能力，但是它们却能实现一些个人计算机实现不了的功能。如果你的苹果、Windows 计算机想连接那些连 USB、串口都没有的设备读取数据，没有 Arduino 作为数据中转站是不可能的。Arduino 广泛适用于需要编程控制的电子项目，其中包括机器人（第 4 章）、四轴飞行器和其他自动或半自动智能汽车、3D 打印机和其他数控加工设备（第 3 章）、传感器数据转化、中继与采集系统（第 6 章）、可穿戴设备（第 7 章）、人机交互娱乐界面（第 8 章），以及一些使用简单装置与上级更强大的计算机进行通信、协同的电子项目。由于 Arduino 与普通平板电脑和笔记本电脑相比，具有体积小、节能和价格低廉的特点，所以更适合一些嵌入式电子项目。（接下来的部分将会有更详细的介绍。）

　　与苹果、Windows 个人计算机不同的是，Arduino 不能运行操作系统，以进行多任务操作。当它接通电源以后，在检查是否有新程序上传以后，Arduino 就不断执行已经编好的内部程序，直到电源关闭。这个过程中，确保操作时序的正确是非常重要的，尤其是在发送控制步进电动机命令的时候。（步进电动机指的是能按需连续转动微小、精确角度的电动机，不同于另一种机器人项目用到的接通电源才转动的普通电动机，详细介绍参见本章后面关于步进电动机的部分）。数控铣床、车床都用到步进电动机控制它们的工作部件，并且通常使用计算机作为控制器。而如果使用 Arduino 替代计算机控制，能实现精确的时序控制。开源 3D 打印机就是在这种思路下开发出来的。

　　现在所有 Arduino 板都使用 Atmel 公司生产的芯片，但也有类似的其他产品。这意味着绝大多数 Arduino 及其兼容板使用 Atmel 公司的 8 位微控制器，而微芯公司（Microchip）公司、Parallax 公司的 BASIC Stamp 也有类似性能的芯片。互联网上关于不同系统的优劣之争甚嚣尘上，但其实每一个系列的产品都各有特点，互有高下。我们选择 Arduino 的原因是它足迹遍布全球，以及编程环境对初学者极其友好。这让它在与其他性能更优秀的产品的竞争中脱颖而出。

虽然那些产品在一些特定的项目上有更好的应用，但是 Arduino 以它海量的资讯与项目分享，获得了大多数初学者的青睐。

用 Arduino 连接真实世界

Arduino 其中一个优势是它可以和现实世界进行互动。在本节中，我们就来讨论一下如何实现与世界互动的一些原理和技术细节。在图 2-4 中就大致描绘了这种互动的基本原理。

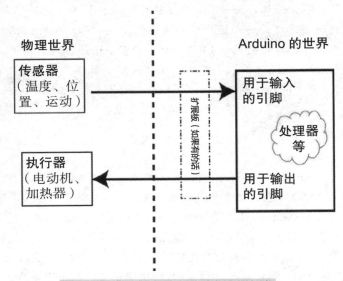

图 2-4　Arduino 与物理世界交互的方式

插在电路板控制器芯片上的引脚是芯片与电路板的电气连接点。它们要么直接被焊接到电路板上，要么被连接到电路板上的插座上。其中一些引脚为芯片提供电源，有一些负责从外部读入信号（输入引脚），而有一些则负责从芯片向外发送信号（输出引脚）。Arduino 按照自己的方式进行"理解"（既定的程序），在读入的信号基础上进行处理，进而向外输出相应信号。在这部分介绍中涉及少量技术细节。但如果你是第一次学习这些内容，我们建议你在一段时间后再回顾本节内容。因为这里面的一些技术内涵对后面章节 Arduino 的使用和在更大项目中的一些辅助技术有重要的作用，只有反复咀嚼才能深刻体会。假如觉得目前并不需要太深入了解这些技术细节，你可以直接跳到"电路设计与元器件"部分阅读。

在 Arduino 中，有一些引脚称为通用输入输出引脚（General Purpose Input/Output，GPIO）。它们可以被设定为从外部读取电压信号、脉冲频率等外围元件产生的输入信号，或者向外部输出触发 LED 灯、电动机或者小型显示模块的输出信号。Arduino 任意一个 GPIO 引脚都可以被定义为数字输入或者数字输出引脚模式，并可以在任何时间根据需要进行设置。一般的程序通常在程序的开始就设定好引脚的模式，但是任何事情都是有例外的。

数字系统常常被称为二进制系统，是因为它只有两个状态（可以认为分别对应"接通"和

"关闭"状态）。与这两种状态对应的文本抽象概念应该是"真"与"假"，或者是"1"和"0"，或者是"高电平"和"低电平"。在 Arduino 中，硬件系统使用某种技术手段通过数字系统这两种状态的组合来近似表征连续信号或称模拟信号的不同值。例如，要控制一个加热器的加热温度稳定在 60 ～ 75℃之间时，你就可能需要用到这样的表征技术。

在本节中，以这种方式介绍输入输出引脚，可能掌握起来会有一定难度。这个话题理解起来固然有困难，但我们在这里希望给大家一些一般性的概念，让大家能对什么是简单，什么是困难有所了解。

输出引脚

一旦一个引脚被用作输出引脚，它就可以被设置为低电平（电压 0V，或者说与"地"或"GND"相连，用值"0"或"假"表示），或者高电平（用值"1"或"真"表示）。如果把引脚设置成高电平，这意味着 Arduino 把引脚的电压抬升到与它的"逻辑电压"相等的电压值。有些系统的逻辑电压是 5V，而有些是 3.3V。由于历史的原因，这个电压通常和电源电压 VCC 相等。另一方面，从这些引脚中输出的电流是有限制的，一般典型大小是 40mA，而某些新的基于 ARM 芯片的 Arduino 板所提供的电流甚至会比这个更小。如果需要驱动更大的负载，那就需要额外元件提供更大的功率。

之前提到，系统可以通过某些技术设定、控制引脚，使它们能输出一个模拟信号。而这种技术被称为信号脉宽调制（PWM）技术。在 Arduino 中，通过调用函数"analogWrite"就可以实现输出一个介于 0 ～ 1 之间的值的功能。但 Arduino 实际上并不是直接输出一个比 1 小的电压。比方说，你不能从 5V 的 Arduino 中的引脚直接输出 2.5V 电压。相应地，Arduino 通过快速切换引脚的高低电平的状态来模拟电压的高低。这种切换频率有时能达到数百赫兹。

Arduino 中典型的 PWM 频率是 490 周每秒，或称为 490Hz。也就是说，这个设定让引脚在每秒钟内高低电平切换 490 次。虽然每秒电平切换的频率是固定的，但是周期内高低电平的时间比例却是可以调整的。在函数"analogWrite"中，时间比例值的范围是 0 ～ 255。这意味着当值为 0 时，引脚完全关闭（100% 低电平）。而当值为 255 时，引脚完全为高电平（100% 高电平）。而当值为 127 时，引脚是 50% 时间高电平，50% 时间低电平。一般来说，我们把 PWM 信号中高电平占周期的比率称为占空比。虽然你可以通过一种称为"bit-banging"的端口模拟技术，以循环的方式编写程序实现同样的信号，但是这样做会占用系统处理时间，导致其他重要任务不能被同时执行。这是 Arduino 没有允许多任务操作的操作系统的结果。要解决这个问题，Arduino 微控制器是通过硬件内部功能设定，直接产生 PWM 信号，而让微控制器可以在两次 PWM 信号触发的间隙处理其他事务。

注意：

　　PWM 为什么不能直接产生模拟电压？ Arduino 使用这种方法控制的外围设备通常要么是直接和设备引脚相连（假设 Arduino 的逻辑电压和驱动电流能满足它们的需要，比如 LED

灯）；要么是有各自独立电源，通过 Arduino 数字电平间接控制这些电流、电压更大的设备，比如控制有刷电动机。在这些例子中，直接降低电压要比降低占空比的效果差。例如 LED 灯，它需要一定的电压才能点亮，而随电压升高，亮度并不能成比例地增加。但通过改变开关速度则不同，如果开关频率超过人眼视觉暂留的频率，那么速度的变化就能引起亮度的相应变化。而如果要精确控制有刷电动机的转速，你同样可以通过信号控制电动机全开全关的占空比，从而成比例地控制它的转速。因此，使用这种控制方式的电动机控制器许多都是数字式的，就像 Arduino 一样，这些设备甚至没有能力驱动模拟电压。而这种方式比使用模拟电压进行控制，在性能上有很多优异之处。

在 Arduino 中，只有特定的引脚可以通过硬件产生 PWM 信号，而其他引脚就需要使用"端口模拟（bit-banging）"产生信号。因为它是由软件协议执行，所以通常也称为软件 PWM，而不是由内置硬件完成。其他不同于占空比调制的协议方式，比如脉冲频率调制（PFM）——一种通过调制频率而非占空比的调制方式，由于缺乏硬件支持，一般只能通过软件模拟端口执行。

输入引脚

如果引脚被设置成输入模式，那么它就不再通过内部电压的升降而提供对外的高低电平信号。这种状态称为端口悬浮。此时端口的电压取决于它所连接的设备的输出电压。如果这个电压接近 Arduino 的逻辑电压，并通过"digitalRead"函数读取，系统会返回一个高电平值。相反，如果它接近地电压，系统则返回为低电平。通过"digitalRead"函数，系统可以返回这两种状态中的一种。而在地电压和逻辑电压之间，会有一个电压范围让系统反馈无法给出确定的状态值。因此，外围电路所提供的电压必须满足接近逻辑电压与地电压的要求。但是它一定不能高于逻辑电压或者低于地电压。

Arduino 中特定的引脚可以直接通过"analogRead"读取外部输入的介于逻辑电压与地电压之间的电压值。与"analogWrite"函数不一样，Arduino 芯片内置的模 - 数转换器（ADC）可以直接把输入模拟电压信号转换成数字信号。ADC 编码的数据范围在 0 ~ 1023 之间。因此在 5V Arduino 板中，5V 被编码为 1023，而地电压被编码为 0，2.5V 则被编码为 511。

Arduino 芯片还有其他与外围元件交互的方式。有一些简单元件通过电源开关进行交互；而如传感器一类的元件，则通过感知外部环境而改变自身的电压信号，从而被系统识别。还有一些更智能的元件还能对信号做一些预处理。这些智能元件通过一些设计好的数据协议进行数据通信。这些协议有点像 PC 与其他设备通信的 USB 协议，但它们速度低而且更简单，这能降低协议处理的能耗。

在 Arduino 板上，微控制器内置了硬件执行的集成电路总线（Inter-Integrated Circuit，I^2C）协议、串行外设接口（Serial Peripheral Interface，SPI）协议，方便与外围元件通信。另外，微控制器还通过 RS-232 协议与另一块协议转换芯片通信。通过它，Arduino 可以接收计算机对它的编程以及 Arduino 与 PC 的数据通信。有些新的 Arduino 板的芯片还内建支持 USB 协议的硬件模块。

扩展板

仅仅有一块 Arduino 是远远不够的。虽然大部分 Arduino 板都安装了一个测试用的板载 LED，而通常第一个 Arduino 项目就是让它闪烁起来以测试软硬件是否能基本工作，但是仅仅让灯闪烁，本身没有太多实际意义。想要做功能更丰富的装置，那就需要与其他设备连接起来。你可以通过板上的排插与外设相连。但更多项目是通过设计制作额外的电路板，并将它与 Arduino 连接，从而实现它们的功能。在电子术语中，这样的板通常被称为"子板"——一种插在主板或者称为"母板"上的具有辅助性质并能扩展功能的电路板。

大多数 Arduino 板都有一个统一的 I/O 引脚规范，这对应一种被称为 Arduino 扩展板（Shield）的子板。这种扩展板被设计成插在 Arduino 板的排插上，并保留了一些引脚是悬空的。通常在一个扩展板上会放置一个或多个芯片用于功能扩展，可能是传感器，也可能是用于 Arduino 端口扩展的。比如，可能是一个让 Arduino 能控制电动机的功率扩展模块，可能是在前面所说的让板载 LED 更亮的灯具模块，也可能是扬声器或者其他不能直接与端口逻辑电平信号匹配的其他设备。

而另一类扩展板则能对信号进行一定处理后，通过简单通信协议将信号传回 Arduino。这与 Arduino 作为 PC 的 USB 编码器功能类似，但传回的信号通常是简单的模拟电压或者一系列脉冲信号。就像可以让 Arduino 控制编码电动机转速恒定的电动机控制器那样，一块扩展板可以同时处理多个像这样的信号。这类电动机通常有个用于产生转速反馈信号脉冲的编码器，让 Arduino 能感知电动机的转速。

每一款扩展板并不一定使用 Arduino 所有的引脚，因此，它通常把空余的连接引脚从 Arduino 板上连接到自己的面板上，方便使用。这因为每一块扩展板插在 Arduino 上，占用了全部插座。如果你有两块没有端口重叠的扩展板，那么你可以把它们一个个堆叠起来同时使用。还有一些原型开发扩展板（proto shield）则预留足够的空间让你构建自己的电路。因此它们有些安装了面包板（下面紧接着要提到的），有些则焊上了一块洞洞板。

例如，图 2-5 中展示的 ArduSensor 扩展版（详情参见 www.qtechknow.com），当它连接 Arduino 以后，可以让用户连接最多 4 个外部传感器（外部连接探测弯曲、力、光和温度的传感器）。

图 2-5　一个传感器扩展板（由 Qtechknow.com 供图）

步进电动机

Arduino 常用来控制步进电动机，在第 4 章中会有更深入的探讨。在实际应用案例中，3D 打印机中就使用了类似的定制 Arduino 兼容控制器。步进电动机可以把连接物保持在设定的位置上。通过变换若干个电磁线圈的极性，步进电动机就从一个位置转动到另一个位置，并通过轴把转动输出。这个过程中，线圈的极性变化的时序必须非常精准，这样才能使电动机平滑转动。

在 Arduino 板上搭载的，或与之类似的微处理器就是为这类应用而设计的。虽然它的速度比计算机的处理器慢、性能低、功能少，但正因为它功能少而精，并且能精确定时，所以更胜任这一类时序控制的任务。

电路设计与元器件

为了能理解电子电路，需要你对硬件背后的物理原理有所了解。比如电压是什么、电流是什么，而电阻又是什么？这些物理量都描述了同一个物理现象的不同方面——电子在导体中的运动规律。

电压的单位是伏特（Volt，符号为 V）。它可以理解为某种能驱动电子在导体上发生定向移动的压力。你可以把这个过程想象成，水如果想要在一个有闸门阻碍的封闭的管道中流动，就必须要有水泵产生压力，从而推动它的流动。水泵的作用就是把水从低压处抽向高压，然后推动水流流动。当你用水管连接水压高和水压低的两处时，水就能从高压处流向低压处。水压越大，就能推动更多水的流动。电压的作用类似，越高的电压就能推动更多电子的流动，也就形成更大的电流。

电流的单位是安培（Ampere，符号为 A）。它可以理解为电子的定向流动。而电阻的单位是欧姆（Ohm，符号为 Ω），它的作用是阻碍电流的流动，就好像阀门阻碍水流一样。如果水闸只开一小口，那么阻力就大，只能允许很少的水流流过。如果水闸打开，就能形成一条阻力很小的水道，水流就可以大量顺畅地通过。电压、电流和电阻三者的关系可以用欧姆定律进行描述与计算，那就是电压等于电流乘以电阻。

要想产生电流，在电路中必须存在两个不同的电势（电势可以类比压力的等级），这样才能在负载的两端形成电压（这要求电路是通电的）。在电路中，任意一点的电势是没有意义的，除非它和另外一点的电势形成电势差。另外电路中的电势零点可以任意选取。按照习惯，在电路中电势最低的点通常被指定为 0V（零势能点、电压参考点）。任意位置的电压大小都通过与它比较而获得。这个电势参考点通常被看成"地（ground）"，但它并不是指在三脚插座面板上的与大地相连的那条"地线"。

电阻

当你在制作自己的 Arduino 项目时，你会需要一些额外的元器件。使用什么元器件完全取决于你的项目需要，但总有一些元器件是你更经常用到的。在绝大部分基础电子元器件里，你会常常用到的一定是电阻。电阻种类繁多，阻值大小也有相当多的规格。但是只有其中一些阻值是在项目中经常被用到的。发光二极管（LED）是和电阻一样被普遍使用的元器件。如果你想在你的项目中使用，你就必须将 LED 与一个电阻串联，以便能限制流过 LED 的电流，从而保护二极管。实践这些简单电路的最佳方法就是，在面包板上使用跳线搭建一些实验电路，观察、测试一下效果。

提示：

　　在你搭建你的 Arduino 项目时，你可能需要用到面包板或者接线柱。所谓面包板，是一块有一排排插针孔洞的塑料板。在塑料板里面，孔洞下面埋藏有导电金属片，并且是有规律的一组一组。图 2-6 就展示了如图 2-3 所示的那种面包板，以及拆去外壳以后剩余的内部导电结构。你可以把两个元器件引脚，或者元器件引脚和跳线，轻插到同一组孔中。这样，这些引脚和线就能连在一起形成电接触。如果发生电路连接错误、更改电路设计、在项目完成后你想在别的项目中重用元器件，你也可以很容易地在板上插拔这些元器件，实现目的。这比在电路板上焊接元器件要简单，但不稳定持久。如果你想保留你的电路板，焊接依然是你不二之选。在某些供应商的元器件目录里，有卖一种带洞的、引脚能和面包板匹配的印制电路板（PCB），它能让你的面包板电路的稳定性提高一些。而有时候你需要连接一些比插在面包板上的线要粗的线时，你可能会用到一种如图 2-7 所示的接线柱。它能让线的连接与拆除变得非常容易。同时，这种连接方式比面包板的要稳定持久，但是仍然弱于焊接。

图 2-6　面包板前视图（左），面包板拆下面板后的结构（右）

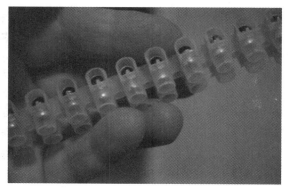

图 2-7　一种条形插排

　　电阻用途广泛。在 Arduino 中最常用作上拉或下拉电阻，以及作为分压或限流电阻。上拉、下拉电阻使用阻值较大的电阻，一般至少在 1kΩ 以上（1kΩ=1000Ω），典型值为 10 ~ 200kΩ。这样才能起到只传输电压，但使电流很小的作用。输入端口上的上拉电阻，把端口电压上拉到 VCC（电源）。只有在外部信号通过一个阻值远比上拉电阻小的电阻连接到输入端口时，输入端口的电压才会改变。下拉电阻的工作原理和上拉电阻一样，但不同的是，下拉电阻是把电压下拉到 0V 的"地"上，而不是电源电压。这样就能让端口避免悬置，在没有外部设备触发的情况下也能保持一个稳定的状态。

如果你在同一个端口上同时接上了上拉和下拉电阻，会出现什么情况？这时，电流就会在电源 VCC 和地之间流过，在每一个电阻上产生与阻值对应的分压。这样的电路称为分压器。如果一个 82kΩ 电阻上连到电源 VCC，一个 18kΩ 电阻下连到 GND，整个串联电阻值为 100kΩ，而两个电阻的连接点上的电压就是电源电压 VCC 的 18%，也就是 0.9V。如果你分别使用 82Ω 和 18Ω 的电阻，分压效果是不变的，但是会有比之前接法大 1000 倍的电流流过两个电阻，这就会导致电阻剧烈发热。如果在分压点没有连接到输入端子，输出信号，那么这两个电阻的作用其实与跟它们总电阻值一样大的单个电阻的作用相同。

此外，有一种特别的有三个引脚的电阻，称为变阻器。它是一种通过滑动而改变中间引脚在电阻上的位置的电阻，常常被制作成旋钮形式。当变阻器两端引脚分别接上 VCC 和 GND，而中间引脚和模拟信号输入端相连后，转动旋钮，你就能从模拟端口中读到旋钮变阻器输出的不同位置所对应的不同电压值。

发光二极管（LED）

发光二极管（LED）是一种有电流通过就能发光的元器件。二极管通常具有一种称为单向导通的特性。并且，由于使用不同的半导体材料，不同的二极管会有一个特定的导通电压。如果二极管工作在超过它的导通电压的情况下，它的导通电阻就会变得很小，电流很大，从而导致二极管被烧毁。如果这个二极管是受芯片的输出引脚所控制，这个大电流也足以烧毁芯片。正如之前所说，电阻串联能增加回路总电阻，所以在负载回路上串联一个电阻就能限制流过负载的电流。电阻值大小的选择取决于我们需要在这个电阻上分去多少电压，以及需要让多大的电流通过负载（所需分压等于电源电压减去 LED 正向导通电压）。图 2-8 就展示了一个常见的发光二极管，并排下方的则是电阻。

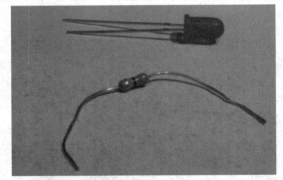

图 2-8　一个发光二极管（LED，图上方）和一个色环电阻

电源模块与电池

Arduino 电路需要通过某种方式供电。Arduino 时常通过 USB 接口和计算机连接，并从中获取电能。同时，Arduino 板上内置了调压稳压模块，方便 Arduino 系统使用电池或者 220V 交流电供电。

提示：

　　像 Fritzing（www.fritzing.org）和 123D Circuits（www.circuits.io）等软件，让你可以在虚拟面包板或者电路图板上设计你的电路，然后再把电路设计定制成电路板。当电路设计完成，你可以通过在线电路板定制服务来制作、邮购电路板，最后自己把元器件焊接到电路板上。

树莓派

　　树莓派是一个可以运行一般程序的微型计算机。它是一类被称为单板计算机的设备。树莓派在物理尺寸上与某些 Arduino 板相仿，但它有更强大的数据处理能力。树莓派拥有一个 32 位的 ARM 处理器，并且至少运行在 700MHz 主频上，而不像大多数使用 ATmega 8 位单片机的 Arduino 板一样，主频只有区区 16MHz。

　　树莓派使用的 ARM 芯片同样也应用在智能手机、平板电脑、智能电视以及电视机顶盒中。不同于上面那些设备，树莓派还开放了一些通用输入输出接口（GPIO），但是它们与 Arduino 板上所提供的，在功能上并不完全相同。和 Arduino 不一样的地方还有，树莓派需要外接一个 HDMI 显示器和 USB 鼠标键盘，才能让它像计算机一样使用。虽然这在某些树莓派的应用中并不是必需的。

　　像树莓派一样的单板计算机通常运行 Linux 系统。这是一个基于 Unix 系统开发的开源计算机系统。同时，Linux 是免费软件，可以相对容易地定制内核和功能，并且能运行在很多不同类型的处理器系统上。Linux 同样拥有媲美 Mac、Windows 的图形化界面可供选择，但并不像苹果和微软一样有强制性。不像现在的操作系统动不动就占用几 GB 的硬盘和内存空间，轻量级的 Linux 发行版本可以瘦身到几 MB 甚至更少。在树莓派上常用的系统是一个叫 Raspian 的定制化 Linux 系统，它也是免费的，并可以在 www.raspbian.org 网站上下载到最新版本。

　　大家不禁会问，我们为什么需要使用树莓派而不使用台式机。简而言之，价格便宜。在本书写作时，树莓派价格是 35 美元，并且具有大多数台式机常用的功能。如果你需要一个苗条但能同时在一个真正的操作系统上实时运行多个程序的计算机，树莓派一定是你的不二选择。

提示：

　　市面上有介绍如何使用树莓派的书。其中一些的介绍重点是如何让它和其他元器件或者传感器网络连接（通过 Arduino 辅助），还有一些则关注于如何在树莓派上使用 Linux 编程。树莓派的应用是一个发展迅速的领域，通过网络搜索，你能在在线书商的货架上找到很多你喜欢的内容。而树莓派基金会的网站 www.raspberrypi.org，同样是一个让你能获取到更多、更权威信息的地方。

快速上手指南

上面这一切看起来是多么的复杂而令人生畏。然而有些简单的套装却能把这一切化繁为简，让初学者能够不需要太多的连线就能开始学习。其中一些套装包含了诸如电容、电阻，以及其他一些元器件，还有相应的连接工具（比如 Circuit Stickers，circuitstickers.com）。它们使用导电铜箔或者导电墨水笔直接在纸上"画"出实际电路并连接元器件。另外的一些套装则把元器件封装在塑料模块中，并从中引出一些磁性连接点，就好像 LittleBits（http://littlebits.cc）和 LightUp（www.LightUP.io）的产品那样。而 LightUp 还配有一个 APP 客户端，能让学习者在使用磁性连接点快速连接电路后，通过 APP 拍照来智能识别他们连接的电路是否正确。同时他们的电路也能连接到 Arduino 系统上。在第 8 章中，会进一步讨论这些产品的使用，并与其他一些创新的产品和扩展元件进行比较。

你需要学习的

无论你是否已经鼓起过勇气阅读本章，学习这一大堆设备的使用并不是一个容易的过程。但是从另一个角度看，越艰难的学习越能让你从中获益良多。无论是你还是你将要教给他们这些技术的学生们。循序渐进的方法有几个，经常使用的就是从一个简单、但包含全部技术元素的范例起步自学。在紧接着的"在线学习资源"部分，你可以找到更多学习这些技术的网址。但是如果是一个需要构建完整课程的教师，那你就可能需要从一些电子电路基本知识讲起，然后才讲授简单 C 语言编程或类似的简单知识。如果你想跳过这些直接进入 Arduino 项目，那么买一套配有教材的 Arduino 套装不失为一个便捷的方法。

> **提示：**
>
> 每个人总能找到吸引自己的项目，并推动他去学习背后的方方面面。这会成为这场马拉松最值得追求的美好目标。逐梦虽好，但前提是你能够系统地规划你学习的过程，并能把困难分解成一个个相对容易学习的模块。这样才能一砖一瓦地构筑通向梦想之路。听起来似乎浅显，但是我们发现太多的学习者梦想着一蹴而就、一步登天。正如学习乐器要从音阶练起，最后才能演奏交响乐，你的宏大目标仅仅是你不断前进的方向和动力。

成人监督

对初学者最安全可靠的保障方法只有一个，那就是有一个称职的导师从旁监护。如果你是一个成年初学者，但却要指导小孩子，那我们的建议是，你需要在帮助别人之前先做好充分的练习和准备，把一些复杂的知识转化成通俗、易做、易懂的步骤。为了能保证操作过程的方便、安全，一般需要戴合适的眼罩，并在场地中放置能可靠工作的灭火工具并确保你会使用。此外在室内要保持空气流通并且不能堆放易燃的布料、材料。在动用任何特殊设备和进行没有进行过的操作之前，你都必须认真阅读操作手册、指引。

学习电路知识

进入创客领域的最佳切入点，就是从最基本的电路设计项目学起。你无论是玩 Arduino 项目，还是使用导电铜箔纸电路或者其他容易拆装的材料，都是很好的选择。互联网的 Arduino 网络社区本身就是一个有利于初学者入门的地方。然而你需要问自己的是，我应该从多基础的项目学起。

学习编写代码

想要控制 Arduino 上的处理器，就必须懂得如何为它编写代码。在本章开头，你知道了如何用 Processing 和它的开发环境为 Arduino 编写程序。又或者你已经在自学简单的 C、C++、Java 或者 Python 语言。但编程无易事，你可以先从在计算机上面输出 "Hello World" 的简单操作学起，然后不断通过实践越来越难的项目来增强编程能力。

正如你在第 1 章读到的，琼和里奇都是从软件端进入创客领域的（琼几乎就泡在编程里，并通过软件的基础努力学习硬件知识）。虽然对编程能力的要求视不同项目的需要而不同，但是掌握基本的编程技能或者说有基本的计算机和编程素养，是你进入创客领域面临的第一道门槛。市面上，有很多面授的或者基于互联网的编程学习班。你可以了解当地社区中相关机构的时间表，看看有没有适合你的程度的课程。直接到创客空间了解也是另一个好办法。在你的计算机上安装好一系列开发环境后，你就可以开始你的编程之旅了。

学习焊接技术

如果你开始学习创客项目已经一段时间，你可能不满足于使用面包板，而想用一些更专业、更稳固的方法来构建电路。那么焊接就是你很好的选择。你可以尝试在当地社区或创客空间中参加"焊接第一课"之类的课程学习到这些技巧。如果没有，像里奇说的，通过网络在线视频学习，以及依靠你的勤学苦练吧。

如果真是这样的话，那首先你得买一只带有控温功能的电烙铁，就是通过旋钮调节温度而非调节功率的那种。只有可调节温度的电烙铁才内置有控温电路，从而避免温度过高而损坏电烙铁或者要焊接的元器件。焊条中含有有害的铅元素，对于多小的小朋友可以学习焊接，还是众说纷纭。但是可以确定的是，你不能一边焊接一边吃东西，而且应该保持焊接台的通风良好（市面上还有一些带有过滤装置的焊接抽气扇，可以吸收处理焊接时产生的烟雾）。并且，在焊接时，保护眼罩一向是最重要的。

用电安全

本章中使用的是低压电路。但是在电路板上面任何的操作，都必须在断电的情况下进行，即便是从计算机中引出的 5V 电源。因为有些装置是最终通过地线和大地相连，不要天真地以为看上去 5V 的电压就真的只是 5V。而且，还要避免电路潮湿、进水。

此外，条理是很重要的。乱的像鸟巢的线路永远不是好线路，而且还很难排查故障。建议你在焊接前好好规划一下焊接的顺序和线路的走法，然后再开始连线。

在线学习资源

社区大学和创客空间可能是你投资学习的好去处。同样，公共图书馆也是一个很好的选择，因为在很多城市，图书馆都在探索创设创客空间。如果你更喜欢自学而不是参加学习班，那么下面列举的在线论坛都是相当不错的入门选择，如 http://forum.Arduino.cc、letsmakerobots.com、instructables.com，以及 hackaday.com。下一节提到的一些厂商，同样也有一些论坛为学习者提供咨询。

入门套装的预算

入门的花销取决于你从什么项目开始。如果你从 Sparkfun（sparkfun.com）、Adafruit（adafruit.com）或者 Makershed（makershed.com）购买入门套装，那将花费每套 50 ～ 100 美元不等。在购买时务必确认，你购买的套装确实包含了你想要学习的处理器（比如 Arduino 或者树莓派）。有一些套装是不包含处理器的，需要另行购买。虽然软件是开源并免费的，但是你可能需要预留一些购买书籍、手册以及额外扩展板的预算。如果想要学习焊接，你也可以购买相应的入门工具套装。如果需要购买进阶的工具或材料，你最好能咨询身边有经验的朋友或者通过论坛向大牛请教。后面章节的介绍都是基于最基础的处理器，同时我们会在每章节结束时，给出适合最广泛初学者项目的预算。

总结

在本章中，你了解了最基本的关于 Arduino 和树莓派系统的简单使用。如前所述，Arduino 系统特别适用于从传感器中采集信号，或者控制电动机、LED 和其他装置。而树莓派则相当于一台卡片大小的、微型的、全功能计算机。使用这些设备需要使用者掌握最基本的电子电路知识、编程知识以及这些知识的具体应用。在本章中，通过提示的方式给出学习的方法和途径。在第 3 章和第 8 章中，会进一步通过像 3D 打印、电子服装等一系列项目，介绍如何将这些知识具体应用到项目中。

第 3 章　3D 打印

在第 2 章中介绍了低成本的电子元件和设备。它们可以感知周围的世界并且控制物体的运动。在创客技术进展中有另外一支生力军，那就是使用合适的 3D 打印机建造任何形状的物体。将这两方面结合，你就可以定制后面章节所提到的机器人、无人机、可穿戴设备以及低成本科学仪器了。

本章中提到的 3D 打印机，是面向消费者使用级别的机器及其使用方法。另外我们会介绍一些你会用到的打印材质，以及必要的背景知识，并且对比它与传统手工艺工具之间的一些差别。如图 3-1 所示，这是一种典型的使用塑料卷材的消费级 3D 打印机。

我们两人曾经在一间小型 3D 打印公司共事过一段时间，因此在这个话题中我们的观点是一致的。首先，我们将简要介绍 3D 打印的基本情况，为你建立一个宏观的印象。然后，我们在介绍这个领域的发展后，会将目光聚焦到你能购买得到的消费级 3D 打印机上。最后，我们将介绍 3D 打印机的实战使用流程。我们力求通俗易懂，但对你们来说这仍然可能比设想的要难。

图 3-1　一台小型消费级 3D 打印机

什么是 3D 打印

3D 打印机是以一种逐层叠加的方式制造实体的机器。目前 3D 打印机打印材质广泛，从塑料到巧克力，甚至混凝土都能打印。但是很多时候，"打印机"一词会让人联想到传统的打印机，容易引起误解。事实上 3D 打印机与传统打印机相比还是有很大差别的。对于 3D 打印机，琼喜欢用烹饪过程来通俗地比喻。然而你也可以使用更规范的术语来称呼它——增材制造。这个表述更能反映 3D 打印机实际的工作过程。

增材制造 VS 减材制造

传统的制造方式（以及旧的手工艺制造）是减材制造。这意味着在制造的开始，你先得有一大块原材料，无论是木质的、金属的还是其他的。然后你再通过机械工具削减不需要的部分，最后加工成你想要的形状。但 3D 打印一类的增材制造方式恰恰相反，它通过每次在需要的地方增加一点材料的方式实现成型的。

除这两种外，还有第三类制造技术，诸如混凝土喷射浇注⊖、黏土塑形、金属冲压和金属铸造等。这些技术并不都能完全归类为增材或减材制造，而工具（通常是模具）在这些技术中通常起整体定型的作用。在浇注、铸造中，具有流动性或者延展性的材料被灌入或压入模具后，在凝固前会在模具内保持充分密合。而使用金属冲压工具或者手工塑造陶壶，硬质的材质在外力的作用下形成新的造型。其中的一些技术可以和 3D 打印部件结合，加速原型制造过程。

3D 打印机在空白的平台上开始，逐层堆叠成型。计算机会通过对模型文件进行纵向切片并分析，从而确定每个薄层所需的造型细节。然后计算机通过多种方式控制机器加热头移动并打印。3D 打印机不同的结构形式决定了加热头不同的运动控制方式。

图 3-2 展示了利用三维模型建模软件模拟的 3D 打印模型实际效果（MatterControl 软件，这将会在本章稍后讨论）。图 3-3 则展示了这个模型通过 3D 打印机打印的实际效果。

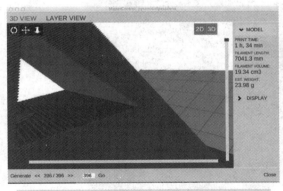

图 3-2 在计算机中使用 MatterControl 进行 3D 打印切片模拟

图 3-3 现实中 3D 打印图层

⊖ 现在也有了射流 3D 打印机，后面章节会有介绍。——译者注

热火朝天的技术能否名副其实

最近，你可能已经感受到与 3D 打印机及其技术应用相关的资讯从四面八方铺天盖地而来。但事实上，这个技术是否真的像宣传一样有质的飞跃？这个技术能否启发新应用？令人遗憾的是，在宣传中使用的相当一部分应用案例的效果并未比现有技术要好，这让人感觉这个技术被过分夸大了。但事实上，在制造领域，3D 打印的确是一个革命性技术。

3D 打印是一种工具。那些存在已久的工具，事实上已经很难做出创新的、出色的应用。但当一个新工具出现后，世界就会被打开一片空白。在这里一切尚未确定，一切皆有可能。当前，我们正处于一个激动人心的阶段。因为我们有可能通过真诚的努力，应用 3D 打印技术在下面的领域中做出革命性的贡献：

● 学会如何造物：学用 3D 打印机可以为学习如何使用传统机械工具另辟蹊径。即便 3D 打印机的加热头存在高温烫伤的可能，但它还是比传统的加工工具有多些亲和力，少些令人生畏。

● 快速原型制造：目前，产品原型制造已经有很多廉价、便捷的生成方式。在过去，无论是 SLA 还是 SLS 型 3D 打印机⊖都被用于制造一些昂贵但脆弱的高档产品原型，而其他的可能就是用泡沫板做模型。

● 快速迭代设计：如果原型制造变得廉价、便捷，这也就意味着设计者可以借助它尝试更多的设计方案。这可以让设计变得更"快速而随意（quick and dirty）"。无须在制造原型前为设计浪费大量时间。

● 复杂概念可视化：3D 打印机只有打造廉价的复杂造型的能力，这意味着能让数学家、科学家以及工程师借助打印 3D 复杂模型，立体、深入地介绍事物细节内涵。而这在以前可能仅能通过屏幕粗略展示。

● 个性化制造：3D 打印能让在机械类、时尚类以及其他小规模定制生产的制造变得更经济、可行。

● 生物医学：生物 3D 打印机可以在很薄的基质上打印活的细胞以及生物支撑结构。这个领域刚刚起步，尚待进一步研究开发。

人们常常问我们，3D 打印机究竟用在哪里合适。对于一件工具来说，这个问题显得有点突兀。我们会反问道，那你想用它来干点什么呢。这个问题一种可能更恰当的提法应该是，了解这件工具不适合些什么情况。目前对 3D 打印机而言，打印速度相对较慢，打印一件东西可能要花好几个小时。因此，它显然不适合批量生产几百件产品的任务。而完成这类任务，更多应该考虑那些大批量制造技术，比如开模注塑等。

3D 打印机分类概述

其实 3D 打印机早在 1984 年就已经存在了。当时查克·霍尔（Chuck Hall）首次利用一个机械结构控制激光，开发了首台 3D 打印机。这台 3D 打印机有一个容器装有感光树脂，激光经

⊖　SLA 指激光选区固化打印机，SLS 指金属粉末激光选区熔融打印机。在本章稍后有详细介绍。——译者注

过的地方就会有一小块区域的树脂被固化。通过固化树脂的堆叠，从而在液体树脂中制造出固体的模型。这个技术被称为立体印刷（Stereolithography，SLA）。这项技术在 1989 年首次被商品化。自此以后，其他 3D 打印技术被相继开发出来。本节中，我们将以打印材料区分并介绍对应的 3D 打印技术。这些材料有：粉末、感光树脂、塑料卷材以及其他。

1. 粉末 3D 打印

许多商业级别的 3D 打印机都使用一种我们统称为"选区黏合"的技术。这些 3D 打印机以极细的粉末（诸如石膏、尼龙甚至金属）为原料，通过加热熔化粉末，冷却后堆叠成型，或者用胶水或溶剂把粉末黏合后成型。

一般来说，在打印开始时，打印机的工作台上会预铺上一层原料细粉，然后打印头⊖把有用的材料固化，有时候甚至还同时喷出染料进行上色。完成这层后，打印机会在此之上重新覆盖一层细粉，并开始新一层的打印。如此往复便可完成模型打印。打印完成后，只需要把模型从平台的粉末中挖出来，吹掉多余粉末后就可以得到最终的模型。这种方法通常用于制作使用多孔材料粉末的模型，并且可以通过后期热固化或者其他后处理工艺，让模型的刚性提高。

之前提到的选区激光烧结（SLS）打印就是基于这样的加工流程，直接金属激光固化（DMLS）和全彩粉末 3D 打印也是如此。一般来说，粉末基体的打印模型不太适合直接给顾客使用，一方面由于它价格昂贵，同时也因为所含极细微粒会对用户带来潜在的危害。而直接金属打印工艺则相当复杂，有些时候还可能需要在工作容器中充入氩气或者氮气作为保护气体⊖。

2. 树脂 3D 打印

另一类被称为"选区固化"的 3D 打印技术，使用液体作为材料，通过把液体固化成固体而生成模型。实际应用中，通常使用紫外线催化感光树脂的这种聚合反应。如前所述的 SLA 打印机就是第一种应用该技术的范例。应用该原理的 Form 1+ 型低成本 SLA 打印机已经面世。而数字投影（Digital Light Projection，DLP）3D 打印机则使用投影机作为光源，一次固化整层模型。目前已经有一些 DLP 打印机投入市场，可以通过搜索"DLP 3D 打印机"获取相关资讯。市场上光固化打印机所使用的感光树脂已经设计成不受日光影响，但价格比较昂贵。而且当它还是液体时，它是有刺激性气味并且易燃的化学品，所以需要按照化学实验室而不是手工作坊的规范进行保存。

3. 塑料卷材 3D 打印

接下来要介绍的方法普遍应用在消费级 3D 打印机中。它通过加热器把塑料卷材加热成黏稠液体，然后通过移动喷头把熔融塑料喷到工作平台上，等塑料冷却后就凝固附着在平台上成型了。比照对上面打印机分类的命名，我们可以把这种方式称为"选区沉积"，意思是只把材料沉积在需要的地方，从而形成模型的方法。最常见的选区沉积 3D 打印机是通过加热头加热热塑性

⊖ 这类打印头中要么装有一系列透镜，把激光聚焦在工作平台上，要么装有用于喷射黏合剂的喷头。——译者注

⊖ 因为金属在有氧气环境中高温熔化，在液体金属表面会形成氧化膜，所以需要充入保护气体隔绝氧气。——译者注

材料方式实现材料的沉积。由于这种材料是以线材的形式卷在线轮上，所以使用比较便捷，如图 3-4 所示。这类型打印机被称为熔丝制造型（Fused Filament Fabrication，FFF）打印机，在一般教育行业中应用最广泛。这类打印机平均价格甚至低于 1000 美元，在美国，这种机器既便捷又相对便宜，因此广受家庭、教育市场的青睐。

图 3-4　3D 打印机所用的塑料卷材

目前许多 FFF 打印机的方案都继承了 RepRap 打印机的设计。RepRap 是自复制快速原型机（self-replicating rapid prototyping machine）的英文简称。一直以来，3D 打印技术受到专利保护。当这些专利失效时，阿德里安·鲍耶（Adrian Bowyer，3D 打印开源之父）就开始思考一个问题：设计一个能自我复制的 3D 打印机应该是一件相当有趣的事情。他在他的商业 3D 打印机上打印出首台 RepRap 3D 打印机，并把它部件的图纸开源到网上。随着越来越多的人把他们修改"进化"后的版本不断分享到网络上供他人参考，RepRap 设计的更新迭代速度明显加快。我们在后面的章节把这类经过开源方式开发完善的 3D 打印机简称为"消费者的 3D 打印机"[⊖]。

4. 混合技术 3D 打印

有相当一部分 3D 打印技术很难归入上面提到的门类中。比如有一类打印机使用薄膜作为材料层，首先根据模型切片的外延切割（减材制造），然后再逐层将这些材料堆叠起来（增材制造）[⊖]。在 3D 打印技术的最新进展中，还有一种方案使用粉末沉积"成型"，但并不是通过黏合，而是为稍后的抑制烧结或者促进烧结的工艺过程做预处理，促进模型的最终成型[⊖]。甚至有一类机器能在喷出粉末的同时使用激光将其烧结，然后通过磨削工具自动对结构进行打磨，最终得到精细的模型表面。上面提到的这些机器都极其昂贵，但这些混合技术将会支撑起一个快速制造的领域，并在未来数年发展出更多的新门类。

提示：

通过众多资源，你能获得关于我们在桌面上使用的 3D 打印机和它的应用方案更多深入的细节。维基百科将是一个入门的好地方（http://en.wikipedia.org/wiki/3D_printing）。而 RepRap 也有自己的百科，用于开源地讨论项目进展（www.reprap.org）。在里面有一个相当

⊖　"消费者的 3D 打印机（The Consumer 3D Printer）"和消费级 3D 打印机不是同一个概念。后者应指生产商针对消费市场生产的商业机器，用户只是消费者。而"消费者的 3D 打印机"则指用户参与到机器的设计、生产过程，用户既是机器是消费者，同时也是机器方案的生产者。这是创客运动中提到的一个重要的理念"用户既是消费者同时也是创造者（Maker）"。——译者注

⊖　这种打印机称为分层实体制造（Laminated Object Manufacturing，LOM）3D 打印机。——译者注

⊖　这个过程相当于碳粉激光打印机首先将碳粉通过静电吸附转移到硒鼓上，然后再通过热压将碳粉印刷到白纸上。——译者注

激动人心的图片库展示了各种 3D 打印机。麻省理工科技评论（MIT's Technology Review，www.technologyreview.com）同样是一个能找到很多介绍清晰、视角中立的高科技终端报道的地方。另外，学术研究者有时也会把他们的工作上传到开源获取科学期刊 PLOS One（www.plosone.org）。下面的一些网站是介绍 3D 打印机选型的，比如 3D 打印机世界（3D Printer World，www.3dprinterworld.com）和 3Ders（www.3ders.org）。

5. 使用其他原材料的 3D 打印

最近有报道称有一类新的 3D 打印机可以打印巧克力、糖、比萨饼，甚至是人体器官、混凝土和纸张。这些打印机其实都使用了之前提到的一些技术或者新技术组合。这些报道中的所谓 "新类型" 都在本书中有详细讨论并归类。缺乏调研的科技网站和杂志才会把它们错误地报道为如此多的 "新类型"。如果大家对 3D 打印的医学应用感兴趣，可以在搜索引擎中输入 "生物打印（bioprinting）" 并查找出能帮助你入门的资讯。

消费级的 3D 打印机

我们在本书后面的介绍中都假定你使用塑料熔丝 3D 打印机，并直接简称为 3D 打印机而不分型号。下面将介绍 3D 打印机基本工作原理，并给出一些购买选择上的建议。

硬件系统

塑料熔丝 3D 打印机本质上是一个可以进行精密重复动作的机器人。典型消费级的机器可以在 1mm 见方的模型上再现模型细节。一般来说，3D 打印机通过一个孔径为 1/3 ~ 1/2mm 的打印头挤出塑料丝，而在工作台上打印的模型细节的打印精度尺寸大约是孔径的两倍。但是在垂直方向（Z 轴），模型厚度的精度可以比孔径尺寸更精确（有一些精密的消费级打印机可以达到 0.1mm）⊖。无论任何价格的机器，在实际应用中，小于 1mm 的精度就已足够好了。

这类机器通常需要和 Windows 或者苹果系统计算机相连使用，但有一些机器允许自己控制打印机的机械运动。Arduino（见第 2 章）或者性能相似的处理器系统是这类机器常见的核心。一些打印机还能离线通过 SD 卡打印，甚至你还可以使用树莓派（见第 2 章）作为主机控制多台打印机。

打印机的主控板芯片通过控制 3 个或以上数量的步进电动机，分别带动 X/Y/Z 方向上的运动。正如在本章中展示过或将要展示的 3D 打印机的图片所示，大多数打印机的打印平台都可以受控分别或同时在 X、Y 方向上移动。而另一个电动机则连接驱动轮，将打印卷材挤进加热头，受热熔融后的塑料从喷头细孔中被挤出。图 3-5 和图 3-6 所示展示的是同一个打印任务中不同角度的两张照片。图中正在打印模型上圆锥形的东西，就是打印头。

⊖ 通常产品宣传中的打印精度参数，一般指层厚。不同机器的控制电路程序可以导致不同的实际细节精细程度。——译者注

图 3-5　一台正在工作的 3D 打印机

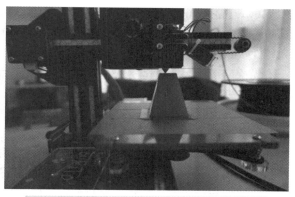

图 3-6　一段时间以后，同一台 3D 打印机的
另一个侧面

系统固件

每个 3D 打印机都将解释打印动作的软件存储在主控板上，或者直接接受从计算机发送过来的控制命令。保存在主控板上的用于执行这样任务的软件称为系统固件（Firmware）。许多开源 3D 打印机的固件采用的都是一个叫 Marlin 的软件或者它的修改版。将来如果你买来一个 3D 打印机，你的生产商会告诉你，你的机器是否开源版本，并且提供你需要了解的关于固件版本的一些细节。

消费级 3D 打印机的使用

与喷墨打印机相比，3D 打印机更像是一台机械加工工具。使用"打印机"一词作为名称，引起很多方面的误解。其中一种误解就是它会像喷墨打印机一样易于使用。想要用 3D 打印机成功打印一个模型，你需要遵循以下三个步骤。

首先，你需要有一个三维模型文件，无论是你自己建模，使用三维扫描仪扫描，还是你通过网络下载其他人创建的模型。然后你需要使用一个专门的软件，把这个三维模型转换成能控制 3D 打印机打印的命令。最后，这些命令需要传输到 3D 打印机上。

这些步骤在不同型号打印机中大同小异。而这里所说的软件，一般只能在 Windows 或者苹果系统上运行（一些特殊的版本可运行于 Linux 系统）。而它们一般并不在 3D 打印机中运行，而用于生成需要传输到打印机上的命令行文件。一些 3D 打印机隐藏了生成中介文件的这个步骤，而大多数则提供预览这些数据的组件，而这些数据通常被称为"工作路径"。预览功能可让用户按照需要，在打印之前修改将要打印的模型（因为模型打印实践通常要几小时）。

1. 创建打印模型

你可以用很多方法创建一个三维模型文件。首先你可以通过三维计算机辅助设计（CAD）软件。一些 CAD 软件是免费而且简单易用的，比如现在由 Autodesk 公司维护的 Tinkercad[⊖] 软

⊖　Tinkercad 是一款在线拖拽式所见即所得的建模软件。被 Autodesk 公司收购并维护。——译者注

件（www.tinkercad.com）。而另一个极端则是复杂的、昂贵的工程建模软件，比如 Solidworks（www.solidworks.com）。在本书的介绍中，Autodesk 公司提供了面向各个不同层次应用的全系列软件，并且还为教育中的应用提供免费许可（License）。

无论使用什么软件建模，你都需要它能把三维模型存储为 STL 格式文件。而 STL[○] 这个简称可以代表 "Surface Tessellation Language（表面网格语言）"，或者 "STereoLithography（立体光固化）"，这取决于你咨询的是哪方面专家了。

（1）入门者软件

这里推荐两个适合初学者使用的软件，之前已经略有介绍，一个是 Tinkercad，另一个是 OpenSCAD（www.openscad.org）。前者允许你通过拖放简单的图形建模，而后者则是一个通过编写代码创建模型的开源软件。两个软件形式相差甚远，所以你要分别尝试以后再选择自己合适的。Tinkercad 有在线视频教程，而 OpenSCAD 则有详尽的、带有案例的操作指南可供下载。

建筑类软件 SketchUp 也常常被推荐。然而，我们的体会是，使用 SketchUp 创建的 3D 模型在打印时会出现这样那样的瑕疵，比如模型的两个部分之间出现一个小间隙或者在模型的同一个位置出现两个部分的重叠（这不可能是由物理环境对打印机软件所产生的干扰）。面对这样的情况，前面 3D 打印工作流程中提到的一些软件可以更好地处理这些有漏洞的、非实体的模型（详见后面 "下一步——切片" 部分），但这会导致更多不可预测的情况，或者需要更多的软件以去除这些模型漏洞和错误。

（2）更高级的软件

更高级（也是更贵、功能更强大）的软件可以分为面向 "艺术家" 和 "工程师" 两大类别。面向艺术家的软件系统一般聚焦在复杂曲面造型上，比如生物体、人像之类。而面向工程师的系统一般设计成让你能方便地以参数化标注的形式，精确地创建与其他零件精密匹配的零件。事实上两大类人群都需要涉及这两类模型，但如果你经常使用其中一类，那么你应该考虑是否应该从零开始学习掌握一款软件了。

对于艺术家来说，开源软件 Blender（www.blender.org）是一款可以创建三维动画电影的软件。Blender 有一个由用户协作而形成的庞大社区。但唯一的缺点是，它的建模方式非常与众不同，因此你去学习 Blender 并不能帮助你更好地学习本书后面的内容。而 Maya（www.autodesk.com/products/maya/overview）和 Z-Brush（www.pixologic.com/zbrush）也是常见但昂贵的两款面向动画制作的软件。它们可以直接生成 STL 文件或者生成可以被转换成 STL 的文件。

工程师可以使用昂贵的 Solidworks，但也可以选择尝试 Autodesk 123 系列，或者开源的 FreeCAD 软件（可以通过 www.freecadweb.org 下载）。

2. 扫描生成模型

亲自动手设计一个模型，听起来有点令人畏而却步。你可能会寻思是否能有某种形式可以

○ STL 文件格式是由 3D SYSTEMS 公司于 1988 年制定的一个接口协议，是一种为快速原型制造技术服务的三维图形文件格式。STL 文件由多个三角形面片的定义组成，每个三角形面片的定义包括三角形各个定点的三维坐标及三角形面片的法矢量。——译者注

把实物"抄"下来。遗憾的是，与 3D 打印技术相比，3D 扫描技术发展相对滞后，至少在消费级别里。大多数扫描仪的一般工作原理是，使用一束或者多束光投射到物体上，通过测量光行时间差确定扫描仪与物体上各点之间的距离，这种方法称为"光行差"测量法（实质上利用干涉原理实现）。而另一种是通过投射固定条纹光斑到物体表面后，测量条纹的变形情况而确定模型点坐标，这种方法称为结构光（Structured Light）测量法。这些扫描仪能近似地为实物建模，并且需要人工使用软件对模型进行精修。

因为光很难被投射到上面，实体内部的表面是很难被扫描的。而透明的或者表面光反射很强的物体，通常需要喷涂一层涂层才能进行扫描。

正因为 3D 扫描过程缓慢，而且常常出错，耗时很长，所以很多使用者只尝试用它做很粗略的扫描建模，再导入前面介绍过的 3D CAD 软件中，然后像描图一样进行精确建模。3D 扫描技术是一个活跃的研究领域，当你在阅读本书的时候，它可能已经有很大的发展。我们建议，在购买任何扫描仪之前请认真阅读介绍。如果可能的话，用它尝试扫描一下你经常接触的实体，观察实际效果。

3. 下载打印模型

如果你既不会建模，也没有 3D 扫描工具，那么你依然可以通过下载的方式获得别人已经建模并上传的 STL 模型文件。当你应用这些模型，特别是在营利性项目上时，请注意这些模型的版权许可限制。一些模型创建者可能在发布时是不允许模型被修改的（也就是不允许有衍生品），而有一些则可能不允许在商业用途中使用。两个最大的获取 3D 模型的网站分别是 Thingiverse（www.thingiverse.com）和 YouMagine（www.youmagine.com）。

Instructables（www.instructables.com）[一] 网站虽然本质不是一个三维模型库，但是它的项目中也包含了一些可以下载的 STL 模型文件。Leopoly 则是一个在线交互式设计网站，它提供设计工具，并允许用户在线修改网站提供的设计模板，从而生成个性化 3D 设计模型（订阅网站可以获得更详细的咨询）。

除了以上提到的，互联网上还有一些更专业的资源。例如，美国国家卫生研究院（NIH）就在其网站上建立了一个医学用途的本地 3D 打印文件数据库，它的网址是 http://3dprint.nih.gov。

4. 下一步——切片

如果你通过建模、下载或者扫描的方式获得 3D 模型文件，那么下一步你需要做的就是对它进行"切片"。然而这个描述还不够全面。因为把模型切成一层一层以后，还有很多重要的步骤需要执行，切片仅仅是第一步。对于 3D 模型来说，仅仅模型的表面是需要打印的。虽然形状可能非常复杂，但是在 STL 文件中保存的只是一系列用于逼近曲面的、非常小的平面数据[二]。出于技术的考虑，这些薄层通常分解成一系列三角形。因此你的 3D 模型存储在计算机文件中的是一系列用于描述三角形的顶点信息以及这些三角形空间指向的信息。这些信息需要以一定

[一] Instructables 是一个世界上有名的兴趣类项目发布的综合平台，项目包含了详细的材料清单、制作过程以及相关的源程序、模型文件等资源，包含很多 Arduino、树莓派和 3D 打印类的创客项目制作指南。——译者注

[二] 这个描述可以想象为，如果你能够在三维空间中涂抹颜料，并沿着物体的表面移动，一笔一笔地涂抹整个模型。那么所留下的每一笔颜料痕迹，就是这里所描述物体表面（Surface）的小薄层（thin layer）。——原书注

的方式转换为 3D 打印机的运动轨迹。而这个转换的过程就叫切片（slicing）。切片程序，本质上是一个把空间上的三维曲面投影为二维平面轨迹的程序。然而实际上它还需要包含生成控制打印头每层所移动的轨迹，并挤出塑料的一系列机械控制命令的程序。

切片程序还要处理如何加入"支撑"。对于 3D 模型来说，有些部分可能是悬空的，就好像我们平伸的双臂一样。这些部分如果直接打印，那些悬空的地方会因为没有任何东西支撑而掉下来，从而导致打印失败。所以切片程序必须通过计算，在这些可能会掉下的部分的下方加入一些支撑材料，避免下落。如何创建支撑以及调整支撑的参数，需要用户反复学习与实践。在后面的提示中将要介绍的琼的著作，有这些内容更深入的讲解。

对那些开源 3D 打印机，MatterControl 软件（www.mattercontrol.com）中内置了 3 个不同的切片软件进行选择，并且整合了上传文件到打印机的功能。对于那些使用专有软件的打印机，生产商提供了类似的，但相对简单的可选项更少的"傻瓜型"软件环境，力求使打印过程变得轻松简单。这些打印机一般来说也支持任何 CAD 软件生成的 STL 文件。图 3-7 中展示了一个在 Tinkercad 中绘制的准备打印的模型。这和前面图 3-2、图 3-3、图 3-5 和图 3-6 用于展示虚拟打印、实物打印过程所使用的是同一个模型。

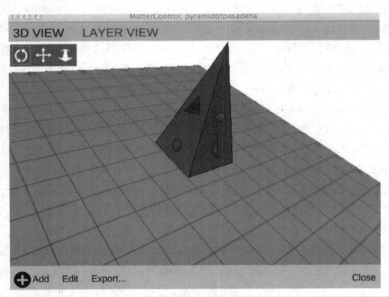

图 3-7　已经载入 MatterControl 软件的 STL 模型，可以进行下一步切片和转码

5. 发送并打印模型

切片程序完成后就生成一个称为 G-code 格式的文件，一些打印机可能使用能提供类似功能的其他文件格式。这个文件通过命令行详细设置了打印机的机械、加热参数，同时也描述了控制加热头移动逐层打印模型的控制命令。这个文件的命令可以通过 USB 接口按序传输到打印机并执行，也可以复制到打印机的 SD 卡上直接执行。

如果想更详尽了解本章提到的 3D 打印流程和打印方案，这里给大家推荐两本入门的好书。若要深入了解 3D 打印工作流程，你可以阅读 Apress 在 2014 年出版的琼的上一本书——《3D 打印技术指南》（*Mastering 3D Printing*）。若要深入了解塑料熔丝型 3D 打印机的各项硬件细节，你可以查阅 Apress 同年出版的 Charles Bell《3D 打印实用手册》（*Maintaining and Troubleshooting Your 3D Printer*）。然而遗憾的是，掌握 3D 打印机相关的各类软件并不轻松。所以无论是哪种 3D 打印机，想要熟练掌握，都必须经历一段曲折的学习过程。

3D 打印材质概述

3D 打印机需要使用熔融点低于 280℃ 的塑料卷材。这类塑料还必须具备良好的黏性，便于附着在打印平台上。这两个因素结合起来比单独考虑任何一项都更具挑战性。通常使用的热塑性 3D 打印塑料有：聚乳酸（PLA）、工程塑料（ABS）以及尼龙。和平常能见到的类似材质相比，这些用于 3D 打印的塑料中都额外添加了提高打印质量的很多辅料。

图 3-4 中所展示的两卷打印材料，其中一卷是 1lb（磅）重的尼龙卷材，另一卷是 1kg 重的 PLA 卷材。外面有塑料包装的就是尼龙材料。因为绝大多数塑料卷材都会吸潮，所以把它们保存在干燥的环境中非常重要。里奇喜欢用 5gal（加仑）装的家具防潮箱或者非常大的很便宜的 Ziploc 密封条包装袋保存他的塑料卷材。

1. PLA

PLA 是一种使用最简便的材料，所以应用也最广泛。而且它的熔融温度还相对比较低。这个特性对于提高打印成功率来说是优势，但对于打印件的使用来说却是劣势。因为低熔融温度会让打印件在稍高的温度下就容易受热翘边，甚至粘到其他物品上。然而 PLA 是一种从玉米中提炼出来的生物相容性材料，在打印时会发出像煎饼一样的香味。因此，它是课堂上打印的首选材料。而且它还可以在没有热床的打印机上使用。

2. ABS

ABS 是一种常见的塑料，像乐高积木一类的物品就是用它制成的。它材质坚韧且在一般使用场合不易融化。用它打印需要使用热床，因为如果打印平台不能保持合适的温度，模型就会很容易在打印过程中翘边。而它打印过程中散发的气味可能会让人有不舒服的感觉。

3. 尼龙

尼龙是一种非常柔韧的材料，常被用于打印结构件。通过仔细调整，你可以打印不同柔韧性的零部件。尼龙材料通常只有白色，但可以后期上色。用它打印同样不需要热床，但由于它的附着性非常差，所以需要一个使用特殊材料定制的打印平台配合使用。

4. 软性塑料

一些打印机可以打印由橡胶和其他材料混合而成的软性材料。其中一个例子就是一种名叫 NinjaFlex 的专利材料。你的打印机制造商会告诉你哪些软性塑料可以用而哪些不能用。

3D 打印机的局限

　　一台 3D 打印机可以打出很多令人惊艳的物品，但是也有它的局限，那就是它实际能打印的最大尺寸和最大精度。同样，大多数打印机在使用时都需要不断做些微调。本节将会给大家介绍一些 3D 打印机的最新的技术进展。

打印时间和打印尺寸的矛盾

　　如前面介绍，3D 打印机打印是需要花费一定时间的。这个时间和通过机器手工加工相同一件小物件相比，可能不算长。但在某些特殊情形下使用的话，你就不一定会这么想了。如果你在一个有 30 或 40 个学生的课堂只配备了一两台打印机的话，这样的打印时间将构成对课堂相当大的挑战。某些大型并精细的模型甚至要花费超过 24h 的打印时间。

　　有鉴于此，大部分打印机在设计时就限制了最大的打印尺寸。如果一个模型长宽高某一边超过 20cm，这可能需要超过一天的打印时间。所以你会看到为什么消费级 3D 打印机的打印尺寸通常设计成 20cm 或者更小。如果你要用 3D 打印机完整制作一个 1.8m 高、0.9m 长的物品，你可能需要花点心思合理分割打印，最后再仔细地粘合起来。所以，只有对于用其他方法难以加工的部件来说，3D 打印技术才是一个好的解决方案。

打印层厚和打印细节的矛盾

　　3D 打印机会因为逐层打印而在模型表面形成细纹。这样的纹路和油画上不同笔触之间的交叠是同样不可避免的。很多艺术家对此相当头疼。虽然可以通过后处理技术消除这些细纹，而降低层厚也能有所帮助，但是越薄的层厚将会使打印时间越长。对于某些材料来说，特别是 ABS，在打印以后可以有很多方法使模型表面光滑。

　　在常见的 3D 打印机中，一般模型细节尺寸在 1mm 左右。打印机一般以"分辨率"描述精细程度，但这在 3D 打印机领域中却并不是一个明晰的定义。因为大部分打印机都是首先在一个二维平面上描绘图案，然后在此层之上继续描绘下一层图案。所以对于 3D 打印机来说，天然具有两种不同的"分辨率"。

　　在每一层打印里，细节尺寸至少是打印喷口直径的两倍或以上。而层厚则总是比喷头直径要小。当打印材料喷出以后，喷头将会在竖直方向把它压扁成比打印喷口直径还小的薄层（这个尺寸就是层厚）。但是它在水平面上的宽度一定比喷口直径要粗。一台设计得当的打印机可以控制打印头运动精度尺寸比打印喷口的直径还小。

　　图 3-8 中就是我们作为本章范例的金字塔模型的最终打印成品。如果仔细观察右下角的塔尖部分，你

图 3-8　打印完成的金字塔模型

可以发现最后几层有一些看上去是因为振动而造成的不平整。这是由于打印这些层时材料没能快速降温固化所造成的。

3D 打印机存在的机械问题

当前打印机面临最多的问题就是喷头堵塞或进料口卡壳。疏通堵塞的喷头需要花费大量时间，而且过程相当令人沮丧。买到高质量且价格便宜的材料是非常困难的，而且有时候卷材的直径或者是成分比例还不是很稳定。表面粗细不一，甚至直径太粗的卷材被推进加热头，就会撕裂卷材而造成进料口卡壳。

同样，打印机需要进行平面校正，从而让运动结构在工作平面上能横平竖直地画出矩形。这种调整常常被误以为是"调节水平"。一般，调节水平意味着你要使用水平仪调节工作平台至水平状态，也就是与重力垂直。然而实际上并不需要这样的水平，你只需要的只是让工作平面相对运动结构是"水平"就行了。如果你在一个不平整的地面上摆一张倾斜的桌子放打印机，那么你一定希望你的打印机在内部保持垂直，而非一味调成水平。

如果我想打印金属或玻璃部件呢

有 3D 打印机可以直接输出金属模型，但那并不是消费级的产品。如果你真的想要制作金属的部件，而你又有铸造小尺寸金属件的经验呢？那么你可以依旧利用 3D 打印制作用于铸造的模具。PLA 材料在失蜡法铸造工艺同样适用。用它打印的模型可以用来铸造砂模。这种工艺过程已经超出本章讨论的范围，但在琼的 *Mastering 3D Printing* 一书中有相应的介绍（仅仅是介绍而并没有具体的流程步骤）。

3D 打印机选购指南

如果你计划买一台 3D 打印机，你遇到的第一个问题很可能就是眼花缭乱。现在市场上就已经有很多产品了，而且明天又可能有更多新的产品涌现。我们并不会在这里推销某个品牌型号，因为路上的风景总是会变化的。但可以确定的是，我们非常喜爱开源 3D 打印机。那些支持开源社区的3D 打印机公司，通常是用非专利化的方法降低自己和其他人的成本，并且以此保护它们打印机某些方面的设计。为了紧跟开源标准，它们也不会强迫用户使用专有的、昂贵的材料。但事情总有另一面，开源的硬件和软件让用户拥有了更强大的功能和选择，但也常常导致曲折漫长的学习过程。

是否需要热床

一些 3D 打印机设计有热床而一些没有。一些材料，特别是 ABS，在一个没有加热的平台上并不能良好地附着。所以，如果你需要那些需要使用热床的材料，这种需求会影响你的选择。

打印平台尺寸

一般来说，打印平台越大，打印机越贵。而大模型则需要更大的打印机才能打印。这需要结合你的实际需求和经验，来考虑你所需平台的尺寸。小一点的打印机会更坚固稳定，并且易于携带。

材料盒还是卷轴材料

一些特殊用途 3D 打印机[⊖] 可能需要使用生产商配套生产的专用材料，这种材料以盒装卷材居多。开源 3D 打印机通常使用 1kg 或者 1lb 装的卷轴塑料条，如图 3-3 所展示的。对于 3D 打印机来说，你至少需要了解材料的打印温度（通常是一个温度范围），以及如何在软件中设置这种材料的相关使用参数。对打印机用户来说，有一种标准的、各种机器能容易识别和使用的参数标准非常重要。而里奇就是研究制定这类参数的标准组织中的一员。反思这对矛盾时你会发现，专用材料盒使用非常便捷，但会比一般材料贵。但如果在材料更换后需要不断调整参数，用户就会非常麻烦。而且一旦遇到那些参数不稳定或者参数不明的材料，还会造成打印机工作不稳定。

提示：

如果你考虑购买那种使用材料盒的打印机，请在购买前务必了解 1kg 专用耗材的价格。

散件套装合适吗

市面上很多 3D 打印机是以散件套装出售的。使用散件拼装一台 3D 打印机的巨大好处是，你能非常深入地了解打印机的工作原理。然而组装一台打印机并成功让它运行起来，对那些不太了解 3D 打印机的相关电子知识的你来说，可能是一个"不可能的任务"。而你需要相当多的帮助才能完成这个任务。如果在你周围有创客空间，那么恭喜你，你可以在遇到困难的时候借助专家的聪明才智，跨越各种困难障碍。

我们两个曾在一个制作发售 3D 打印机散件套装的公司共事，发现那些"攒机"的用户会在这个过程中对机器越来越熟悉，越来越老练。另一方面，散件套装会更便宜，并且如果某些部件出现损坏，你通过攒机锻炼的能力会让你更有信心修理损坏的机器。但如果你还没有入门，而且不知道如何表达自己的疑问，那么你可能就不会选择攒机作为入门第一步。

社区支持

选择购买打印机最后一个需要考虑的问题是，打印机的售后支持服务质量。这一方面可以通过上网查询关键词"3D 打印机评论（3D printer reviews）"获得打印机的大众评论，另一方面如果厂家在你附近或所在区域有实体店，你还可以去亲身感受了解一下它的服务质量。如果从用户的角度来说，小厂家一般会比大公司提供更贴心的服务。

⊖ 主要是一些面向儿童、设计师和家庭的、易用型设计的打印机。——译者注

面向教育者的 3D 打印

我们写本书的其中一个目的就是给你展示如何通过造物，为埋藏在孩子心中的成为工程师和科学家的种子萌芽提供阳光雨露。从本章开始，你会陆续看到把 3D 打印技术引入课程的各种好处。正如前面介绍过的，3D 打印过程会耗费很长时间。这意味着在传统的班级设置中，受课时的限制，即使是最好的授课教师，在一节课中也可能只能打印一个作品。但是，3D 打印机现场一层一层地打印一个物品，看起来是相当神奇和震撼的。孩子们非常享受看着物品这个有趣的诞生过程。

3D 打印技术可以创造各种不同类型的物件，这在后面的章节将分别详细介绍。3D 打印机这种能以较低成本制造复杂物件的神奇能力，降低了技术开发的难度，让学生借助这个工具可以真刀真枪地设计制作精良的机器人、服装配饰、可穿戴装备以及其他好玩的东西，而不是在想象中学习这些东西的原理。在稍后的章节中，我们会给出一些单独应用 3D 打印的案例，以及它和电子技术混合设计的案例。

对于应用 3D 打印机技术来说，学习过程是很重要的。如前所述，在 3D 打印机技术的现状要求下，用户需要对打印机盒子里面发生的事情有所了解。如果你把打印机当成一个新机器那样学习，而不是一件你只求运用、不求甚解的东西，那么你就会越来越了解手中这件厉害的武器。

设备安全性

通常，人们把 3D 打印机看成是一种打印机，这是一件让人有点遗憾的事情。因为这样的称呼让人忘记了它实际上是一台机加工工具。需要注意的是，3D 打印机的喷头通常工作在 210℃，而热床最高工作在 115℃。面向创客的业余级 3D 打印机或者打印机套装，连接线可能都是露在外面的，并且全部 3D 打印机都有用于打印的移动执行部件。作为一种工作常识，无论任何人使用任何工具时，都需要有经验丰富的导师在场。使用者需要受过良好的加工技巧训练，穿着合适的工作服并做好眼部保护。以上这些对于活动的安全进行，是非常重要的。对于 3D 打印机来说，需要更加注意的是要让它在一个通风良好的场所中工作。

3D 打印服务平台

上面介绍的技术细节，可能会让人有点望而却步。但如果你想为你的项目定制 3D 打印部件，你可以找其他人帮你完成这个愿望。提供这种服务的那些公司通常被称为"打印服务平台"。他们可以打印你所提供的部件，或者提供已经设计好的打印部件。如果你是一个设计师，你可以尝试把你的创新设计上传到服务平台的网站上，看看是否有人需要付费打印和使用你的设计。有些更大的服务提供商甚至还提供金属、特殊材料进行打印，或者打印超出消费级打印机所能打印的 3D 打印部件。

通过打印服务平台打印模型通常比较昂贵，但通过散落在各个角落的 3D 打印机聚集成为打印服务网络平台，可以让这种服务变得更便宜。这类打印网络平台有 Shapeways（www.shapeways.com）、iMaterialize（http://i.materialise.com）、Sculpteo（www.sculpteo.com）。 而 Solid Concepts（www.solidconcepts.com）网站则是另一个提供快速原型制造和增材制造服务的老网站。一些平台如 3dhubs.com 和 makexyz.com 甚至可以提供金属 3D 打印服务。

3D 打印入门的预算

本书中介绍的消费级 3D 打印机通常一台的价格在 1000 ～ 2000 美元之间。有一些打印机会比这个价格贵，有一些则相对便宜。但是 1500 美元的预算就可以买到一台还不错的 3D 打印机。而切片软件通常是开源的，并且免费包含在机器套装中。3D 建模软件则从免费开始，有多个不同价格段。开源的 PLA 卷材通常价格在 35 ～ 40 美元 /kg$^{\ominus}$，而材料盒常常比这要贵得多。

如果你刚起步而且从未使用、购买过 3D 打印机，你可能还需要购买一些必备的基本工具，大约需要 100 ～ 200 美元。总之，在你第一次购买时，大约需要 2000 美元预算，这包含购买 3D 打印机、卷材及一些小备件和工具。如果你在学校工作，在雕塑室或手工艺室或许能找到那些额外需要准备的小备件和工具。很显然，如果你计划要同时打印很多物件，那么你就需要准备更多套 3D 打印机和耗材。

通过 3D 打印服务平台打印同样一个物件，通常会比你自己打印要贵。在一些大服务商中打印一个几英寸见方的、中等复杂程度的尼龙部件，可能需要付 50 ～ 100 美元的费用。

3D 打印所需知识准备

如前所述，你在使用 3D 打印机的过程中需要整合一些计算机和硬件技术的知识技能。这种类型的人才通常是一个能使用 3D 建模软件的计算机设计师和手工制作、雕塑教师的混合体。制作机器人同样使用这些基础知识技能，并且有机器人的技术背景同样对 3D 打印学习有很好的帮助。

总结

在本章中，我们给大家概略地描述了 3D 打印技术的基本情况，并给想要进一步了解的你准备了很多额外参考资源。我们一方面看到消费者 3D 打印机技术发展迅速，另一方面也会发现消费者在应用 3D 打印机方面还面临很大的挑战，还需要经历一段曲折的学习过程。除此以外，本章还简要介绍了用户使用 3D 打印机各种可能的初衷，并且从技术人员的角度介绍了消费级 3D 打印机在教学中的应用及其功能的局限性。

$\ominus$ 1kg 材料可以打印很多小部件了。——原书注

第4章 机器人、四轴飞行器和其他可移动装置

人们对机器人的好奇由来已久，即便是在那些仅仅停留在纸面和画面中需要想象力的时代。琼就经常回想起当她还是小女孩时，读到艾萨克·阿西莫夫的科幻小说《我，机器人》（*I, Robot*）时激动的情形。那个时候电子零件还很昂贵，更何况是要建造一个机器人。现在不一样了，时代的进步和科技的进展让制造一个机器人的花销变得相对亲民。这都归功于在第2、3章中提到的那些低成本电子技术产品。

我们对本章中所使用的"机器人（robot）"概念，定义比较宽泛。只要是那些有一定机械结构的并且能移动的，由一个或多个微处理器所控制并驱动的，并且能为它编写软件代码的那些装置，我们都称之为机器人。通常人们认为"机器人"都具有人的外形，比如它有头，还可能有由传感器组成的眼睛，甚至还有胳膊有腿并通过某种方式到处走动。但是，从相对严谨的概念上定义，我们也把一台3D打印机或者一台飞行的四轴飞行器看作机器人。

在本章中[⊖]，我们会给你介绍一个业余级的机器人是怎样工作的，然后会介绍如何利用这些机器人讲授工程学和其他一些科目。

琼则一直担任FIRST机器人比赛评委长达12年。FIRST[⊖]是一个由企业家狄恩·卡门（Dean Kamen）和现已退休的麻省理工学院教授伍迪·弗劳尔斯倡导建立的一个组织，旨在鼓励孩子们通过制造机器人并相互比赛的途径学习工程学。在FIRST中，有一个分支比赛（FIRST Little League，FLL）是使用乐高机器人作为主要器材。而很多学校那些看起来像创客空间的培训场地，就是在准备这些比赛过程中逐步购置和建立的（这在第5章中有所介绍）。正因为如此，在日益壮大的FIRST赛场上激烈角逐的机器人，在一个侧面反映了创客运动的不断蓬勃发展，这也会在本章稍后详细叙述。

机器人的种类

自己建造一个机器人，即使是最简单的那种，也是一个极具挑战性的任务。操控机器人运动的软件，通常被工程师称为"实时控制"。所谓实时控制就是，你的机器人在独立运行的时候，对传感器传回的信号需要得到及时处理并控制机器人做出相应动作。比如机器人传感器"说"快要撞上墙壁了，如果机器人大脑10min才做出反应，那就毫无意义了。这种实时检测并

⊖ 本章大部分由里奇撰写，并主要以他的视角进行阐述。——原书注
⊖ FIRST全称是For Inspiration and Recognition of Science and Technology，网址 www.usfirst.org，是一个在世界范围有影响力的机器人比赛联盟。——原书注

产生动作的过程，我们称为"反馈（feedback）"。就好像有些机器人，它并不能自行设定行走路线，只能沿着墙走。这类机器人被归为"前馈控制机器（feedforward only machines）"。这相当于它们只能根据感应信号做出相应动作，而不能执行额外其他动作。

机器人有可能有"尾巴"。所谓"尾巴"，就是机器人通过 USB 连线或者其他形式的数据线、电源线与性能更强的计算机和电源相连。这限制了机器人的活动范围，但同时也可能赋予机器人更多的智能和能力，或者拥有比原来自带电源时更长的工作时间。机器人也可能是一种"人机回圈（human-in-the-loop）[⊖] 系统"。这种系统的运行需要把人的参与作为考虑因素，要么是人站在机器人周围通过手柄、无线控制台之类的东西控制机器人，要么机器人处于自动运行状态，通过执行内部的软件控制自己的行动。特别是我们在本章中讨论的业余级机器人，自动运行的能力非常受所携带传感器数量以及核心 Arduino 处理器的能力所限。

> **注意：**
>
> 你可能听闻过"互联网机器人（Internet robots 或者简称 bot）"。这其实不是指一种实体机器人，而是一种互联网上的程序。这些程序能自动对页面进行索引或者群发"垃圾"电子邮件。我们本章所介绍的机器人并不是指这类东西。

业余级机器人中的技术

业余级机器人的覆盖范围非常宽广，既包括像乐高机器人或每章末尾介绍的那些入门级的简单项目，也包括像四轴飞行器的复杂项目。机器人项目是学习在真实环境中如何让软硬件协同工作的很好途径。有趣是选择它的主要原因。当你经历了从零件开始拼装、编程，到最后机器人按照你的指令自行运转的全过程，你就会感受到那深深的、难以言表的成功感。

机器人的动力

一个物体，至少在一个电动机的驱动下才能运动起来。直流电动机[⊜] 是一种使用直流电驱动，并且由电流方向确定转动方向的电动机。除了几种不常用的工作结构外，直流电动机一般都由一根带有电磁铁的转轴和环绕在转轴外的若干对永磁体组成转动结构组成。电动机通过交替改变转轴上电磁铁流过电流的方向和大小而产生转动。这些电磁铁（专业上称为绕组）在通电后同时被一侧永磁体磁极吸引和另一侧磁极排斥。当电动机转动的时候，绕组的极性会有序地改变，从而驱动转子（电动机中转动的部分）产生相对定子（电动机中不动的部分）的转动。根据改变绕组磁极方向的不同方法，电动机可以分为下面几类。

⊖ human-in-the-loop（HITL），是工程学、控制理论、系统理论中的专有名词，是一种需要有人工参与的受控系统模型，也称为人机回环。详见 https://en.wikipedia.org/wiki/Human-in-the-loop。——译者注
⊜ 直流电动机英文为 Direct-current（DC）motor。——译者注

第一类是有刷电动机。这类电动机使用电刷改变绕组的磁极方向。所谓电刷，其实是一块被压在换向器上有弹性的金属片。当电动机转动时，就通过它们改变磁极的方向。而换向器则是一个安装在转子上的一个环形构件，可以把从定子上电刷流入的电流导向转子上的绕组。在实际工作过程中，这些部件随着转子一起转动，驱使电源通过电刷依次与不同绕组组成回路，让有刷电动机在使用直流电源时也能一直保持转动。

第二类是无刷电动机。这种电动机恰好与有刷电动机的磁体布局相反。它的转子上通常安装有若干对电磁铁，而绕组则放置在定子上。去掉了电刷和换向器，可以大大降低电动机运行时的噪声、摩擦以及由此造成的机械磨损。但这就需要更智能的方式驱动电动机的转动。一个无刷电动机通常有三根线[⊖]，驱动电路需要按顺序地接通、断开这些电线。一般的用于无刷电动机的电子调速器[⊖]通常是为遥控航模的电动引擎而设计。这种调速器并不会改变电流方向，而是通过输出某个频率的脉冲信号，精确控制电动机的转速。

第三类是步进电动机。它本质上是一个无刷电动机，但它用于控制位置而不是转速。与上面所述无刷电动机的电子调速模块通过脉冲序列实现不同转速不同，步进电动机在控制电路的驱动下，可以一步步地转动。通过计步，可以确定电动机运行的距离。在 3D 打印机中，步进电动机通常用作精密位置控制和运动同步。如果你的电动机和驱动电路是工作在充足的电源下，那么这种精密控制是可以实现的。但是如果电动机的外部机械负荷太大，那将会导致电动机失掉一步甚至偏离设定的位置。当这种意外情况发生时，控制器无法感知。因为控制器只负责告诉电动机需要怎么走，没有任何关于电动机是否按照预期运动的信号会反馈给控制器。这种控制方式被称为开环控制。因为控制信号只是在各个环节中单向流动。

第四类是伺服电动机。和步进电动机类似，业余用途的伺服电动机也被用于控制位置。但是它的控制方式和步进电动机不同，并且仅限定在一定角度内使用，通常是 180°。在伺服电动机中通常有一个微型有刷直流电动机、一个齿轮组以及一个控制电路板。而它通常有三根控制线，其中两根是电源，而另一根是控制信号线。微型直流电动机在转动时同时驱动齿轮组转动，实现降低转速，提高转矩。这就让微型直流电动机能有更大力量提起更重的东西。同时，在齿轮组上还安装有一个电位器，也就是一个可变电阻。伺服控制电路通过对电位器电阻大小的测量，可以感知设定角度与实际角度的差值，形成驱动信号，从而驱动电动机一直朝着设定角度转动并维持。这样的控制系统称为闭环系统。一旦实际位置偏离所设定值，系统就会自动进行修正。

所有电动机都可以通过增加编码器从而实施闭环控制。编码器中含有一组用于编码的图形，以及至少一个用于检测图形运动的传感器。有些编码图形是被光学传感器检测到的黑白相间的光栅线，而有些编码器则设计成可以检测旋转永磁体的磁场变化。当电动机转动时，编码器同时输出相应的脉冲序列。脉冲序列的频率可以向控制器反馈电动机转动的速度信息，而控制器通过对脉冲进行计数，可以计算得到电动机转动的弧长。

⊖　电工学中把这种驱动方式的电动机也称为三相电动机。——译者注

⊖　电子调速器英文为 Electronic Speed Controller，简称 ESC。——译者注

　　为了能进一步感知电动机转动的方向，以及分辨电动机是快速的单向转动还是小幅的来回转动，编码器需要至少两个或以上并有一定间距的传感器[⊖]。通过检测这两个传感器中谁被首先触发，控制器就可以分辨此时电动机旋转的方向了。一些更复杂的、有更多传感器的编码器，可以使用更复杂的编码图形（如格雷码），直接感知当前的位置而无须通过计数。

　　上述任何电动机，都可以通过改变外部齿轮传动组合而改变速度，从而改变转矩。反之亦可。这种方法常在有刷直流电动机中使用。有些传动方式，如齿轮箱，在直流有刷电动机中配合良好，性能优异。齿轮箱的齿轮比（gear ratio）决定了它的速度与转矩关系[⊖]。比如，如果一个电动机的速度转矩比为 2∶1，这就意味着电动机轴转动输出的速度是电动机的一半，而输出转矩加倍[⊖]。选择合适的电动机、设计适当的传动结构，对项目制作是非常重要的，而且能让项目的结构强度、运行速度和效率达到最优。

提示：

　　如果上面对电动机的介绍让你觉得信息量太大而难以一下消化，你可以在维基百科上键入 "electric motors（电动机）"，前往相关页面 http://en.wikipedia.org/wiki/Electric_motor。在这个页面上，有很多关于电动机的很好的介绍和例子。图 4-1 展示了里奇在上面提到过的各种各样电动机的实物图。

图 4-1　里奇收藏的电动机，分别是无刷电动机（上）、有刷电动机（右）、
伺服电动机（下）、步进电动机（左）

⊖　这种情况一般出现在增量编码器上。如在光学增量编码器中，假设传感器检测到 5 次从有光到无光的状态，计算机通过计数并不能分辨它是单向转动了 5 对编码所对应的角度，还是以 1 对编码的角度为摆幅，摆动 2.5 次。通常两个传感器的间距是编码图形周期的一半，这样就能在转动时产生有相位差别的两路脉冲信号（通常是反相）。——译者注
⊖　这个比率专业术语称为齿轮减速比。——译者注
⊖　齿轮箱中的各种摩擦会导致一些转矩的损失，因此齿轮箱输出转矩的实际值小于计算值。——译者注

无论是整套的机器套装还是自己攒的机器人散件，都可以拼装出入门级机器人，特别是那种用车轮或履带移动的机器人（详情参看 sparkfun.com，pololu.com）和多自由度机械臂（详情参看 hobbyking.com、3drobotics.com）。而且，这些机器人还可以分别或同时加装用于接收遥控信号的模块和控制机器人自动运行的可编程模块。

控制机器人

一些业余级机器人是遥控型的。用户可以像遥控其他遥控玩具一样，通过手柄遥控它。不过，制造一个能完全自动运行的机器人会比遥控的机器人有趣得多。要实现这样的目标，机器人需要安装能识别周围地形和障碍的传感器。即使让机器人拥有最基础的视觉识别，那也是非常复杂的任务。在市场上有一些相对简单的"发射器"可以探测挡在前进道路的障碍物。这些传感器的原理是，通过发射超声波或者红外线的脉冲信号，然后分析计算反射脉冲经历的时长而确定障碍物到传感器的距离。

有了这个障碍距离信息，机器人就能分析并确定将要执行的动作。这个分析过程在机器人学中被称为"导航"。一个玩具机器人可能在遇到障碍的时候简单地向左或向右走，以避开障碍。然而更精细复杂的、需要运动到指定位置的机器人则可能需要进一步的路径规划（path planning）计算，指挥机器人运动到设定的位置。在这个从 A 点移动到 B 点的路径规划中，计算机需要把具体的路径分解为一系列前进后退、左转右转的命令。这具体反映在路径规划程序的代码中。

上面所说的所有动作控制，都需要编程介入。这也许是用户自行编写的代码，也可能是套装开发商预置的程序（预置程序通常在玩具机器人中）。许多机器人设计方案使用 Arduino 板存储程序，并通过它控制机器人的动作。图 4-2 展示了 Quin Etnyre 机器人（Quin Etnyre 机器人也叫 Qtechknow 机器人，详见 Qtechknow.com 网站）的设计者和他的小型 Arduino 机器人作品。而图 4-3 则是这个作品和它的控制器的近照。

图 4-2　Qtechknow 的小小 CEO 在展示他的机器人设计

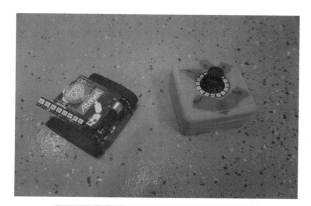

图 4-3　Qtechknow 机器人及其控制器

图 4-2 和图 4-3 中的机器人使用了 RFID（Radio Frequency Identification，射频识别）技术。操纵者可以用它来玩游戏，尽可能通过最多的标识。在网站 http://www.instructables.com/id/Qtechknow-Robot-Obstacle-Course 中，有这个机器人的详细制造过程说明。从图中还可以看出，控制器的外壳是用 3D 打印制成的。

机器人的供电

并非所有的机器人都是移动机器人，但是移动机器人通常需要有电池。用于机器人供电的电池有几种。最常用的碱性电池通常不是最好的选择。原因是它是一次性的，而且有很高的电池内阻，使得机器人无法瞬时获得大功率输出。即使是锂电池，一次性锂电池内阻也要比可充电的那些要高，从而影响使用。

警告：

锂电池和锂聚合物电池因为其高能量密度和快速充放能力，而常常被选作机器人电源。它重量轻而且电量大。单节锂电池稳定电压是 3.7V，但是多节串联的锂电池组可以提供相应倍数的电压输出。锂电池组需要特殊的充电方式，在充电时需要每节电池平衡充电，并且在电池放电时需要相应监测电路，以便能确保每一节电池在使用时不会低于 3.2 ~ 3.4V。电池平衡监控模块中的警报器能在电池不正常充电时发出报警声，从而避免潜在的损害和危险。锂电池充电时必须非常小心。首先你需要有一个合适的充电器。现实中一些由锂电池充电而导致的家庭火灾，通常是由于使用了所用型号不合适的充电器所致，因此准备一个防火充电包更能保障安全。一旦发现聚合物锂电池发生过热膨胀，那么你就绝不能再对它充电了。在网上可以找到更详细地对损坏聚合物锂电池的处置方法，这能让你更安全地处置它。

镍氢充电电池和碱性电池有相同的外形（AA 或 AAA），但它的单节电量却比碱性电池稍低（镍氢电池单节 1.2V，碱性电池单节 1.5V）。镍氢电池在充电的时候电压基本保持不变。在电压低于 1V 时，设备上的普通碱性电池就需要更换了，但镍氢电池却还能很好地工作。和锂电池一样，镍氢电池需要专用的充电器避免电池过充。而当你打算一段时间不使用它时，最好不要对它充电。

如果你要驱动更大的机器人或者遥控车，免维护（密封）铅酸电池就有可能派上用场。它比锂电池和镍氢电池要笨重得多，但它充电更简单安全。而且在相同容量下它要比其他类型电池价格低得多。当你选购铅酸电池时，确保你买的是深循环型铅酸电池（deep-cycle lead-acid battery）⊖。另外在纯电动和氢燃料汽车里，使用的是锂电池或者镍氢电池，而电动高尔夫球车则一般使用环保免维护铅酸电池。而在燃气动力车辆中用的电池则具有快速大电流充放电的能力，以便能从气电转化器中快速补充电量。但上述的电池类型都不适用于作为本书介绍的机器人的电源。

无论是哪种储能装置，不加控制地释放存储在电池中的能量，是一件非常危险的事。因

⊖ 详细介绍见维基百科。https://en.wikipedia.org/wiki/Deep_cycle_battery——译者注

此在使用的时候必须格外小心。如果电池外壳出现穿孔，特别是锂电池，内部的金属和液体就会泄漏。这会导致电池剧烈燃烧甚至爆炸。而直接使电池两极短路，则会产生电火花并且会使电线上快速产生热量，导致电线表皮燃烧。我甚至听说过一个电池意外的惊悚版本，讲的是某个人手上拿着一个电极裸露的大容量锂电池，而他手指上带的金戒指不小心同时接触电池正负极形成短路。一瞬间，金戒指蒸发的瞬间手指也同时被"切"掉了！一般供普通消费者使用的锂电池的电极都安装有带绝缘外壳的接线柱，避免两极短路，从而大大降低出现上述意外的风险。

四轴飞行器

随着控制技术的发展，轻型四轴飞行器的使用越来越广泛，无论是作为玩具还是作为携带摄像头或其他仪器进入复杂地形的飞行探测平台。目前市场上有很多作玩具用途的成品四轴飞行器发售。Makershed（www.makershed.com）和亚马逊上有相当多品牌可供选择。这种玩具四轴飞行器一般适合在室内或者气流变化不大的环境中使用。它的操控方法和专用型四轴飞行器很相似，因此可以作为购买专业机器之前廉价的练手工具以锻炼技巧，即便摔坏了也没有那么心疼。

如果你除了对操控四轴飞行器感兴趣外，还想进一步了解如何对它编程，那么 Crazyflie，一个开源的可编程四轴飞行器（www.bitcraze.se），就是值得你关注的项目。其他一些技术更成熟的四轴飞行器还能携带 GoPro[⊖]，甚至更高质量的摄像设备。但是，这种携带有摄像设备的飞行器在户外放飞，时间和地点是需要获得许可的，尤其是在开放空域。然而这种许可要相关部门审批。图 4-4 描绘了制作一台可编程四轴飞行器的典型场景，图片中的主角是我们序言的作者可可（Coco）。照片中的飞行器机体已经基本组装成型，下一步就要往上面增加控制电路板和其他元件了。

图 4-4　由零部件组装成的可编程 DIY 四轴
无人机（由 Mosa Kaleel 供图）

注意：

如果你在美国境内，美国联邦航空管理局[⊖]负责管理空域使用权。许多既没有传统飞行执照，又没有太多飞行经验的四轴飞行器操纵者，经常会在开放空域做出一些危害空域安全的飞行动作。2015 年初，联邦航空管理局特别针对商业四轴飞行器飞行颁布了飞行条例修正案，

⊖　GoPro 是一种广受户外极限运动爱好者欢迎的微型高清高速视频摄像头。——译者注
⊖　美国联邦航空管理局，Federal Aviation Administration，FAA。——译者注

对它的商业飞行做出了明确规范。而出于众所周知的安全原因，机场或者一些敏感空域是禁止一切模型四轴飞行器飞行的。相关模型四轴飞行器的飞行条例可以在美国联邦航空管理局官方网页 www.faa.gov/uas/model_aircraft/ 中查询。如果你在其他国家，那你应当遵循当地法律对飞行的相关规定。

警告：

即使你是为了娱乐而飞行，一旦你的四轴飞行器携带了摄像头，你应当避免意外触及别人的隐私，比如闯进别人室内或者在别人后院上空飞行。

竞技体育中的机器人

一些社会组织会举办机器人竞赛，让学生组队建造机器人并互相比赛。其中一项知名的比赛就是 FIRST 机器人比赛，官方网站为 www.firstinspires.org。并且这个比赛细分为一系列不同级别的赛事。高中级别的是 FIRST 机器人挑战赛⊖。参赛队伍所建造的机器人相当坚固，行动如飞。比赛中 6 个机器人分成两个联盟进行三对三对抗。比赛的某些阶段需要机器人自主执行任务，但大多数 FIRST 比赛都需要操作人员使用摇杆遥控机器人进行比赛。

除了上场比拼机器人，组委会还希望 FIRST 参赛队伍能在赛季中通过募捐为自己筹集经费，在社区举办机器人展示活动以及相关活动。FIRST 参赛队伍可以不受限制地寻求外部技术帮助，而不需要独自地建造机器人。这样的赛制会引发了一些教育争议。但是从另一个角度来看，这对学生也是有益处的，因为学生可以看到专业人员是如何工作的，并且还能从和他们一起工作的经历中获益良多。FIRST 比赛的赛制特意设计成和体育比赛一样，在比赛场地四周设有观众区，让各队的粉丝为自己的机器人热烈加油。热烈的现场气氛，会让冰冷的工程都变得非常酷。FIRST 就是这样神奇，你没有亲眼看过、现场感受过，你是不会感受那狂热的魅力。如果在你的附近有举行区域锦标赛，你可以亲临现场观看比赛。比赛通常都在春季举行。

Botball 比赛则是另外一种逻辑和风格的机器人比赛。它的官方网站是 www.botball.org。这项比赛专注于让参赛队伍建造完全自动运行的机器人，然后进行对抗。Botball 机器人参赛队伍需要独立地使用 Botball 套装或者他们课堂上用过的部件，搭建参赛机器人。

如果你想了解如何组建一支机器人队伍，你可以观看一下你周围的社区或者学校是否已经有这样的队伍。老队伍通常会帮助新学校组建自己的队伍，或者联合社区各种力量，组建一个跨学校的联队。参赛机器人队伍需要有导师，有充足的搭建时间和资源，所以有时候校际联合备赛是一个很好的选择，至少在某一个阶段可以共享资源、相互帮助。

另外一种广受欢迎的机器人比赛叫"机器人角斗（robot combat）"。在比赛中双方通过遥

⊖　FIRST 机器人挑战赛，First Robotics Challenge，FRC。——译者注

控本方机器人，破坏对方机器人或者让它失去战斗力而获得最终胜利。这类比赛还会被做成电视节目，比如美国喜剧中心频道（Comedy Central）的"机器人大战（BattleBot）"节目、美国 TLS 电视台的"机器人主义（Robotica）"[⊖]、英国 BBC 2 频道的"机器人战争（Robot Wars）"。在这些节目中，参赛机器人必须经历一系列障碍重重的竞速或者生存考验项目，只有两个最终幸存者才能进入最终决赛。在决赛中，两个机器人直接对抗，直到一方不能动弹为止。

快速上手指南

你想要了解机器人应该怎么开始玩？市场上的套装和教程汗牛充栋。一个很适合发现有趣项目的地方便是 Instructables 网站。在 www.instructables.com 上搜索"robot"关键词，你可以搜索到很多项目。或者在 http://letsmakerobots.com 网站，你也会有所收获。这个网站的名字恰好暗喻着"让我们做机器人"。举个例子，在 Instructables 网站上的一个项目 Fuzzbot（www.instructables.com/id/FuzzBot），它是一个清洁机器人。如果机器人调试完成，它能帮你自动清洁整个房间。这个有趣的项目，我们甚至拿它打趣道，"我让我孩子去打扫房间，但他却做了个机器人偷懒！"

套装

如果那些网站让你觉得如坠云雾，你可能需要通过机器人套装让你眼见为实。从网络零件供应商 Makershed（www.makershed.com）、Sparkfun（www.sparkfun.com）和 Adafruit（www.adafruit.com），你可以方便买到这些机器人套装。而大名鼎鼎的乐高头脑风暴套装（LEGO Mindstorms）线上线下都能买到。如果套装慢慢不能满足你的胃口，你可以通过 3D 打印机、机械外包加工为它制作新的、有趣的部件，或者通过网络为它搜索新的控制代码库，从而不断丰富套装功能。当然，你还可以在创客空间（详见第 5 章）中和各种爱好者交流，打开和丰富你的经验和思路。

安全性

机器人是由内部电源供电、自主运动的自动化装置。除了要考虑在设计范围内运动的安全性，还必须考虑机器人超出运动范围后的安全预案。而在你操作机器人时，一定要做好你和旁观者的眼部保护。除此以外，一切安全规范都需要参考具体的机器人制作步骤和要求，以及机器人的供电特性而定。例如关于电池，可参看本章前面部分以了解它的特性。

总而言之，切记机器人经常会在你的设计和预想之外出现问题。从拿到套装和元件的第一天起，你就要仔细阅读相关的提示、建议和教程以确保安全和使用正确。并且你需要对机器人的硬件和软件知识，以及软硬件协同工作的流程方式都要有所了解。随着项目难度加大，复杂程度会急剧增加。因此在项目的实践过程中，需要时刻关注细节，并且对自己当前的知识和技

⊖　BattleBot 详细英文介绍：https://en.wikipedia.org/wiki/BattleBots。Robotica 详细英文介绍：https://en.wikipedia.org/wiki/Robotica。——译者注

能水平有清醒的认识，不要盲目做超越能力范围的事情，以免发生意外。

机器人入门预算

机器人套装的成本可能会有很大差异。最好的办法是查看之前给出的一些链接，找到符合你的技术水平、愿望和预算的入门项目。第 2 章介绍了学习如何使用 Arduino 的内容。机器人技术增加了另一层复杂性，也增加了电动机、某些类型的底盘，也许还有无线控制器所需的成本。

出于讨论的目的，我们将四轴飞行器看作另一种类型的机器人。你需要决定你是想要一个差不多的玩具来玩耍，还是一个可以携带有效载荷并进行编程的更严肃的机器。除了购买玩具之外，购买套装可能是开始使用并了解你所在地区价格的最佳方式。

总结

本章介绍了业余级机器人和四轴飞行器，并且讲述了如何在家里开始建造这些项目。同时，我们简单讲述了在实际环境中如何操控机器人，无论是在家里独自玩乐，还是组队参加机器人对抗比赛。最后，我们讨论了机器人入门所需的硬件费用，以及在此过程中你可能会学到的技能。

在下一章中，我们关注的焦点可能从具体的实物转向创客空间。在那里能帮助我们找到解答"当我们学习、制作机器人并遇到困难时，可以从哪里获得帮助？"这个问题的答案。

第2部分

技术应用与社区支持

第 5 ~ 11 章会介绍第 1 部分所讲述的技术的应用案例范围，还会介绍能帮助你磨炼技术、不断成长的创客社区。这些社区和应用案例有时是紧密相连的，所以我们在本部分介绍中可能会在两者之间跳跃，希望读者留意。

在第 5 章中，你会看到创客空间，或者说黑客空间。在这里，涌现了一大批 Arduino、3D 打印机以及相关技术的创新应用案例。无论是教室中的一个小角落，还是宽敞明亮的一层办公室或厂房，都可以成为创客空间——创新空间。在本章中，我们会介绍一些创客群体中的骨干力量，以及他们关于如何成功创办一个创客空间的经验或看法。

第 5 章后的 3 章，我们将关注第 1 部分中介绍的技术的具体应用案例。第 6 章将讨论转向公众科学——普通人使用快速、易得的电子装置帮助科学家解决难题的一个案例。在第 7 章中，我们将在可穿戴技术的世界中探索，看看低成本微处理器、微型电动机以及传感器是如何与时尚相遇的。到了第 8 章中，我们将看看这些技术的一些扩展形式是如何被设计、应用以帮助初学者入门，尤其是如何激发儿童制作的兴趣。

接着，我们的视角转向承载这些技术进步和创新案例的苗圃——创客社区。在第 9 章中，你将会了解到开源社区是什么。本书介绍的很多技术，都是由这个社区创造，并一直维护与完善。而这一切都出于社区成员无私的奉献。第 10 章探讨了女孩对造物感兴趣的特殊案例，特别是作为进入科学的职业道路。最后，第 11 章聚焦于一个社区大学的案例研究。它使用一种创客哲学来教育自己的学生，让他们通过帮助视力受损的学习者的项目开发中获得成长。

第 5 章　解密创客空间

在第 1 章中我们曾经简要提到过创客空间，或者叫黑客空间的地方。在本章中，我们将会进一步走进这个看上去很高大上的地方，并介绍创客们利用这些空间的方式。通常像这样的社区化空间都是以会员制的形式组织的，就好像健身俱乐部一样。在空间中一般配有一系列共用工具。让人仿佛置身于一个工具的宝库中，而且其中还包含相当一部分个人不一定买得起的昂贵工具。虽然每个家庭的车库或者地下室，有时候就是相当于一个创客空间，但是在社会化交流方面，创客空间比车库有更丰富的内涵。

一个好的创客空间应该是一个交流创意的空间，而不仅仅是一个共享工具的加工室。它还应该是一个具有浓厚互教互学氛围的学习交流场所。一些教育机构，如图书馆和学校，已经开始思考设立创客空间的必要性和可行性了。尽管它们可能已经有类似功能的场室，但只是不以创客空间命名而已。在第 1 章我们把"创客空间"视作一般词语，但是对案例研究的一系列讨论中，却用这个专有概念来解释词语本身。

在本章中，我们采访了一些创客空间的发起人，走访了一些应用创客技术开展实验的正式或非正式学习机构。大多数情况来说，创客空间面向成年人或者十三四岁以上的青少年，为他们提供支持。但这也有例外。比如洛杉矶创客空间（LA Makerspace），它就设立在洛杉矶公共图书馆之中，并且提供面向家庭的活动项目。而对于十三四岁以下少年儿童，作为家长，可能需要为他们寻找能提供类似活动的学校、假期营地或者其他面向少年儿童的组织机构。而在第8 章中提到的一些技术，对于目前缺乏支持而只受过最基本训练的你来说，可能更适合在家或者在教室中开展活动。

创客空间的类型

因为造物越来越受关注，越来越多造物的场所如雨后春笋般纷纷建立。这些场所逐渐分为以营利为目的的商业创客空间和非营利的或者类似共用加工空间一样的民间创客空间。通常商业创客空间更关注兴趣班活动，但也会有更多大型的、昂贵的工具和仪器。而在学校中，为了避免家长和捐赠者对"黑客（hacker）"一词的误解，通常把这类学校功能室命名为"工作室"或者"实验室"。但无论名称叫什么，在里面开展什么活动，我们在本章中探讨的这些地方，都是设计成让人们可以在里面造物的，可能是在工作坊中亲自动手，也可能是从旁观摩学习。

我们之所以要用一整章详细介绍创客空间，是基于这样一些考虑。第一种情况是，一些学校有时会收到一笔捐款或者一项临时拨款，被要求用来建设创客空间。但是并没有人真正了解创客空间是什么，应该如何建，令人相当头疼。在这样的情况下，人们通常会把资金花费在更好的装修和添置更大的工具上。然而，规划创客空间的理念定位，以及设计空间在建成以后的活动内容，比装修和添置工具更重要。如果没有合适的技术指导，没能激发造物的奇思妙想，即使配备了激光雕刻机或者 3D 打印机，这些设备也只能被晾在一旁。有时候我们会相互打趣，说给别人做创客空间咨询就好像在练习说"然后呢（Now What？）"一样。因为这是我们看到某个机构又买进了一个创客大工具时候的第一反应。

如果你现在是一个创客空间筹建者的角色，那么你需要找个地方实际观察并且深入学习。你可能需要尽可能走遍你所在区域的创客空间，学习参考他们的运营经验。那些独立非营利型创客空间可能各有自己的独特空间文化氛围。而商业性创客空间可能建设得更加规整，感觉像一个整洁的车间而不是朋友家乱糟糟的车库。每当你进入一个新的创客空间，你可能需要花一点时间到处走走看看，感受一下空间氛围，以此判断这个地方能否让你愉快地学习和创造，能否陪你度过一段快乐的时间。不过，这些感觉并不能通过网页或者四处打听而得到，而需要你亲自去到现场才能感受。在 meetups（意思为聚会）网站 www.meetup.com，通过搜索关键词"Arduino"或者"robots"，你就可以找到附近的一些创客空间⊖，并且在网站上了解到这些空间的基本情况。而创客日（HackDay，www.hackaday.com）则像一个创客的嘉年华聚会，里面会有各种各样、稀奇古怪的项目展示，也能和当地的创客碰面、交流。

我们很庆幸能在加利福尼亚州，这个充满了创客气息与能量的巨大创客社区。本章中介绍的很多案例都来自加利福尼亚州或麻省理工学院（MIT）里我们所知道的创客社区。但是，各种创客群体、新的案例总在不断涌现。我们介绍这些案例的目的只是为了呈现创客空间的不同类型和目标，而并非全部。所以不要被我们的案例限制了你的想象。而且我们更希望，如果你没能在周围找到一个创客空间，你能挺身而出创办一个！

本章内容主要基于琼对不同类型的创客空间创办者的采访整理而成。如前面一样，在段落间会插入了一些里奇从创客角度出发的观点意见。

创客空间的重要性

目前，里奇和我正在运作一个咨询项目，帮助人们理顺创客技术的内涵，更有效地利用创客技术，特别是针对教育与科研领域的研究者和使用者。通过这样的咨询项目，我们可以和很多一致推崇"造中学"的学校建立广泛联系。他们可能有的出发点是想引进一些好玩的项目，有的则希望借助别人经验更上一层台阶。但是在学校里，不仅制作资源不太丰富，而且师资也是一个问题。在给教师做培训讲授创客技术的时候，我们常常会有一种在一桶满满的水上倒油一样的格格不入的感觉。这也许因为这些内容大大超出了他们的知识结构，或者他们严重缺乏相应的背景知识。当然，这并不一定是这些老师的问题，也许是因为校长并不太了解创客，也不太清楚应该以什么标准挑选适合的人。针对这种情况，可以通过让他们为手工制作项目准备

⊖　主要是分布在美国的创客空间。——译者注

材料和器具的方法，就可以鉴别出他们是几乎没有接受过相关训练的新手，还是从小就爱动手的发烧友。

然而，理想很丰满，现实却很骨感。有一次，我们项目组坐下来讨论一个典型的学区案例时，提到了在这个学区中正在进行的一些合作所遇到的一些相当棘手的问题。于是，我向他们了解除了经费以外，创客空间遇到的最大挑战是什么。得到的回应是，一方面，家长可能并不赞同他们的孩子在学校里太过闹腾；另一方面，这些学校校长认为学生就是应该安安静静地整齐有序地坐在教室里，而不是一个四处乱跑、闹哄哄的课堂。这也是很多家长和部分教师对这件事情的看法。然而我却不这么认为。作为一个曾经的大学教师的我来说，学生安静乖巧地坐在课堂上听我讲课，和我小眼瞪大眼会让我觉得浑身不自在。我更愿意组织他们在课上进行小组合作学习，进行各种各样尝试。家长们更乐意看到的学生排排坐上课的情景，在我看来是学校动手制作课程的课堂最不应该出现的形式和氛围。但是对于一个用于造物的场所来说，达成这样一个共识非常重要，那就是明确动手造物必须成为学习过程的一部分，而不是糊弄学生打发时间的随意行为。

另一方面，对于学生创客空间来说，建设成为可以让学生存放作品和材料，可以让他们在课堂以外还能继续开展活动的场所，也同样重要。但现实是，缺乏存放半成品的空间，是大多数学校创客空间共同面临的、暂时难以解决的问题。这种情况在未来或许会更加严重。比如像3D打印，有时候机器要不间断地工作，在上完好几节课以后，才能打印完成一件作品（有时候甚至花费一整晚！）。

而对于创客空间来说，另一个很重要的理念就是"快乐造物"。这能充分调动学生的积极性去不断尝试、不断发现、不断解决问题。这种直面问题而不退缩，经历失败而不言败的品行，会让学生终身受益。同样，这也是创客、黑客文化重要的内涵之一。然而，在传统的学校教学中通常以成败论英雄。但是在"造中学"则鼓励学生开展各种实验，学习和培养那些无法从书本、讲座、论文和考试中学习到的知识和能力。

> **语录：**
>
> 失败乃成功之母（Fail，Fail，Fail，Win）——Crashspace 的座右铭，洛杉矶第一个创客空间
>
> 不展示，就死亡（Demo or die）——尼古拉斯·尼葛洛庞帝，麻省理工学院媒体实验室创立者
>
> 不实践，就死亡（Deploy or die）——伊藤穰一，现任麻省理工学院媒体实验室负责人

在学校围墙之外的世界正在发生着什么变化？对于如火如荼的创客运动来说，可以看作是对数字化生活的一种反叛和对真实世界的一种回归。如果你是一个程序员，你可以借助互联网在世界范围内进行协作。但如果你要实实在在造些什么东西的话，首先你得需要一个造物的场所，然后还可能需要一个已经进行过这类制作的、能从旁给你指点一二的经验丰富的人。所以，

新时代的造物需要现代版的Barn Raising或者Quilting Bee[⊖]，让爱好者们可以在辛勤造物的同时也能面对面地交流和分享。社区创客空间正是能提供这样氛围的场所。

里奇的观点：

创客空间有不同的形态和规模。我刚刚参观过的一些民间非营利创客空间，会把各自的重心落在不同工具的应用和不同风格的造物。比如有一些空间关注数字化制造，那么激光切割机和3D打印机就会是他们的核心工具。而其他一些空间则可能更关注大型机械加工工具，比如车床、锯床，以及需要至少两个人才能搬得动的，或者需要出动叉车搬运的其他大型切割机器。还有一些则关注微电子领域，空间中堆满了各式各样的电子元器件，并分有不同等级的兴趣制作组。你在这种空间里最主要的事情就是，不断地焊（设计、制作电路）和不断地拆（测试、修改电路）。更有一些空间有整排的缝纫机供你量体裁衣，甚至有些空间还能让你把整辆车拆解，并改装成一个机械蜘蛛或者带轮子的船之类的炫酷作品。这些空间里很多的工具都是热心会员赞助的。而一些更大型的工具则是工厂淘汰下来，被空间管理者或者会员拉回来供大伙使用的旧货。在人口稠密的大型社区里，也许会散落地分布着几个不同风格类型的微型创客空间，而且彼此距离很近。但在地广人稀的区域则可能会有一个能同时容纳了几种功能的、超大的工具型创客空间。

那些营利性商业创客空间，会把更多的钱花在工具的配备，并努力把自己打造成能适应不同项目的普适型空间，而不是小而专的那种。在这些空间里，会经常升级仪器的软硬件，并且有严格的管理制度以确保你不会在使用过程中伤害到自己，或者损坏仪器。但这些以商业为目的、物质丰富的空间，却并不一定能形成植根于会员，并且相互传承的共同信念——空间精神。虽然我有时会眼馋里面的一些大型机械工具，但是在内心深处，我总觉得这些东西有点华而不实，甚至像皇帝的新衣一般。所以，就个人而言，找到适合自己风格的创客空间是非常重要的。而空间里的氛围、人气等人文因素，比空间的物质条件更要紧。

创客社区的个案研究

在组织创客社区，设立创客空间方面，现在已经有很多现成的经验和案例。本节中，将会介绍几个典型的个案。在这里，我首先要提及的是 Crashspace，一个设立在加利福尼亚州卡尔弗城的，有相当长运营时间的非营利性创客空间。然后我将介绍 Vocademy 创客空间，这是一个在加利福尼亚州河滨区的大型营利性创客空间。而在东海岸，我将会介绍位于马萨诸塞州，毗邻哈佛大学和 MIT 的工匠之家（Artisan's Asylum）创客空间。而在最后，我将会聚焦于两个大型的网络虚拟创客空间：一个是由 MIT 开发并倡导的 Fab Lab 空间，另一个是商业化的 Tech Shop 连锁空间。

⊖ Barn Raising 指美国乡间邻里之间在合力建造房屋后所进行庆祝聚会。Quilting Bee 指美国旧时候家庭妇女们聚在一起边缝制被服边闲话家常的聚会。——译者注

然而，空间的发展日新月异。我并不能确定在这里能囊括那些著名空间的介绍，因为可能在几个月以后就会涌现出另一批出色的创客空间了。但是我更愿意回顾这些风格不同，并能延续至今的创客空间的发展历史，并且分享一些我的看法。希望读者能从中获得一些启发，并能帮助你找到适合自己类型的创客空间。

Crashspace，加利福尼亚州卡尔弗城创客空间

在洛杉矶地区，历史最悠久的创客空间当数位于洛杉矶城区西面卡尔弗城的 Crashspace（www.crashspace.org）。琼采访了其中两位空间创办者凯琳·莫（Carlyn Maw）和托德·库尔特（Tod Kurt）。托德现在是 Crashspace 理事会的主席，而凯琳是理事会理事。我们将在第 10 章和本节讨论创客空间中的女性的观点的图片中，看到两位大牛的身影。

Crashspace 缘起于一群志同道合的人聚集在一块相互交流和分享。它的创立可以追溯到其中几个创始人在某个派对的偶遇。他们几个在偶遇前都不约而同地想到要创立一个创客空间。因为当时在周边并没有一个适合他们这类人聚会的地方。当时在周围，有一个理念类似的小型非营利工作室，叫作"机器项目（Machine Project，www.machineproject.org）"，已经小有名气，然而它的风格和内容更像是一个艺术家的工坊。

Sean Bonner，企业家、空间创始人之一，最后为空间找到了现在的地址，一座位于卡尔弗城，相当于乡村别墅大小的独幢小楼。它地处大洛杉矶地区的中心地带，既不会像都市区一样租金昂贵，也不会离居住区太远，供暖、冷气等配套服务也价格适宜。而且在空间出门不远，就有吃喝休闲的场所，服务设施齐全。在 2010 年 1 月 Crashspace 刚开张的时候，正如凯琳描述的，空间家徒四壁。原本就设想，在空间开张以后，人们会带着工具来，并且放在空间中和别人相互分享。这个设想实现了，而且他们把这戏称为"八仙过海，各显神通"。到了今天，空间有一个九人的理事会以及两级会员系统。初级会员每月付费，可以在空间有高级会员——能掌管钥匙的掌门人在的时候，到空间里活动。整个空间没有固定的活动时间，只能有人开门以后，空间才能供会员活动。具体的空间开门时间，可以通过空间的官方网站查询。

回想当年，托德和凯琳的第一次碰面是在空间签租赁合同的时候。那时，所有的发起人都担心这个规模中等的非营利创客空间会备受资金的困扰。当向凯琳问及如何组织会员的时候，她说这得合理定位你的受众。在 Crashspace 这个案例中，她介绍道，空间的定位始终聚焦于那一群"拥有强烈好奇心的人"。并且她还说，空间的发展必须坚持以人为本，通过人与人之间的吸引而不是物质条件。但是托德对此有一点小小的不同看法。他认为创客空间应该像是互联网在现实世界的延伸，是人们学习、交流的实体场所。在这里你无须上学校就能学习到各种知识和技能，而且你可以通过在线方式自主学习，不受传统学校在时间、空间上的约束。目前，Crashspace 会定期为各类不同兴趣的人群，开展各种课程和工作坊，其中包含热门的 3D 打印之类的活动。

Vocademy，加利福尼亚州河滨区创客空间

Vocademy：这个创客空间（www.vocademy.com）与极端低调的 Crashspace 相比，在很多方面有反其道而行之的味道。吉恩·舍尔曼（Gene Sherman）——Vocademy 的创办者，是一个

非常热衷于通过电视宣传自己观点的人。图 5-1 就是他本人的帅照。他曾说过，在此之前几十年里一直梦想着创办一个像 Vocademy 一样的创客空间。这个面积超过 1600m²，拥有很多大型设备的高端创客空间雇有全职的管理员，运行规模更大、更正规[⊖]。

图 5-1　吉恩·舍尔曼——Vocademy 创客空间的创始人

虽然 Crashspace 在正式场合把自己称为黑客空间，但舍尔曼说，"我更愿意使用创客空间一词，并且希望创客空间日后能像餐馆一样随处可见。"他分析道，如同众多餐馆可以有不同的风格和口味，创客空间的理念与发展方向也应该是多元的。他希望给创客空间赋予一个明确的内涵，也希望创客空间能引起教育界的关注，让教育人士意识到教育不仅仅只是知识的传授，而更应该先关注与生活、生产密切结合的造物实践活动。

舍尔曼认为，在空间中需要有一个正规的操作流程以便能确保工具的安全使用。他要求，在创客空间里，每一个成员都要在接受适当的技能培训后才能够使用相应的工具，即便你已经是骨灰级老手。他说他的主要愿景是把手工制作（shopclass）重新带回到中小学课程体系中，并且希望能动员更多非营利公益机构加入到实现这个愿景的队伍中去。因为在洛杉矶以及周边地区，手工制作课已经大部分名存实亡了。

他进一步补充道，人生而流淌着造物的基因。Vocademy 存在的意义就在帮助人们以各自的方式找回造物热情。他说，"时光倒退 50 年，你会因为衬衫掉了一颗纽扣而买一件新衣服吗？现在的我们，已经不再关注修修补补，也不再热衷通过指尖感受这个真实的世界了。"如果把一群小孩集中到一个房间里，里面放上彩色蜡笔、乐高积木和书本，孩子们会不知不觉形成三个小团体，自得其乐。但现在孩子们唯一的选择只能是捡起书本阅读了，舍尔曼不无遗憾地说。

舍尔曼的宏伟目标是能营造数以百计的小空间，让人能轻而易举地找到学习自主造物的场

⊖　Vocademy 在第 10 章有进一步介绍。空间上课情形的照片详见图 10-5。——原书注

所。同时，Vocademy 也腾出了一些办公区域供创新创业者租赁，让他们可以更靠近各种设备，更容易设计打造自己的产品。Vocademy 定位为营利性创客空间，但这仅仅是为了把空间打造成严谨的社会化工厂生产线而不仅仅是那种纯粹为了兴趣、小修小改的邻家车库。即便如此，在 Vocademy 中，依旧充斥着各种 cosplay（角色扮演）和个性化元素。舍尔曼表示，他们会自己制作空间的家居和其他必需的小物件，以便让黑客精神以及 DIY 的氛围在空间中能一直延续下去。

工匠之家（Artisan's Asylum），马萨诸塞州萨默维尔

看完上述两个营利性创客空间的介绍，你可能会觉得非营利的创客空间社区不可能有很大的规模。邻近萨默维尔麻省理工学院，自称为 "非营利社区手艺工坊" 的工匠之家（Aritsan's Asylum，http://artisansasylum.com）可能会超出你的想象。它坐落在一个超过 4000m² 的旧厂房里，每天有两次园区导览，吸引众多兴趣爱好者前往参观体验。工匠之家的运营既依靠全职人员，也接纳大量志愿者。

据空间主页介绍，工匠之家有 550 名登记会员以及 170 个工作室进驻。整个空间被分割为 5 ~ 11m² 大小的方形小工作间供进驻项目使用，其中包含了很多大范围跨界的项目。更夸张的是需要进驻空间的新项目已经排期到 4 ~ 6 个月以后了。对于很多人来说，这里是他们开展主业的工作间，同时也可以和众多热爱制作的人为邻，取长补短，互通有无。

Fab Lab，全球范围

相当多的创客空间都是临时创立的，初衷是一群想共享工具和工作空间的朋友，找个地方存放工具，相互交流。发展至今，很多创客空间逐步汇集成几个大型的空间网络。历史最悠久的当属 Fab Lab 网络（www.fablabs.io）。这是由麻省理工学院比特与原子实验室的一个课程⊖扩展出的教育衍生项目。根据 Fab Lab 基金会主页的统计数据（www.fabfoundation.org/about-us），截至 2015 年年初，全球有差不多 450 个 Fab Lab 实验室分布在 65 个国家和地区。一个正式的 Fab Lab 实验室必须依托正式学术机构，并且依照它的一系列规范设立，才能使用 Fab Lab 命名。实验室需要预留对公众开放的时间段，并且具备让用户在实验室中进行快速原型制造的基本设施设备条件。这些大约需要 6 万美元的固定资产投资。而且 Fab 学院（www.fabacademy.org）通过网站向公众提供丰富多样的认证服务，甚至可以提供学士学位课程。

TechShop

TechShop 创客空间（www.techshop.ws）是初创于 2006 年的一个连锁的营利性创客空间和原型设计工作室品牌。目前在 8 个地区设有连锁空间，其中三家位于硅谷和洛杉矶湾区。除此以外，在洛杉矶和圣路易斯的两家连锁店也显示正在紧锣密鼓地筹备中。TechShop 除了提供公共工具服务以外，还有付费商业会员制度，并对外提供工具学习、使用的课程服务（包括激光

⊖ 这个课程名称为 "How to Make (Almost) Anything"，课程编号 MAS.863。http://fab.cba.mit.edu/classes/863.14/。主要介绍如何利用数字化手段与设备，如互联网、3D 打印机、激光切割机等，设计制造各种器物的课程。
——译者注

切割、机械加工、焊接、电路板制作）。

器材选型

在本书中，我们探讨得最多的是如何使用像 3D 打印机、Arduino 板和传感器这些小型设备和零件。但是，这些技术和设备有各自的局限性。比如 3D 打印机，它的速度相当慢。假设你的授课班级有 30 个学生，要把他们的作品都一一打印出来，所耗费的时间将会变得不可想象。而在创客空间中能经常见到的设备就是激光切割机。这是一种由计算机控制的并通过大功率激光切割平面材料的自动化加工设备。无论是塑料板还是夹板，甚至是纺织布，它都可以进行切割。虽然激光切割机价格昂贵，是一大笔投资，但它强大的加工能力可以快速完成类型广泛的加工任务。激光切割机是一个二维加工设备，只能加工平面的材料。即便它能通过刻蚀形成一定的凹凸形状，但并不具备机械加工那样精确雕刻三维外形的能力。你可以借助激光雕刻机从有机塑料片和夹板中切出任何部分、任何形状，但仅仅像刻纸一样。

但美中不足的是，激光切割机价格昂贵，而且噪声烦人。同时它需要一套伸向窗外的排气系统[一]，以便把激光切割过程产生的废气排到室外，或者使用更高级的废气循环净化系统。应当留意的是，当操作流程不正确或者切割允许以外的材料时，存在引发火灾或者产生有毒气体的风险。由此可见，激光切割机绝对不适合安放在家中。它更适用于安放在大教室，加工你的常规大班教学课程中学生使用的制作材料。

在这里，我并没有介绍机械加工工具，是因为使用这些工具会产生大量锯末、金属碎屑或者粉末，所以它们并不适合与 3D 打印机放在一起。3D 打印机喷头上的小口特别容易被灰尘堵塞。因此，为 3D 打印机和激光切割机等机械精度较高的加工工具提供一个尽可能无尘洁净的环境是非常必要的。

生物创客

现在，有一些前卫的创客空间开始关注开源的生物实验室设备和生物实验。如果你上网搜寻"生物创客空间（biohackerspace）"或者"生物 DIY（DIY biology）"[二]，你就能找到相当丰富的案例。正如常规的创客空间一般配有 3D 打印机和机械工具，生物创客空间的设备与环境基本是按照分子生物学实验（wet lab）[三]的需求配备的。生物创客空间通常是给那些有志于深入学习生物学，或者开展生物学研究的人提供实验条件的场所。而这些实验设施设备往往非常昂贵，不是普通人所能承受的。有些生物创客空间，比如洛杉矶生物创客（LA Biohacker，www.biohackers.la）也时常开设相关讲座和工作坊，普及大众。

㊀　激光切割的原理是使用大功率激光熔化被切的材料，形成切痕。这个过程中会产生刺激性甚至有毒的废气，特别是切割有机材料时。——译者注

㊁　DIY biology 的 wiki 词条见 https://en.wikipedia.org/wiki/Do-it-yourself_biology。——译者注

㊂　分子生物学实验一般需用水，俗称"wet-lab experiment"。与之对应的"dry-lab experiment"，则指一般不沾水进行分析的生物信息学实验。详细介绍见 https://en.wikipedia.org/wiki/Wet_laboratory。——译者注

　　而另一些生物创客空间则专注参与公众科学项目（详见第 6 章）。他们设计、开发并制造有用的仪器，针对公众普及基本知识与技能，让他们能有效参与研究项目的观察与实施过程。比如，一个在洛杉矶范围内追踪一种入侵昆虫物种的扩散的研究项目，就是通过洛杉矶生物创客（LA Biohacker）开展委托培训的。这类生物创客的核心目标是让生物技术不再神秘，鼓励公众更多地了解、学习重要的生物技术、生态学或者其他以生物为核心的交叉领域，并投身其中。曾开发了"如何制造万物（How to Make almost Anything）"课程的，麻省理工学院比特和原子研究中心的尼尔·格申斐尔德（Neil Gershenfeld）最近的兴趣转向了生物创客，并着手研发一门类似的课程"如何培养万物（How to Grow almost Anything）"（http://fab.cba.mit.edu/classes/863.14/）。这个创意是想基于 Fab Lab 创客空间的设施条件衍生建造一个生物实验室，并且尝试把它应用在生物技术教学中。⊖

博物馆、学校和图书馆中的创客空间

　　当前在学校、图书馆和博物馆中设立创客空间并提供相应服务逐渐流行。这取决于他们的定位，以及对外展示和传授的内容取向。创客空间一词的内涵，对这些机构来说，是灵活多样的。通常，这可能是个供学生或者访客使用工具学习手工技能的地方，可能是进行某些工艺制作的场所，也可能是让学生通过技能学习掌握数学、物理、艺术知识的课堂。专业人员配置、场室功能和使用等因素是形成创客空间各自特色的重要原因。

　　随着手工艺课在许多学校中销声匿迹，动手技能，这种人类最原始的学习方式正逐步、快速地在常规教育体系中消亡。这意味着，在常规教育体系中，学生已不再学习如何锻炼动手技巧了。或许，在科学实验课上还残留一些动手活动。正因如此，新兴的创客空间才显得如此新颖而有魅力。但传统认为手工制作就是胶枪、卡纸、布料这类东西。创客空间不仅包括这些，而且还更要有丰富的内涵。所以它要突破传统定位的藩篱，进一步走出自己的路。所以，3D 打印机的引入，在一定程度上能把一些虚拟设计和实体创造联系起来，就像编程、计算机艺术或动画设计以及钣金工艺一样。同时，它也能成为这些社会化学习环境中的关注焦点。

创客在博物馆、图书馆

　　在博物馆中，经常设有互动实践性的展览或者展示馆藏品工艺制作过程的展览。但实际上，要跨越困难，通往成为让游览者收获造物体验的理想之地，博物馆又能走多远呢？位于圣何塞的技术创新博物馆（www.thetech.org）给出了自己的答案，那就是博物馆中的"技术工作室"（Tech Studio）。在那里装备有 3D 打印机、CNC 加工设备、激光切割机以及其他辅助性工具。虽然这个地方通常被馆员们作为制作展览品的地方，但由于它的开放性设计，让参观者也能近距离看到整个制作过程，甚至参与到某些项目和活动中去。

　　而位于旧金山的探索科技博物馆则设立了一个"探索"工作室（Tinkering Studio, http://

　　⊖　除了本书介绍的生物创客类型，读者还可进一步查阅 wiki 词条：OpenWetWare（开源分子生物学），甚至 Grinder 社区（一个激进的以自造仪器进行自我人体改造的生物朋克群体）。——译者注

tinkering.exploratorium.edu）。在里面展出了很多创客黑科技作品，以及充满创客灵感的艺术品。同时，那也是一个供创客们小修小改、小试牛刀的地方。

创客无分年龄，再小的儿童也能动手创造。位于帕萨迪纳的"儿童空间"博物馆（Kidspace Museum，www.kidspacemuseum.org）把这样的地方称为"创想工作室（Imagination Workshop）"。博物馆主要服务于4岁及以上的幼童。在它的官方网页上还经常会向公众募集一些木头的边角料、厚纸筒、2升装的饮料瓶以及其他日常生活用品。这样，孩子们就可以用它们来组装各种小玩意儿了。

对于图书馆来说，设立创客空间的必要性是它们要考虑的首要问题。如果确定了，则需要进一步考虑配置怎样的工具，它们与其他馆藏资源如何配合才能发挥最大效能，以及图书馆自身的社会服务能力。因为创客空间里的东西并不是图书馆一般需要用到的，看着创客空间在图书馆里扎根并且慢慢发展、融合，这会是一件相当有意思的事情。洛杉矶公共图书馆就通过联合洛杉矶创客空间（LA Makerspace, www.lamakerspace.com），开展3D建模、编程、玩"我的世界"游戏以及其他一些动手实践活动。同时，图书馆还借助自身的社区实验室开展公众科学项目（详见第6 章）。

与此同时，在学校中也演变出其他类型的创客空间。在下面介绍的一些案例中，一些空间最初是用于机器人队伍活动的，但在它空闲的时候就化身成为创客空间了。而另一些则是设计特别的创客空间，在日后稍加改造就能够承载更多的功能。

校园创客个案研究：西洛杉矶的 Windward 学校

里奇和我现在都在帮助洛杉矶 Windward 学校挖掘它们在创客方面的潜力。期间，我采访了学校 STEAM 项目部主管辛西娅·比尔斯（Cynthia Beals）。她同时兼任 STEM 教师，以及学校机器人队的教练。图 5-2 所示就是她在机器人俱乐部指导一个机器人队伍学生的情景。

图 5-2 辛西娅·比尔斯在 Windward 学校机器人实验室中指导学生

　　她一直致力于把学校关于探索工作室（Exploration Studio）的理念变成现实。到现在，学校里的一个教室已经用于放置 3D 打印机和其他一些物料，并且成为临时的探索工作室。而在工作室中，学校还安排了一个 FIRST 机器人比赛队伍在里面活动，让队伍在里面搭建机器人。图 5-3 就是他们活动的情形。

图 5-3　学生在 Windward 学校机器人实验室活动的情景

　　Windward 学校相当重视探索工作室，比尔斯说道，因为"学生们长期面对各种屏幕，而导致三维空间想象力下降。他们的问题解决能力在慢慢下降，但对失败的惧怕与日俱增。"她感觉到学生在传统课堂中搞小制作和尝试新东西的动力严重不足。原因可能是学生很容易把实验不成功和原理错误联系起来，而并没有体会到实验过程所带来的学习和成长的体验。比尔斯期望有一个这样的空间，能激发其他所有部门的老师都来关注基于问题学习的教学热情，让他们不再只用那些基础知识和基本技能填充他们的课堂。

　　比尔斯同时认为，比上一节课更有价值、更重要的是鼓励孩子们能围绕一个问题进行探索，并在相互分享中迸发创意。对于老师而言，所有学生进行同一个项目的学习，教学会更简单。但是如果他们在进行完全不同的各种项目，那么他们就必须进行分享。这种课堂所带来的挑战在于，如果学生得不到足够的引导，那么他们的思考和行为就会漫无边际，不受控制。比尔斯认为，学生应当在恰当的指引下开展活动，无须太具体也不能太含糊。她建议道："那些能让我会心一笑的指引就是好指引。"

学生应如何利用创新空间

　　学生应该去学习如何开展一个大而复杂的项目，以及如何规划其中的工作。图 5-4 所展示的就是 Windward 学校学生正在计划 FIRST 项目的情景。而图 5-5 则展示了马尔伯勒学校——一个女子学校，校园中的一个类似场所。它将在第 10 章中有更深入的介绍。

图 5-4　Windward 学校机器人实验室的计划墙

在马尔伯勒，机器人队伍在课后可以使用一个大教室中的一部分作为活动场地，而在课间空余的时间里他们也可以自由安排时间在里面活动。因为机器人空间和传统课堂分享同一个大教室，因此在时间安排上就必须非常细致，越早落实越容易安排活动。在第 10 章中将会讨论全女子的 Castelleja 学校，她们那极具抱负的创客课程以及她们创客空间的迭代发展。

幼儿教育方案

假设你是一个给从学前班到小学六年级小朋友授课的老师，你会如何将造物融入教学设计中呢？在加利福尼亚州，西好莱坞早教中心（www.centerforearlyeducation.org）就是这样一个针对上述年龄段的学生设有相应创新中心的教育机构。根据创新中心总监马特·阿奎罗（Matt Arguello）的介绍，创新中心有几种不同的服务模式，有创客空间、影像工作室。同时创新中心也是进行校园现代化探索，班级、教学创新的原型孵化场。

图 5-5　马尔伯勒学校的机器人创客空间

由于学生年龄的缘故，创新中心开展很多乐高机器人制作活动，使用符合幼儿特点的编程语言 Scratch 进行编程（https://scratch.mit.edu），利用可回收物料进行搭建制作，开展 3D 打印活动，进行基本电子电路的制作和学习。阿奎罗表示，"中心及其项目一直运作得相当好，给予了学生充分的空间去放飞创新的翅膀。同时，它的软硬结合项目也不断弥合着虚拟与现实之间的鸿沟。"在取得这些成绩的时候，创新中心只有两岁。

中心总监阿奎罗具有教学、计算机和初等数学的多学科背景。他说，对于那些小白老师想要迈过创新、造物的门槛其实并没有看起来那么困难。当他们系统接受一些专业训练，参与一些像哥德堡机械之类的创新造物活动后，他们就会开始享受创新中心的怡人氛围了。

在中心的一些 3D 打印项目中，有一些自主的项目专门预留给那些喜欢制作椅子、手机架子或手机壳的孩子们。而给四年级上课的教师则开发了一个让学生通过书籍阅读，然后借助 3D 建模软件 Tinkercad 对故事重新进行数字化表达的创新课程。在这个过程中，孩子们需要从书本、动物和首饰中汲取灵感，给角色建模。在另一个课程中，学生则需独立完成一个数学项目，建立一个符合"黄金分割比例"的机场模型。所有上这些课的学生都不超过 12 岁。

阿奎罗表示，这些数字原住民在游戏中经常需要在 3D 环境中进行互动，所以只要我们给他们展示一下工具的使用，他们就本能地知道如何驾驭这些东西。但同时他也承认，这对一些教师而言是一个巨大的转折，要成功地转变教学方式相当不易。其实孩子们的创造一直没有停止，阿奎罗认为这是向教师们推销教学改革最好的卖点，就是向他们表达这些课程对他们而言只是借助技术手段的一种自然延伸而已。

对于更宽年龄范围的孩子而言，造物同样具有巨大吸引力。在加利福尼亚州，宝马山花园圣马修教会学校（www.stmatthewsschool.com）是一所从学前班到八年级的学校。John Umekubo 是学校的技术总监。他是学校"项目创新与实现"实验室（Project Idea & Realization Lab，PIRL）的协调人，非常热心。关于实验室详细介绍，在其官网 www.creatorsstudio.org 上可以看到。

Umekubo 表示，这个实验室的各种用途在它建立前就有了规划。因为学校一直寻求途径引进这样一门更具项目驱动意蕴的课程。他强调，"给学生充分的迭代时间"、让学生造物以及犯错是非常重要的。

实验室是在一系列偶然之下诞生的。当时学校上马一个让每个学生都有一个 iPad 的项目。原来的计算机实验室就腾空出来成为现在的 PIRL。

实验室空间主要分成两部分：PIRL 是从计算机实验室改造而来，它属于规范课堂的部分。而另一个被称为"PIRL 大舞台"的部分是用于自由发挥的空间。这个"大舞台"以前是一个储物间、过道和给高尔夫球车充电的地方。这个自由发挥的空间有一条便道通向外面。在那里配置了激光切割机、锯床和钻床供学生们进行各种木工加工制作。Umekubo 还说，他的两条经验就是：第一，你要把空间设计得灵活易变，当你需要的时候你可以随时更改；第二，你需要在空间里设计足够的储物空间，以便存放各种工具、物料。

他不喜欢人们把这些和创客运动联系在一起。因为他觉得这让人听起来像是一种新趋势。他希望这"不是一种趋势潮流而是一种实在改变"。在他看来，创新型教师一直奉行的理念就是教师应该培养学生问问题的习惯，培养他们的好奇心以及寻求理解的努力。而技术聚焦下的造物，就是这种培养目标的 2.0 行动方案。计算机革命允许很多事情在屏幕上实现，这在以前是不可能的，而现在它正在进入下一阶段，即便是从计算机屏幕实例化真实对象（以及 AR/VR 技术）。第 15 章和第 16 章将讨论一些通过打破事物来学习的想法。

注意：

　　将造物带到学校环境中是一件极具挑战性的事情。教师需要仔细思考如何整合动手学习的形式。在学生造物经验差异悬殊的情况下，可能需要为学习准备许多不同的预案。如果教师本身缺乏相关经验，那么他们可能无法迅速掌握一些需要较长学习时间的技术，比如 3D 打印和 Arduino。从机器人项目库中获取相关经验也许是一种解决方案，又或者找一个在这方面有丰富知识的人作为学习资源。我们希望本书能成为你自我迭代的好帮手，但现实情况是，找到一个有相关丰富经验的人和找到一个只能帮你规划项目的人差别非常大。

创客空间起步须知

　　如果你正在筹办一个创客空间，下面列出的一些事项是在开始之前你就必须仔细考察的。显而易见的是，你需要了解信息的深度取决于你的愿景大小。并且你需要和有建设类似空间经验的专业设计师和承包商进行广泛深入的沟通。想要为空间建设开个好头（无论你称它是创客空间还是其他名称），详细规划空间的定位、功能以及可能开展的活动是重中之重。去参观正在运营的空间，就可以学很多相关的知识经验，有些可能你能想到，有些可能你还没想。下面就是一些你和你的合作者需要搞清楚的具体问题：

- 在空间中用户将会干些什么？
- 空间应该设在什么位置？
- 空间打算何时开始运营？
- 空间的用电量有多大？
- 空间需要怎样的设备以及相关的安全流程和训练？
- 空间应如何通风？
- 空间应如何收纳、锁存一些需要防盗、减少损耗的工具和物料？
- 空间需要如何分类存储，特别是当空间需要在某些时间另作他用？
- 空间应如何帮助用户起步，并通过系列培训让成员共同维持空间的运营？
- 空间是否要考虑分成软件工作区（clean space，使用计算机和 3D 打印机的地方）和加工工作区（dusty space，木工和机械加工工坊）？
- 空间需要配备多少台计算机？空间的主机服务器上的防火墙（或者过滤规则）是否允许你安装必要的开源软件和相应的驱动程序？

● 空间的网络是否能满足需求？

● 空间的预算以及到位程度如何？在空间的持续建设中，你会如何应对摊子越铺越大，建设规模远超预算设计的情况？

本书中讨论技术的章节（第 2 ~ 4 章，第 6 ~ 8 章）都有你需要学习的技术和入门预算的部分。你可以查看这些内容，帮助你了解如何开始创客学习并逐渐成长。第 2 ~ 4 章介绍了以电子为导向的创客经验，随后的章节是更多跨领域的技术冒险。我们在叙述中会插入对创作空间的讨论，因为这些跨学科项目，至少在我们看来，更像是创客社区的努力，所以更有可能在群体环境中取得成功。第 8 章重点介绍一些更简单、更像玩具的技术，这些技术可能是良好的入门级或课堂教学技术，而这些技术可能是你开始思考的起点。

创客空间起步预算

从本章的讨论中可以看到，创客空间建设的成本花销差别很大，有些花费很少，有些可以花费数百万美元。而如果你的需求比所提到的更高端，你可能需要书本之外更多的外部支持以开展你的空间建设。对于空间建设，我们再次重申我们的观点，那就是在空间进行大规模建设之前一定要对空间使用定位做反复论证，多做几个版本的方案设计，避免盲目建设。

如果你想你的空间节俭起家，你可以尝试从募捐一些可回收的、简单的家居物料开始（利用可回收物料变成艺术品或者具有更高价值的东西——变废为宝（upcycling），正越来越成为一个艺术创作的热词）。另一方面，你也可以从你的合作伙伴或者社区商业机构中寻求赞助。如果你想开展高创意、低技术的简单项目，你可以一直使用 3D 打印和 Arduino。或者你可以少量购入一些在第 2 ~ 4 章中提到的更昂贵但更娇贵的东西，然后把它们整合到你的小组活动设计中去。

总结

本章讨论了设计一个提供给学生或公众用于造物活动的创客空间所应该考虑的各种因素与事项。同时展现了一些有着不同目标定位的创新型空间案例（无论它们是否被称为创客空间）。其中一些是商业性质，而有一些则是公共非营利性质。有一些空间主打工具共享，而有一些则是以传统授课的方式学习特定技能为主。每一个空间都和各自所属社区的特定需求相联系。在本章最后还给那些新的创客空间设计者们总结了一些在设计时需要考虑的因素。

接下来的两章，将要展示创客空间中可能会开展的各类活动：一种是公众科学项目（第 6 章），另一种是可穿戴技术与角色扮演（第 7 章）。然后会介绍一个非常适合在教室使用的、入门级的制作案例（Makey Makey，"玩具"制造）。最后介绍活动的核心理念以及以此为基础的其他动手制作（Hands on）教育活动。鉴于接下来的章节都聚焦于一些常通过小组协作形式完成的活动，我们认为在一开始先划定小组活动空间是非常必要的。这可以让你能预设在空间里开展这些复杂项目时的各种情形。

第6章 公众科学与开源科学实验室

在本书中讨论的各种技术可以应用在很多不同的项目上。那些结合了低成本电路定制和"泛在电子（ubiquitous electronics）"理念的项目中，可能最具吸引力的就是公众科学（citizen science）的崛起。这个词在本章中将会被经常使用。它的意思是公众参与到解决科学难题的行动。这其中包括公众可能被招募，把他们计算机空闲的时间贡献出来用于数据分析工作，或者帮助分析一些计算机难以完全自动分析的大数据池里的数据。他们也可能走到户外，在现场采集数据，这让专业研究者能得到更多仅仅依靠个人力量所难以收集到的数据。在本章中，我们主要以某种方式讨论有专业科学家参与的科学。

由此而节省的研究经费同时意味着科学家可以让自己的研究项目维持得更久，走得更远，而且能更灵活地安排研究工作。通常科学仪器非常昂贵，并且功能固定，所以研究者常常因为仪器的限制而不得不在实验中折中妥协。在另外一些例子中，传统的大型分析仪器很难带到研究现场，并进行数据分析。然而，在这些例子中如果借助低成本传感器，起码可以现场显示采集数据或研究状态。即便现场分析质量不如实验室高，但这最终构成现场情况的其中一部分。

在本章中，琼将带领你了解基于上述模式并已开发成功的几类项目。然后里奇将接力介绍应用在制作可供现场测量的低成本科学仪器背后的一些奥秘。最后我们将共同讨论公众科学中的一些内在挑战。而对于专业实验室而言，公众科学的一些理念也值得他们深思，并考虑是否有吸收采纳的必要。

公众科学项目的类型⊖

目前，公众科学项目、种类繁多。在天文学领域，业余爱好者的天文观测长期以来一直推动着天文学的点滴进展。天文学观测的项目范围从延续了千年的基本星空观测，到那些需要更多"眼睛"协同才能比较清晰观察的小行星观测、变星观测以及其他专业项目。而对于业余天文观测来说，待观察的只能是那些能被小型业余望远镜看到的天体。业余爱好者常常改装自己的望远镜，甚至动手制作自己心仪、趁手的观测装备。因此，最早的创客型公众科学家就诞生在业余天文观测和类似的观察型科学领域中。

⊖ http://www.gongzhongkexue.org/，是由国内部分学者发起的公众科学项目平台，正在不断完善中。其他如猫科类、鸟类、爬行类、两栖类动物调查和植物、昆虫类调查的公众科学项目，广泛分布在生物与环境保护相关领域的专业网站中。——译者注

"业余爱好者分析专业数据"模式

一些传统的、需要分析海量数据的项目，正借助广泛分布的个人计算机的闲置运算能力降低数据分析成本。项目中，每台参与的计算机通常在运行的闲暇时间，通过程序（通常是屏幕保护程序）对海量数据库中的一小块数据进行分析，然后上传处理结果。而这种方式也带来一些额外的效果。那就是在展示科学家研究成果的同时，凝聚一个有重度参与感、科研成就感的业余科研兴趣社群。SETI@Home 寻找地外文明（Search for Extraterrestrial Intelligence，SETI）项目，就是科研工作者使用这种方法的首个项目。它的官方网址是 http://setiathome.berkeley.edu。SETI 项目的数据来源于大型的射电望远镜（就是那些在科学电影中经常看到的有天线的大盘子），并且通过家用计算机分析其中一小块数据，分析里面可能含有的来自于地外智能生物的各种信号。地球人向外发射信号已经超过一个多世纪，这些信号有电视信号、无线电波、雷达信号、微波炉泄漏的微波等多种类型。而 SETI 项目的前提是假设地外文明也正在以类似的方式干同样的事情，并且这些带有特定模式的智能信号可以被远在地球的我们所接收并解读。这样的数据分析和寻找模式的工作，最好是在拥有大量数据的情况下，通过多人协作完成。到目前为止，虽然并没有搜寻到任何外星人的信号，但对于 SETI 研究者们来说，梦想是值得长期坚持的。目前项目依然在运作，如果有兴趣，可以通过网站尝试一下。

从利用参与者的听觉识别，到参与者的个人计算机，借助外部运算、处理能力的不同模式的项目还有很多。比如人对图像的识别能力目前要比计算机要强得多[⊖]。而天文学再一次运用了人眼识别这个古老但有效的处理方法在一个天体识别的项目中。2000 年建成的斯隆数字巡天计划，到 2007 年为止已经收集到海量的天体数据。科学家们意识到，要看完所有这些数据，即使集合团队的所有力量，也要多年才能分析完。所以他们思考如何借助那些感兴趣的业余天文爱好者的力量推进项目进展。

项目研究者希望识别并分类各种观测到的天体。这就要求从巡天所拍摄的照片中截取一小块图像并从中观察分析出天体及其类型。在项目研究数据库中，有数以百万计的星空图片等待观察，而且他们决定使用新的方式开展业务。在 2007 年，他们启动了星空动物园项目（Galaxy Zoo Project，www.galaxyzoo.org）。项目要求用户接受短期培训、练习，然后通过看图，识别天体并归类到若干星体目录中。到本书写作时，项目已经有超过 15000 人提交了接近 5000 万个星体辨认归类结果。星空动物园将数据分析众包的创意在 Zooniverse 网站（www.zooniverse.org）中得到推广。在该网站中，有众多不同的科学项目可供选择，而其中依然以天文项目为主。

在 Zooniverse 所有项目中，有一个小小的异类，那就是"历史的天气"项目（www.oldweather.org）。这个项目要求参与者通过查看从 18 世纪中期开始的美国船只所留下的航海日志扫描版，从中解读还原当时的天气。历史学家对这类数据结果非常感兴趣。但对气象建模者来说，这些数据结果同样值得反思借鉴。因为拥有一份精确而又持久的历史气象记录，可以帮助我们更好地预测未来的天气。

⊖ 基于人工智能、机器学习的计算机图像识别能力已经大大加强，在不远的未来 AI 将有可能代替人进行天文图片的识别工作。——译者注

"爱好者采集数据，科学家分析"模式

上述讨论的所有项目都以"科学家采集数据，公众分析"的模式在进行。而另一种模式则是，公众收集各自身边的数据供科学家分析使用。因为科学家一个人不可能亲身到这么多地方，收集满足需要的大量数据，特别是大范围的环境类研究。下面就是一个沿用这种思路的自 1900 年开始运作的项目——圣诞鸟类调查项目⊖。这个项目原本是为了鼓励人们在圣诞假期走出家门观鸟而不是用鸟枪打鸟。经过时间的积淀，项目已经成为一个非常具有价值的记录详尽并覆盖多个地域的长期鸟类普查项目。目前，康奈尔大学鸟类学实验室正在用类似的思路运作若干个鸟类调查项目，包括"后花园鸟类调查（Great Backyard Bird Count）"和"都市留鸟的礼赞（Celebrate Urban Birds）"项目。

"爱好者收集并分析数据"模式

开展一个让你或其他人感兴趣的科研探究项目，自己收集数据并分析，这种更 DIY 的模式是不是对你更有吸引力？那些来自课堂的探究项目，或者科学展览项目，或者仅仅受好奇心所驱使的项目研究，或许能成为已有科研项目有益的补充。在过去，一个班级或者个人可能会去到某个地方观测调查鸟类、蛇类或者蟾蜍分布，甚至还将调查结果形成报告提交给更大的组织机构。但爱好者进行野外调查的装备通常被限定在捕虫网、双筒望远镜之类的简易设备。

到了现在，发达的互联网（社交媒体）让你和你熟悉的，或者在网络相遇并和你有共同研究课题的人们可以进行便捷的远程协作。而 3D 打印技术、低成本处理器和传感器的发展，让任何人都可以制作便宜的分布式测量仪器。这让学生或社群有机会亲自收集数据并回应自己所感兴趣的问题，而且还能将设计仪器、使用仪器融入这个探究过程中。而邻居和学校里的人则可以回答那些具有相当地域特点但不为外人所关心的问题。比方说你想知道洒水系统是如何均匀地把水洒到学校操场上，又或者假设你参加了一个诸如调查周边新的入侵物种的定居情况调查等。在下一节中，我们将要介绍几个来源于洛杉矶地区的类似的公众科学项目。

公众科学项目成功个案研究："入侵物种"

现在洲际旅行是非常方便的。根据洛杉矶港口网页数据显示：在 2014 财政年度，港口吞吐量约有 17.64 亿吨、价值 2902 亿美元的各类货物以及相关人员进出港口，其中包括 117602 辆汽车、578668 名游轮旅客。频密的交流，给那些身长不及 2cm 的小昆虫很好的机会，借助这些货物或人员的携带进行洲际旅行，去到那些它们从未去过的地方。发人深省的是，有时候如果一种昆虫或者植物种子来到像洛杉矶这样气候温润宜人的地方时，可能当地会缺乏天敌或疾病可以把这些外来户挡在门外。加上整个加利福尼亚比较干旱，这本身就给本地植物带来更大的生存压力，更易感染疾病，因此洛杉矶湾区就像是一个外来物种聚集、扎根的理想家园。

如果你对洛杉矶不太熟悉，不能理解上面描述的状况，你可以上网打开在线地图看一看这

⊖　Christmas Bird Count project，www.audubon.org/conservation/science/christmas-bird-count。——原书注

个区域的地理情况。城市的东边和北边背靠着海拔高达 3302m 的圣哈辛托峰，而南面和西面则朝向广阔的太平洋。而其他由于地震带造山运动所带来的山地丘陵则错落地分布在整个区域里。这些山地有些被森林植被覆盖，有些则干旱裸露，有些在丛林里点缀着别墅，有些则星罗棋布地分布着密集的城市以及农业用地。因此，在这里有着太多可以让外来小昆虫闯入并占领的小型气候、生态系统。

杂食性小蠹[⊖]（PSHB）事件

杂食性小蠹是食菌小蠹（ambrosia beetle[⊜]）家族里的一员，身长约 0.1 ~ 0.2cm。根据加利福尼亚大学河滨分校（UCR）昆虫学院的网页[⊜]介绍，这种昆虫原生于东南亚，尤其是越南。其名字中的 poly 是指多，phagous 意思是吃，合起来就是杂食性，描述的是这种昆虫的掠食行为。杂食性小蠹的怀孕雌虫会钻进树干深处，咬出一系列管道做巢穴，并在里面产卵。这种昆虫还有一种"农业"技能，那就是养殖真菌。在整个巢穴的顶部，成虫会养殖镰刀菌（Fusarium euwallacea），并把它作为孵卵时候的食物。孵化后的小蠹在巢穴里成长，在成熟后会进行成对交配。怀孕后的雌虫会爬出原来的巢穴，去到树的其他地方。甚至它们还会通过飞行或者被风吹到另外一棵树上，从而整片感染树木。拍摄于帕萨迪纳的图 6-1^⑭，就展示了被小蠹大面积感染、筑巢的树干从表面所看到的症状。

图 6-1 一棵西方梧桐疑似感染杂食性小蠹的情形

⊖ 杂食性小蠹（Polyphagous Shot Hole Borer，PSHB）是一种 2003 年被发现于南加州新的树木虫害。它通过树皮蛀入树木并在树皮下蛀食出虫洞。——原书注

⊜ 食菌小蠹是指鞘翅目象甲科、象鼻虫亚科的昆虫，详细介绍参看 wiki:https://en.wikipedia.org/wiki/Ambrosia_beetle。——原书注

⊜ 网站地址，http://ucanr.edu/sites/socaloakpests/Polyphagous_Shot_Hole_Borer/。——原书注

⑭ 本章所看到的所有图片是作者作为一个非专业人士，在为消除 PSHB 灾害的公众科学项目中所做的微末工作。在本书写作时，这些图片正在等待项目的确认。项目给了我一个挑战性的课题。——原书注

通过介绍可以想象得到，想要把这些深入树干的昆虫弄出来，想要干预它们的繁殖，真是一项极具挑战的任务。因为它们侵入树干时所留下的洞口都非常小，在感染的早期很难发现。过了一段时间以后，首次入侵的小蠹大量繁殖后代并扩散，在树干里留下了成千上万的管道和巢穴。千疮百孔的树干会阻碍水分和养分的传输，从而导致树木先从顶端坏死，然后直到整棵树。这样的过程在树干里和树木间不断地重复，感染不断地扩散、加剧。

在第 17 章里会介绍加利福尼亚大学河滨分校的一个实验室是如何借助创客技术开展对这种害虫的研究工作。而本章则会继续介绍其他几个关于昆虫表征以及分布调查的公众科学项目。

iNaturalist.org 网站

最早应用互联网的公众科学项目应该是追踪昆虫传播范围的项目。iNaturalist.org 网站就是为了这类目标而产生的一个工具平台。这个网站目前由加利福尼亚州科学博物馆（California Academy of Sciences）管理，但最早它起源于一群加利福尼亚大学伯克利分校研究生的研究项目，并且项目中糅合了其他几个开源项目（详见第 9 章）。

在网站上，用户可以创建一个项目公开页面，描述他们需要发动公众去观察、捕捉的一系列目标和内容。所有该项目参与者用他们的智能手机给样本拍照，并同时记录拍照地点的 GPS 定位。在本书写作时，这个项目里正在跟踪的对象无所不包，从"得克萨斯州的昆虫（The Insects of Texas）"到统计在公路上被撞死的动物数量（road-kill tallies）都在追踪范围之内。

阿里尔·利瓦伊·西蒙斯（Ariel Levi Simons），加利福尼亚州创客空间运营公众科学兴趣项目的负责人，把关于杂食性小蠹项目的观测数据汇总，并在网站上创建了一个页面，网址为 www.inaturalist.org/projects/scarab。页面上最早的数据是专业科学工作者上传的，用于帮助业余爱好者能快速辨识问题。杂食性小蠹的出没行为和其他昆虫有很多类似之处，但被感染的树木每一棵看起来都不太一样。读者可以自行将图 6-2 与图 6-1 进行细致比较并体会。当杂食性小蠹进入树体后，会激发树体的抵抗反应。树体通过分泌汁液包裹住小蠹，并努力地把它祛除出身体，从而形成图中所见的琥珀色的肿块物质。但这是否足以让树保存自己，效果仍有待观察。有鉴于此，观察上报感染树木必须通过冷静而又仔细的判断，一方面避免发出误报，另一方面也要避免遗漏了那些处于感染早期、表征不明显的病株。

图 6-2　俄勒冈地区感染杂食性小蠹的情况（可与图 6-1 对比其轻重程度）

西蒙斯不断地训练洛杉矶地区的志愿者以推进项目的进展，但大家都知道这永远是一项艰苦的工作。

在 iNaturalist.org 网站上的一些项目已经撤销了那些单纯收集某个鸟类、植物或者昆虫信息的任务。取而代之的是，允许观察者只是发布观察结果，标签为"某种……"，并附上一个等待专家鉴定的问题。如果上传的图片质量足够好，专家在登录网页后可以根据内容做更精准的鉴定。如果拍摄地点定位足够准确，专家甚至还可以亲自回到记录现场实地观察。显然，这种业余的观察方式并不完美，但是对于获取描述当地生态系统和物种数量所需的基本数据来说，已经相当足够了。

公众科学项目中的技术应用

读到这里，你肯定产生疑惑，为什么一本介绍创客技术的书会把上面这些内容包括在内。这是因为，如果科学家要选择合适有用的工具，那么他们必须首先正确地提出一个问题，然后明确要回答这个问题的过程与方式。（第 12 ～ 14 章将会更多地介绍将研究过程专业化，以及通过 DIY 的方式开展研究的方法。）比如在本章里，我会介绍了在公众科学项目中收集数据以及管理的方法。而本节则探讨低成本可编程电子器件如何有效助力公众科学项目，或者如何提升科学课堂和科学探究活动效果的。

比如之前提到的杂食性小蠹之类的很多入侵物种，我们对它们知之甚少。有什么因素能帮助这些害虫传播，而又有什么会阻止它们传播？这些因素会不会受温度或湿度等环境因素所影响？这些害虫是如何从一棵树扩散到另一棵树的，扩散的速度有多快？如果你对研究这些问题感兴趣，那么之前章节所介绍的内容将有助于你整合研究理念，并找到合适的研究途径。

接下来，里奇将介绍如何利用第 2 章提到的 Arduino、扩展板，以及一些在第 3 章中提及的、必要的 3D 打印外壳和零部件等物料来制作一个传感器网络。特别是在脱离计算机后，这种装置可能需要使用某种电源供电，可能还需要用到电池或者太阳能板。也可能还需要某种形式来采集数据，数据存储在 SD 卡中或者无线回传。当然，你还需要通过编程，让你的系统能自主采集数据或者通过网络方式从其他系统中读取数据或代码。本章最后"DIY 实验仪器起步预算"部分将给出一些已有的项目的链接，让它们作为你独立开展研究工作的范本。但首先，我们要从装置的基本原理入手，搞清楚它们是如何工作的。

自建传感器网络

在传统概念中，科学仪器应该是非常昂贵的，应该是一件装在塞满泡沫的大箱子里的易碎品，应该是一件搬进了实验室后就永远不会出来的东西。一般来说，情况就是这样的。然而随着器件价格逐渐亲民、体积不断减小，每个人或者每个教室都有机会组装一个包含有传感器、电源、数据记录以及数据控制、处理模块的传感器数据采集系统。

这些小型的传感器当然有它们的性能天花板[⊖]。但是这些手持的小型设备无论作为野外数据采集设备，还是留在现场作为长周期的监测站，都有助于深度记录生态系统、小气候系统等区域现象的日常情况。或者你可以借助这些简易但性价比高的仪器在教室中开展科学实验。

注意：

　　你可以在 Adafruit（www.adafruit.com）、Sparkfun（www.sparkfun.com）、和 Qtechknow（www.qtechknow.com）等供货商网站上购买各种不同的传感器。在图 6-3 中就展示了一款来自 Qtechknow 的温度传感器，而图 6-4 则是力传感器。

图 6-3　一个来自 Qtechknow.com 的温度传感器模块以及安装在 Arduino 上的示意图

图 6-4　一个来自 Qtechknow.com 的弯曲力传感器模块以及安装在 Arduino 上的示意图

⊖　本章后面在"DIY 实验仪器的挑战与限制"部分将详细介绍。实际上应用在野外调查中性能已经满足需求了。——原书注

在系统制作之前，你首先要问自己一个问题，你需要采集什么样的数据。你可能需要对环境的某些方面进行测量，比如光强度或者温度。进行两种测量你可能仅仅需要热敏电阻和光敏电阻这些能随温度或光强变化而改变阻值的元件。然后配合另一个定值电阻组成分压器，从而将阻值的变化转变成电压变化，并输送到 Arduino 模 - 数转换器（Analog to Digital Converter, ADC，详情看第 2 章）进行采集识别。而另一方面，移动物体的位置信息常常需要借助 GPS 接收器进行收集。这类模块能自动处理所接收到的信号，并通过串行总线与其他设备进行数据交换。有趣的是，像 GPS 这种原理相当复杂的传感器，使用起来对初学者来说却可能会更容易。因为它们可能以附加板或者扩展板的形式出现，并附有详细的使用教程和编程用的 Arduino 编程库文件。而像利用热敏电阻进行温度采集，却可能需要深入原理和数据，通过数据处理、公式转换，才能将 ADC 转换来的数据变成最终的温度值。

存储数据

在机器人中，传感器数据存储的深度只要满足执行的需要就可以了。但是数据采集器则需要存储很长一段时间内的数据，并保证即使装置没有电了也不会丢失数据。在 Arduino 中，有两种不同的非易失性存储器，Flash 内存和 EEPROM。这些存储器和断电后数据会丢失的 RAM 不一样，数据在断电后依然保存。其中 EEPROM（Electrically-Erasable Programmable Read-Only Memory，电可擦编程只读存储器）是专门设计存放那些一次写入但却经常需要读取的数据。通常大小在 1KB 以下。Flash 内存，俗称闪存，它使用和 EEPROM 类似技术，但是目的是为了存储经常需要读写，规模比较大的数据。闪存作为存储设备广泛应用于智能电话、记忆卡、U 盘以及在最新个人计算机上用作固态硬盘。在 Arduino 中，闪存只作为程序存储用途，而 EEPROM 太小不足以记录大量重要的数据，所以我们要把这些数据存储在其他地方。

SD（Secure Digital）存储卡就是这样一种用于存储大量数据的存储设备。和 Arduino 的不超过 1MB 的板载存储来说，现代的 SD 卡容量已经达到 1GB，最高可达几百 GB。对于像 Arduino 这样的微型控制器，小一点容量的 SD 卡比较实用。但对于数据采集器而言，至少 1~2GB 才能够用。在 Adafruit（www.adafruit.com）和 Sparkfun（www.sparkfun.com）网站上有用于读写 SD 卡的模块扩展板，并且附带相当多的使用帮助信息。

集中式数据采集

在一个区域范围内可以借助网络和多个分布式传感装置进行数据采集。Arduino 内置的通信协议并不能支持太远的通信距离[⊖]，但可以使用专为长距离通信而设计的模块替代这些短距离的协议。比如 Wi-Fi 和局域网。这些看起来相当高大上的技术，都有相应的模块或者扩展板与 Arduino 相连。即使它们的工作原理非常复杂，但你可以借助教程、帮助文档等信息帮助你慢慢建立概念，搞懂用法，并逐步成长为专家。实际上 Arduino 上自建的 USB 协议已经可以有超

⊖　通常这些协议是用作电路板上芯片与芯片之间的通信，如果超过 0.5m，就可以意味着距离相当远了。——原书注

过 5m 的通信距离，并且可以进一步通过 USB 信号放大延长线增加通信距离。

天气监测

在实际使用中，你还需要考虑环境对装置影响的因素。比如你需要将传感器放在野外，采集环境某些参数，比如温度或湿度的持续变化，你就必须确保装置能在整个环境变化范围内工作正常。电子电路不喜欢在潮湿环境工作，而缺乏保护外壳的装置也很容易损毁，从而导致实验失败。解决装置环境适应性的方案，可能并不是把电路板密封到密闭容器这么简单。如果被密封在容器中，湿度传感器将无法感知外部的湿度，温度传感器则不能快速感知被隔离的外部环境中的温度变化（因为热传递需要时间）。因此，你需要把传感器在有一定保护的前提下伸出来与环境接触。有了 3D 打印机，你也许会考虑用它来定制仪器外壳。但在某些情况下，你可能只需要使用一次性饭盒之类的材料制作外壳。实际上你还必须彻底清洁容器外部，否则野生动物会对它很感兴趣，并有可能会妨碍实验。

开源科学实验室

假如你并不想加入任何公众科学项目，而只是想在学校建设一个质优价廉的实验室。假如你正在筹备一个科学展的项目，但是能达到你要求的仪器实在太贵。假如你是一个厌倦了不断把通用仪器进行改装，用来做不同实验的专业科学工作者。开源实验室可能会引起你们的兴趣。

在网络上有多个机构已经展示了他们的仪器项目，特别是一些针对教室中的光学实验。这些地方特别适合初学者起步。所有的资源都将列在本章末的"DIY 实验仪器起步须知"部分。这些项目中有很多是开源的。在第 9 章中你会看到，这意味着你可以使用其他人发布的资源，但也鼓励你如果有了新的进展和修改时也要上传到目录上，分享给其他人。这些开源项目通常都有专属 Wiki 或者论坛，方便使用者交流经验、意见和建议。

DIY 实验仪器的挑战与限制

一直以来，科学仪器都是昂贵的。其中有两个原因：一是需求少、市场小，因此导致厂商不能从规模经济中获利；二是因为仪器性能需求经常依赖技术进步，但技术进步需要时间。通常情况下，这些都是客观存在的。但下面一些观点值得大家共同思考：

● 首先思考一下你要做什么样的项目，那些廉价的传感器到底能否满足你的设计需求。在本章里提过的那些非常便宜的传感器，有时候可能会有敏感度不合适的情况，比如对目标物以外的物体也有反应。也有时候会出现测量结果不确定、不稳定的情况，虽然测量到想要的结果，但是可能中间夹杂了很多噪声信号和错误触发。还有些时候，可能传感器就压根没有正常工作。因此在使用非常廉价的器件时，你必须在使用之前，非常小心地阅读你能找到的关于器件的数据手册，以判别它是否符合你的需要。

● 如果你需要用简单的自动化装置去完成一个步骤非常重复的任务，请确保自动重复的过程是你想要的。有时候有些很难自动化操作的小操作，就必须由人来进行，就像揭取分离样本、用特殊方式挤出等动作。在设计装置之前，一定要仔细考察研究各种自动化方案，哪怕它看上去非常简单。只有明白了内在原理，你才能更好地使用它。

● 如果你通过视频采集数据，请记住，视频文件会很快变得很大。一般 Arduino 系统不足以进行任何实时视频处理。如果项目需要，你就要使用更强大的处理器或平台来满足需求。同样地，请记住 Arduino 并不是一个强大的实时处理器。在使用时，一定要计算清楚你需要多长时间采集一个样本，或者测量对象移动的时间间隔是多少。

● 如果你在培养或者混合某种东西，请首先确保过程中各个环节是否会产生有毒物质。如果存在那样的情况，请务必寻找一个经过相关专业训练的合作者，并在一个足够安全的环境中开展活动。请确保你实验中用到的一切物料都能和周围你预设中的其他物质共存。

● 如果你在进行生态学研究，千万不能随意移动外来入侵物种的样本，或者是接受入侵昆虫感染的材料。因为如果这样做，你很可能就帮助入侵物种扩散，给环境带来更大的损害。在植物和昆虫生活的地方开展对它的分类和研究。比如上山砍柴，很可能就是一种潜在的害虫扩散的途径，包括杂食性小蠹的扩散。

● 放置传感器的时候，请确保它被放在典型的位置上，不要放在靠近风口的地方，也不要放在容易被带走的位置，同时还要考虑它不会被动物破坏甚至吃掉。

如果你独自设计项目，而且它超出了你的专业领域，那么请确保你了解任务开始后所有可能存在的风险。在开始之前应该多与这个领域的专家交流；生物创客实验室里的专家通常可以给出有用的意见（详见第 5 章），或者你可以寻求当地大学的相关学院、部门的帮助。甚至你需要找到希望得到你数据的那个人。总之，在任何情况下一定要带上眼罩，并做好一切安全措施。

DIY 实验仪器起步须知

本章整合了第 2 章和第 3 章的部分内容，在此不再赘述。与设计制作整套可部署到现场的传感器系统相比，为实验室设计制作一些 3D 打印部件要简单很多。环顾创客的世界里，理想的创作方式是多了解别人的创意和工作，然后以这些为基础进一步构建自己的项目。本章并不是所有创客项目的完整指南，只是给大家介绍了一些范本，目的是为了给读者建立一个概念框架，让你了解别人都在干些什么，而有哪些是你可以参与的。大部分项目都是由用户贡献和维护内容的，因此在设计、使用这些内容的过程中，需要时刻思考使用数据的精确性，尤其是将数据应用在关键性实验以及用于制定公共政策的时候。

相关网页

在线销售各类与 Arduino 兼容的传感器的网站上，一般都附有使用教程，至少也有一些简单连线示意和使用提示。例如在 www.adafruit.com、www.sparkfun.com、www.qtechknow.com 上都有相应资源。

而网站 Instructables（www.instructables.com）则有很多相关的项目。在这个英文网站里，你可以搜索以下关键词：

- weather station（气象站）
- sensor（传感器）

然后，在结果页面上你就会发现有很多的类似项目。请记住这些项目都是依赖社区捐助的，所以水平参差不齐，有些可能极其炫酷，而有些则可能平淡无奇。但无论如何，你都可以从中找到灵感，并作为你前行的奠基石。

大学实验室

Tekla 实验室是加利福尼亚大学伯克利分校的一个开发开源仪器的项目（www.teklalabs.org）。他们在 Instructables 网站上运作一个叫"Build My Lab（建设专属实验室）"的栏目（www.instructables.com/contest/buildmylab/）。这个项目广泛征集关于使用低成本部件设计制作常规实验室仪器的各种方案。Tekla 实验室同时也调研科学家们在轻资源研究领域里的需求，了解他们在哪些仪器的设计制作中愿意使用、有能力使用这类技术。

在开源仪器领域，密歇根理工开源可持续技术实验室是其中一个较大型的资源库。Joshua Pearce 在 2013 年就写了一本名为 *Open Source Lab* 的著作，并由爱思唯尔出版社出版。此外如果你对开源光学实验有兴趣，那么你也可以在他们的网站⊖ 上查看，并且关于如何制造专属光学仪器的论文已在开放获取期刊 *PLOS ONE* 上发表。论文题目是"Open-Source 3D-Printable Optics Equipment"（开源的 3D 打印光学仪器）⊖ 。

其他资源

公众实验室（www.publiclab.org）在网站上整合了一些仪器制作和开源软件的资源。这些资源类似在本章一开始提到的若干个公众科学项目的混合体，但是该网站针对类似主题发布了自己原创的开源软件、硬件方案，比如关于空气质量测量的项目。

查尔斯·贝尔（Charles Bell）在 2013 年由 Apress 出版的著作 *Beginning Sensor Networks with Arduino and Raspberry Pi* 就是一本介绍如何使用无线技术构建传感器，并通过树莓派（详见第 2 章）进行数据存储的书。这比之前介绍使用 SD 卡的方案要更复杂，但是在一些不便应用 SD 卡的场合，书中介绍的方案要更为可行。

DIY 实验仪器起步预算

DIY 仪器的预算到底需要多少钱？这再次取决于你要做项目的程度。如果你自有一台 3D

⊖　网站网址为 www.appropedia.org/Open_source_optics。——原书注

⊖　详细信息，Chenlong Zhang, Nicholas C. Anzalone, Rodrigo P. Faria, and Joshua M. Pearce: "Open-Source 3D-Printable Optics，Equipment" (27 March, 2013) *PLOS ONE*, DOI: 10.1371/journal.pone.0059840（http://journals.plos.org/plosone/article?id=10.1371/journal.pone.0059840）。——原书注

打印机，而且你只需要打印一些小型的实验用的结构支持件的话，那么答案是可能一美元也不需要。如果你需要购置 Arduino、一些传感器，以及导线、电阻和存储数据的模块等其他辅助材料的话，那么你可能需要的预算在 50 ～ 150 美元之间。最终价格由你使用 Arduino 主板的类型以及传感器类型所决定。

在前几章的介绍中，我们采取了"先做后想（hack first and ask questions later）"的理念。但是，在这里我们更强调思考设计的系统性，强调思考如何用你所制作的东西去回答一个科学问题，或者为更大项目贡献自己的一些数据。在实际设计中，往往需要在大背景下对问题概括性思考。比方考虑装置在哪里需要人工干预；智能手机作为仪器在什么时候使用会是最佳选择；现场采集数据并带回实验室进行分析这种流程在项目中是否会更合理；还需要考虑如何让你的小小 Arduino 或者树莓派控制中心能更简单地处理任务等方方面面的问题。在你考虑各种约束、条件的情况后，你就会把要做的后院探测器设计得简单而合适。这就说明，更重要的是你如何使用这个工具，而不是你用了什么工具。而这也意味着我们应该成为一个创客而不是技术宅。

总结

本章介绍了开展公众科学项目几种不同的途径，同时也介绍了独立开展研究的方法。然后，介绍了在这些过程中使用 Arduino 从廉价传感器中获得数据并存储在 SD 卡中的方法。最后，我们探讨了专业实验室使用这些开源技术的可能性，以及提供了几条开发类似开源系统时需要注意的地方。

在第 7 章中，介绍的重点将转到如何将传感器、Arduino 和 3D 打印应用到可穿戴项目。尽管在内容上差异很大，但是下一章中所面临的技术与挑战依然会和本章有些重叠的部分。

第7章　角色扮演、可穿戴技术和物联网

直到目前为止，本书所介绍的项目和应用基本都属于传统意义上的电子项目，也就是你想象中的从店里买来各种元件，然后用电烙铁把它们焊接起来的那种场景。但是放飞一下脑洞，想象把你的这种电子技能迁移到服饰和织物上后，会是一种怎样好玩的情形。本章将会探寻能让服饰通过 Arduino、传感器和外界互动的各种技术。最常见的方法便是将一系列的 LED 灯装在各种服饰上，当某种情况出现时，这些灯就会点亮。

这种技术常常会被用在 cosplay（角色扮演）中。这个单词是糅合了 costuming（混搭）的 cos 和 play（玩），其含义是创作并身着自行混搭的服饰，扮演来自动漫和电子游戏里的虚构角色，或者直接扮演他（她）们自己创造的角色。电子和灯光并不是 cosplay 必须的。但这些元素的加入能让角色扮演显得更酷炫。所以，我们经常说 cosplay 是吸引女孩子关注创客技术的绝佳切入点。在分别从时装、缝纫或者电子技术切入以后，人们就可以按需要跨界，并在两个领域相互迁移了。除了炫酷的 cosplay 外，在本章中，我们还讨论了向传统混搭加入少量电子元素的案例，并且把它作为一条有趣的、学习数学和力学设计的途径。

可穿戴是一个飞速发展的领域，所以它的术语有时候用得比较马虎随意。实际上我们把可穿戴电子分成两种：一种是可穿戴计算（wearable computing），另一种是电子服饰（e-textiles）。而这两种类型通常被笼统地称为可穿戴电子（wearable electronics），可穿戴技术（wearable technology），或者简称为可穿戴（wearable）。但是更技术性的解释是，可穿戴计算通常是指那些可以穿戴在身上的、外形各异但性能强大的计算机，就像谷歌眼镜（Google Glass）那样。而电子服饰恰好相反，它并不强调计算的能力，只需应用 Arduino 水平甚至更低的处理器。与可穿戴计算设备那样强调电子第一、穿戴第二的理念不同，电子服饰强调穿戴第一、电子第二。

本章由我们两人共同撰写，因此使用"我们"作为主语。文字是在观点的相互碰撞中逐步形成，而不像之前那样每人分写一段。我们首先从介绍与 Arduino 兼容的可穿戴技术开始，接着以在女装中应用电子技术为切入点，探讨"时尚技术（fashiontech）"。然后我们会带你浏览将电子技术应用到角色扮演的研究案例。有些案例虽然使用传统的缝纫材料，但是方式别出心裁。最后，我们将讨论一下物联网（Internet of Things，IoT），虽然它经常被人与可穿戴电子混淆，但两者是截然不同的两个领域。

Arduino 可穿戴设备 ABC

在第 2 章中，我们介绍过 Arduino 及其家族，这是一系列适合与现实世界交互的控制芯片。

第 6 章，展现的是 Arduino 是从传感器采集数据的能力。而可穿戴电子则是应用传感器的感知能力的另一个方向，那便是通过将传感器与服饰或者织物相结合，创造可以与环境互动的，可以闪光的，或者能执行简单动作的作品。

只要你足够机智，动手能力足够强，你可以将任意一款 Arduino 安放在你的服饰上。事实上有专门产品是针对这种需求而设计的。最早的一款叫作 LilyPad，由 Sparkfun 设计销售。这是一种 Arduino 最小系统电路板，需要特殊的 USB 转换器进行下载[⊖]。这类圆形板子，将端口引出到板外沿，并且和大大的焊盘相连。焊盘上的过孔是用于连接导电棉线的，而不是通常的用于焊接引脚。导电棉线，是一种用不锈钢丝和棉纱纺成的线。你可以借助它代替常见导线，在衣物上缝制电路，或者通过多根并联形成布电缆，从而增加连接、降低电阻。这两种导电棉线的形式如图 7-1 所示。同时，这类电路板使用 3.3V 电源，便于使用小型锂电池供电。并且大部分板上都有电池接口和电压切换开关，让你的可穿戴设备可以适应不同电源。

图 7-1　布质地的带状电缆和导电棉线

在第一代 LilyPad 之后，衍生出一个简易的版本。这个版本增加了电源接口和开关，并采用了具有直接 USB 通信能力的芯片，从而避免了第一代中需要额外编程适配器的情况。这个版本端口数量减少了，但是每个引脚之间的间隔增大了，因而降低了端口之间短路的风险，因为在使用 LilyPad 时常常使用缺乏绝缘保护的导线。和 LilyPad 配合使用的是一些微型的电路板模块，主要缝在衣服不同位置，并且受主控板的控制。这些模块连接到主控板上不同的引脚，并且外观上和主控板有相同的紫色风格和圆形样式。

开源产品厂商 Adafruit 则自行设计了一系列可穿戴电子产品——Flora。它粗略地参考了 LilyPad 的设计方案，并且设计有 LilyPad USB 接口。图 7-2 展示的就是 Flora 电路板，还有接下来要介绍的 NeoPixel 模块。Adafruit 的外接板比 LilyPad 更小更便宜，因此在那些不需要采集

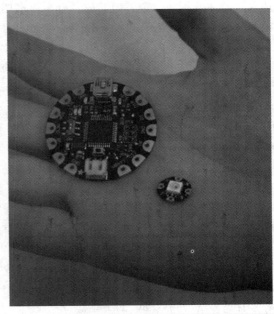

图 7-2　Flora 可穿戴控制板和 NeoPixel 彩灯模块

⊖　LilyPad 也有很多衍生版本，有一些像下文提到的，可以直接使用 USB 接口，有一些则需要使用带有 USB 接口的 FTDI 下载线。https://www.arduino.cc/en/Main/ArduinoBoardLilyPad。——译者注

太多 IO 端口的信号的场合,它具有更高的项目性价比。在本书写作时,这类传感器每个只要 8 美元左右。和 LilyPad 一样,Adafruit 有一系列可缝纫的扩展模块可供选择。而且这两个系列的扩展板相互兼容,可以互换使用。但是各自的美学风格就不一样了,Adafruit 的看起来更像电路板一样是黑白风格的,而不像 LilyPad 设计成女性更喜欢的紫色系列。

上面提到的可缝纫扩展模块电路可以和什么东西相连呢?加速度计、振动电动机、蜂鸣器以及各种不同的 LED,都可以和它们连接。即使在那些已经过时了的可穿戴电子教程上,也会教你把普通的单色 LED 的引脚卷成圈,做成便于缝纫的样子。现在,RGB 三色 LED(通过红绿蓝三色光合成各种颜色的光)越来越普及,而且里面内置了通信控制模块,让微控制器可以对每个这样的模块进行单独控制。这种 LED 模块可以呈现彩虹般的颜色变化,连成一片后蔚为壮观。而在这种应用场景里,特别是粘贴在衣物上,使用魔术贴是一个不错的选择。这看起来缝纫的痕迹更少、更自然。在 LilyPad 的其他附件中,包含了可缝纫的可以在上面构建电路的原型洞洞板。特别当模块不能满足你的需要的时候,你就需要这样的模块了。

注意:

> 为了更适合缝纫的需要,这类电路板与传统 Arduino 的板型和引脚布置都有很大差异。这也意味着普通的 Arduino 扩展板(详见第 2 章)都不能在上面堆叠使用。但你依然可以通过焊接的方法,让它们与主板连接。如果你要用到的东西并不是专门为缝纫而设计的,那么你就要详细考虑你是要把它缝在衣服上,还是一边缝一边使用焊接,还是使用 LilyPad 的原型电路洞洞板作为转接口。

创意时尚技术

开源电子技术,以及 3D 打印,逐渐跨界进入了时尚界。无论是高级定制女装还是个人 DIY,都见到它们的身影。最有说服力的例子就是时尚技术设计师艾纽克·维普雷西特(Anouk Wipprecht)。在他的个人网站(www.anoukwipprecht.nl)上展示了他的各种作品,包括蜘蛛服 (Spider Dress,当蜘蛛服发现有人靠得太近的时候,它就会从 3D 打印的嘴巴里发出怪异的声音)和粒子服(Particle Dress)。而粒子服则是一个开源项目,要求参与者在一个 62mm 见方的 3D 模板上设计可以组成服装的最小粒子,并在项目中分享。有兴趣的读者可以到以下网址详细了解:www.instructables.com/id/JOIN-OUR-OPEN-SOURCE-ELEMENT-DRESS/。

在更强调趣味性和 DIY 方面,贝基·斯坦恩(Becky Stern)[⊖] 和 Adafruit 公司创办人丽默·弗雷德(Lady Ada)[⊖] 则非常典型。她们两人都在线分享了很多项目与教程。本书作者之

⊖ 她的个人网站为 www.beckystern.com,而在 Adafruit 网站 http://learn.adafruit.com 上则有她写的教程。——原书注

⊖ 她的个人介绍见网页 www.adafruit.com/about。——原书注

一的琼最喜欢的作品是闪光裙子[⊖]。这是使用上面介绍过的 Flora 板通过加速度传感器感应穿着衣服的人的运动，从而控制裙子闪灯。读者一定要到网站上看看作品的视频，单单看图片的介绍是无法真正感受、理解可穿戴电子的魅力。

在文字介绍后，我们力求通过一些图片，为大家展示一个完整的兴趣类的可穿戴电子项目。我们的朋友马特兰·海耶斯（Metal）用和 Arduino 的 Leonardo 板类似 Teensy 2.0 开发板，去控制安装在护目镜上的一对 NeoPixel 灯圈。图 7-3 就是他的个人靓照，那时他正在凝望着照片外的被他爱称为 "#testcase" 的新项目。

项目中，他用 3D 打印制作了一个护目镜框和夹在眼镜腿上的小匣子，如图 7-4 所示。小匣子里装着 Teensy 板和电池。由于 LED 环只需要电源、地线和控制线三根线，他灵机一动，用 0.3cm 的立体声耳机线作为连接线与主控板连接。一开始，他没有买到合适的插头。在他千辛万苦找到合用的以后，他对这个点子非常得意。图 7-5 展示的是 NeoPixel 灯环模块，图 7-6 展示的是接近完成的护目镜，而图 7-7 则展示它的实际效果。

图 7-3　做沉思状的马特兰

图 7-4　新鲜出炉的 3D 打印护目镜框
（由马特兰·海耶斯供图）

图 7-5　NeoPixel 模块的近照
（由马特兰·海耶斯供图）

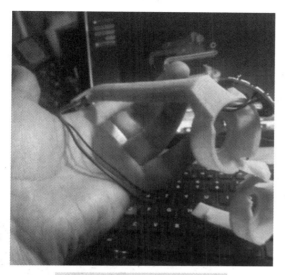

图 7-6 接近完成的发光护目镜
（由马特兰·海耶斯供图）

图 7-7 马特兰戴上了完成的发光护目镜

在网上有类似的把 LED 环装载在定制的护目镜上的项目。不过和 Metal 的把灯环装在眼睛前面并用导线、电池盒、控制器遮住眼眶的设计不同，他们把灯环戴在头上。这种风格的眼镜制作套装可以从 Adafruit 上找到，并且在网站上附有详细的制作教程。教程网址是 https://learn.adafruit.com/kaleidoscope-eyesneopixel-led-goggles-trinket-gemma/。

角色扮演

在前面提到过，角色扮演（cosplay）是经常会用到可穿戴电子的活动。这可以看作是兴趣类定制。技术可以让服装更有趣，或者更显英雄气概，但是传统的缝纫也蕴藏"手工制作"的丰富内涵。就像用激光可以裁剪布料，但是简简单单用剪刀也可以。

琼的朋友布里奇·兰德里（Bridget Landry）在白天工作时是一名火箭科学家，但闲暇的时候她喜欢戏称自己是用圆规设计服装的服装设计师。在她的科幻圈子和复古服装圈子里，她以幽默、创新以及注重细节著称。图 7-8 展示的作品，是她在 20 世纪 80 年代设计的环保主题服装"计算机海盗装"。服装上装饰了不少计算机零配件和电路板。甚至，

图 7-8 兰德里设计的计算机风格私人定制装

她还给服装装上了小灯泡。那可是在可穿戴电子概念还没有出来的时候啊！

正如兰德里所说，服装设计除了要有想象力以外，还要有丰富的结构承重方面的知识。她的经验告诉她，设计服装上繁复的样式的时候，难度堪比设计任何的力学结构。事实上，这比设计金属结构还要难。因为服装的材料是软的，并且衣服的动态负荷○ 是不可预计的。我们之所以要把这样的内容介绍给大家，就是想引发你的思考，在面对那些比一般初学者更擅长、更熟悉这类"制作"方式的人时，通过这种非常规的方法去开展力学结构设计与教学的可能性。

乔治王时代宫廷长袍的结构分析

兰德里向我们介绍了一个需要非常复杂的结构分析的项目，那就是仿制一件乔治王时代（1714—1830 年）宫廷长袍的项目。图 7-9 就是她亲自穿上这件长袍的效果。衣服上粉红色的面料是轻纱料子，因此她不得不在轻纱内增加棉衬布，好让衣服显得挺括并且重量合适。长袍上半身的紧身胸衣部分和内裙是用云锦○ 面料做成的。因为这种面料非常昂贵，所以只在胸衣处使用，这能让视觉效果更加突出。兰德里先在云锦和棉布面料上按照纸样画好裁剪图，然后把各片料子逐一剪下来，最后把它们一一对应地叠好缝好。在缝纫工艺上这被称为平衬。从材料学上来说，这种方法就是把不同性质的各种材料像三明治一样叠起来，从而形成具有新特性的、能满足用户需求的新材料。

图 7-9 中的这类裙子通常在内部有支撑结构以保持造型的。如果回到这个时期，这种长裙有比这更繁复奢华的裙摆。由棉布做成并且有围圈定型的，像在图 7-10 中展示的那种，常常用作裙摆的内衬，支撑着整条长裙的造型。由于这条裙子穿法太复杂费事，所以在上面需要大量的口袋，让穿衣的女士能装上满足一天使用需要的各种物品。对于那种垫臀宽裙，琼认为就好像是挂在长途自行车后架上的旅行包，但兰德里坚持认为没有了它，长裙就成不了长裙了！

上面提及的垫臀宽裙中的围圈，是用两条

图 7-9　布里奇·兰德里设计的乔治王时代的宫廷长袍（由 Mary Alice Pearce 供图）

○ 人在活动时对衣服的各种拉伸、压缩、扭转，衣服上的装饰对服装的作用等，都是一些对衣服和面料的动态负荷。——译者注
○ 云锦以真丝为原料，并且大量运用金银线，因而会显得相当华丽。——译者注

0.6cm 宽的、有弹性的金属带，外面缠上浆布条箍成的金属圈。这种浆布条是用胶水浆过而变硬、定型的。这种围圈的另一种用法，就是把很多个围圈一个叠一个地衬在裙摆下不同的位置，这看上去挺奇怪的。在兰德里的衣帽柜里，放着她为不同场合而设计制作的各种不同风格的服装（见图 7-11）。有些是她或者她的朋友穿去为一些比赛助兴的，而有些可能仅仅因为自己喜欢。

图 7-10　穿在如图 7-9 所示的长裙里面的垫臀宽裙的细节（由兰德里供图）

图 7-11　角色扮演专家布里奇·兰德里的藏衣间

从手工织造到可编程纺织物

手工织布需要丰富而复杂的空间想象力，但我们在谈论传统织布工艺时，一定不会第一时间把它和"数学"联想到一块。但是为什么不呢？织布也可以成为形象直观地学习几何、空间的一个好方法。事实上，已经有一些先行者就用编织的方法去直观呈现一些稀奇古怪的数学对象，比如说 www.toroidalsnark.net/mathknit.html#smmk 网页上的克莱恩瓶项目。但在这里，我们只想探讨比那要简单的数学。

兰德里认为，要设计如图 7-12 所示的编织，并让它在湿了以后或者收缩，或者展开，这就需要她思考一些非常复杂的三维几何问题了。这种编织使用碎花的编法，这要求编织者事先想好打结的先后顺序会对衣物有何影响，并力求保证在湿了和在自然状态下保持应有的效果。这种编法看起来有点古老和粗糙，但是它和麻省理工学院（MIT）刚刚完成研究的可编程纺织物（programmable textiles）在原理上并没有太大区别。这种可

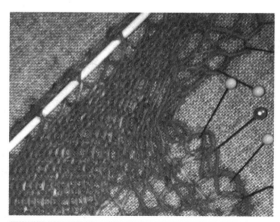

图 7-12　从兰德里的一幅图片中截取的被插针定型的一小块编织物图片

编程纺织物⊖先是用纺织材料伸展成基本骨架，然后用3D打印机方式把其他物质和骨架结合，最后形成各种令人诧异的功能结构。天知道这能设计制作出怎样的全新材料，而它的设计者又会不会先成为一个编织老手，而后又跨界成为工程师呢？

提示：

琼曾经听过别人半开玩笑说，要吸引那些对数学和科技缺乏自主内驱力的女生去学习这些科目，借助这类时尚创客技术设计制作时装和首饰，是一个很好的办法。而我俩接受的耳熟能详的建议却是，我们需要从更传统的手工制造学起，然后转到激光切割和3D打印。这样才能循序渐进走入技术控的领域。然而，基于 Vocademy 学院的理念，我们在这里简单介绍了这种新的方式，而在第10章中还会介绍理念相同的一个案例——将激光切割融入缝纫的项目。总的来说，一个人应该在学习编程上花点功夫，但更需要勇于独自尝试新的东西。

物联网

物联网（IoT），在人们的广泛谈论中可能存在很多不同定义。我们认为，所谓物联网，就是除了传统的计算机、手机等设备以外，世界上其他的实物也可以被联入互联网中，比如像冰箱或者门锁等一般被看作智能化产品的东西。但是如果在上面根据某种特殊目的和需要，附加处理器以及某种通信能力，那么原来的普通冰箱也能变成自动监控和记录的智能冰箱了。

GlowCap（www.vitality.net）就是这样一种物联网智能产品。它是一个能安装在普通药瓶上的智能提示器，当你需要吃药的时候，它就会自动提醒你。并且它通过蜂窝移动网络与护理人员和药房"交流"药物管理、生成药品补充清单等信息，以及方便医护人员远程监测病人的用药情况。

提示：

GlowCap 项目在麻省理工学院媒体实验室研究员戴维·罗斯（David Rose）2014 年 Scribner 出版的关于物联网应用的著作《极致》（*Enchanted Objects*）中有介绍。详细请参考网站 http://enchantedobjects.com。

如果你把本章介绍过的一些设备增加无线连接，那么传感器和执行器就能被随身携带并且可以通过无线进行监控了。在那时候，通过无线方式工作的设备要么自带不能被用户更改和编程的处理器，执行特定的功能；要么成为可以被 Arduino 或者 Flora 驱动的信息监测中心。但 DIY 物联网开发中，在关注隐私问题的同时也在探讨各种有趣的可能性。

在设备不断小型化以及可以任意控制的情形下，隐私问题和设备被攻击的可能性是一个值

⊖ 详细可参看网站：www.selfassemblylab.net/ProgrammableMaterials.php。——译者注

得严重关切的问题。当设备是公开的，如果一旦受到隐私攻击，这就会形成巨大的社会舆论压力并受到来自行政管理的诘难。这会让设备运营步履维艰。比如说谷歌眼镜——一个谷歌公司实验性的头戴式嵌有摄像头的眼镜，就曾给周围的人造成过很大的压力。因为它总让人有一种因随时会被隐秘地拍照而带来的不安和焦虑。因此它并没有流行，并在一些地方往往被禁用，特别是酒吧。关于互联网设备的一些使用礼仪和法律正在不断完善，但是出于安全考虑，在未经允许下监控别人家的冰箱、处方或者是个人活动，并不是一件正确的事情。

起步须知

就像在第 6 章说过的，本章整合了前面一些章节的一些内容，主要是第 2、3、6 章，因此我们不再重复在那些章节里提过的内容。如果你对传统手工艺比较感兴趣，并且想以此为起点的话，这里有一些有不错的想法和案例的网站可以介绍给大家，比如 Ravelry（www.ravelry.com）和介绍业余裁剪的网站 www.costume.org。正如在前面介绍过的，在 Adafruit 官网（www.adafruit.com）上也有很多关于使用 Flora 或者其他板子开发的很棒的项目。

事实上，你不必是一个资深裁缝，也能开展可穿戴的项目。但是如果你对服装设计与缝纫有一定了解，会让项目开展事半功倍。在本地的 cosplay 或戏剧组织中，你或许能找到兴趣相同、能和你取长补短一起做项目的伙伴。要不然，在现成的项目中增加些灯光效果，或传感器作为你的开始是一个不错的选择。

起步预算

开展可穿戴项目的花销有各种档次，这取决于所使用处理器、面料、导线的价格，还有就是其他辅助的花销，如导电棉线、缝纫或粘贴的辅料以及其他用于切割面料的辅助手段。Flora 电路板零售价格在 19.95 美元左右（在本书写作时）。剩下的就看你项目的内容了。比如闪光裙子（Sparkle Skirt）套装在早期就要 63.65 美元，而且不包含裙子。其中包括一包缝衣针、导电棉线、一块 Flora 电路板、一块 Flora 6 轴加速度 / 方向传感器板、一包 NeoPixels LED 模块、一块电池以及电池充电器。算上可能会犯错损坏器件，可能需要 100 ～ 150 美元的预算。在第一次制作时，可以买一些相对便宜的，甚至是二手的布料或者帽子，在上面先练一下手。

总结

在本章中，我们探讨了可穿戴技术，一种形式不同但与 Arduino 兼容的、可以被缝到衣物上并且通过导电棉线或者其他导线连接的电路板。我们还讨论了传统的缝纫、服装设计和编织，以及如何利用这些传统技术不断地降低教授可缝纫电路设计的学习难度，并最终过渡到编程和更复杂的焊接电路的讲解。设计出能和穿戴者环境进行互动的炫酷服饰和配件，其过程和结果都可以成为令人满意的目标。在下一章中，我们将介绍一些更不寻常的方式实现与电路、计算机的交互，那就是利用之前提到的技术为学龄前儿童设计电子电路和可编程玩具。

第 8 章　给孩子们的电路与编程

造物的年龄到底可以去到多低呢？儿童在生活中总会自己制造点什么。在每个家庭的抽屉里，总会留存着这些曾经的小艺术家们的一些稀奇古怪的作品。如何衡量小孩子在玩还是在学习？它们之间的界限在哪里？或者说即使它们有界限，但这是否重要？这些问题都值得我们思考。

在本章中，琼将要介绍的一些创客技术就是针对低年龄段的小孩，至少是那些还没有接触过相关电子电路知识的孩子。大部分情况下，业界专业人士认为学习电子电路的最小年龄应该在 13 岁。虽然这么说，据我们所知，某个小创业者在他 12 岁时就已经发行了有自己商标的电路板产品了。在美国，由于针对高中以前的少年儿童制定了很多保护性的法律和责任法案，所以你会发现，绝大部分美国的项目要求参与者的最小年龄至少 13 岁或者 14 岁。

最近几年，对造物的定义不断推陈出新，大家为它添加了很多"必须有"的内涵。那些我们在第 5 章里讨论过的，给孩子们上传统工艺美术课的艺术工作室算是创客空间吗？进一步来说，那些用干通心粉和糨糊创作图画的活动算是造物吗？而一个受过训练的工程师在做那些具有明显技术特征的事情，也算造物吗？琼直觉上认为这不是，但是她却没有办法给出理由。在本章中，我们就要讨论这种模糊而矛盾的情况，从而让你独立衡量，结合所处的环境，应该让那些小小创客们面对怎样复杂的任务。在这里，里奇表达了自己的观点，认为可以将那些与玩具相关的项目作为切入点引向造物。

在本章中所讨论的设备应用经验有很大局限性，因为我们只聚焦在 Arduino 系统和 3D 打印上了。然而我们认为，如果不介绍这些设备的基本知识和使用，那么就是我们的失职。但读者应该了解，时至今日，市场上入门级的电子套装日新月异，本章的介绍并不能面面俱到。我们会介绍一些我们所了解的比较受欢迎的项目，读者们可以根据兴趣关注这些内容，甚至是亲手尝试一下。千万不要认为这是唯一的推荐，而应该把它当作带你快速浏览众多有趣项目的向导。我们也会分享一些项目创意，包括一些 Kickstarter 上众筹的有趣项目，你可以以此为起点开始你自己独特的旅程。

众筹的发明

本章我谈论到的很多针对少年儿童的技术项目，都是从学院实验室中孵化出来的。麻省理工学院的媒体实验室（MIT Media Lab）的终身幼儿园项目组（Lifelong Kindergarten Group，https://llk.media.mit.edu）就启动了 Scratch 图形化编程环境的研发。而广受欢迎的 MaKey

MaKey 控制板也是由项目组成员杰·西维（Jay Silver）和埃里克·罗森鲍姆（Eric Rosenbaum）依托项目组孵化出来的。

　　而一些电子学习套装则是作为众筹项目登录 Kickstarter 平台（www.kickstarter.com）后面世的。表 8-1 给出了关于下面将讨论到的，并已经登录众筹平台的项目的一些统计信息。LightUp 项目——一个使用磁性元件连接方式，并结合电子电路实验的项目，就是从斯坦福大学变革学习技术实验室（Transformative Learning Technologies Lab，https://tltl.stanford.edu）中孵化的。项目创立者乔什·陈（Josh Chan）和塔伦·庞蒂切利（Tarun Pondicherry）将项目引出实验室并且在众筹平台上大获成功。而蜂鸟机器人控制板则来自 Bird Brain Technologies 公司（www.birdbraintechnologies.com）。这个公司的机器人开发团队与卡耐基梅隆大学的 CREATE（Community Robotics，Education And Technology Empowerment）实验室有深度合作。蜂鸟 Duo（Hummingbird Duo）版本刚刚登陆 Kickstarter。新版本在自有机器人平台上集成了与 Arduino 兼容的控制器，这个创意使学生可以在使用中逐步养成程序思维。

　　画笔电路项目（Circuit Scribe，www.electroninks.com）的众筹项目主打销售导电银墨书写笔。这种笔可以让任何人在任何表面上都能轻松画出可导电的线路，而不单单为小创客而准备的。在 Kickstarter 上，还有一些专为小创客设计的玩具和套装。这些项目设计师觉得商场的商品玩具非常不好玩，所以决定自己动手设计一些更好玩的。特别为女孩子设计的工程玩具 Goldieblox 就是其中很有特点的一款，她也将在第 10 章中详细介绍。还有就是由工程师塔拉·泰格·布朗（Tara Tiger Brown）和卢兹·里瓦斯（Luz Rivas）设计的 KitHub（http://kithub.cc）系列环境监测站项目。

表 8-1　本章讨论的一些众筹（Kickstarter）项目

项目	支持者数量	筹集金额 / 美元
MaKey MaKey	11124	568106
Hummingbird Duo	255	42074
LightUp	1034	120469
Circuit Scribe	12277	674425
Goldieblox	5519	285881

　　如果你对新技术新产品有强烈兴趣，你可以经常关注如 Kickstarter 和 Indiegogo（www.indiegogo.com）之类的众筹平台。需要明确的是，在 Kickstarter 支持一个项目并不意味着你会订购这个产品。收到你的资金捐助后，项目会以一定的方式给予回报。所以，你需要仔细研究他们的回报方式，然后考量他们兑现承诺的可能性。当项目发起人不能达到他们的最小目标，Kickstarter 是不会给他们任何资金的。而 Indiegogo 则针对项目发起人有不同的选择。因此在捐出你宝贵的金钱之前，请仔细阅读项目描述以及他们针对不同捐助款所制定的项目计划。同时你要清楚的是，Kickstarter 上发起项目的人基本是头一次进行这样的工作，所以他们所列出的交付日期并不一定可靠，需要自行甄别。

学习软件编程

我第一次知道 BASIC 编程语言是在高中。这是一种早期的计算机编程语言，有人说它是几种现代计算机语言的前身，也有人说它是一个简单粗糙的落后语言，这取决于你问的是谁。不过自从它出现之后，世界发生了很大的变化。另一种在 2003 年诞生于麻省理工学院的图形化编程语言 Scratch 和它的社区，至今已经有超过 870 万个项目被创建并分享到社区上（http://scratch.mit.edu）。这个语言让小孩子（通常 8~16 岁）通过拖放程序积木块去控制角色的行为，从而编写出交互数字动画甚至游戏。第 9 章会详细介绍这个免费而且开源的软件，它能很好地让孩子学习如何将复杂的活动分解成一个个可编程的程序块，而且不会因文本编程中各种严格语法拼写和格式要求而抓狂。

一旦小孩子掌握了 Scratch 以后，他会很自然地朝哪方面发展呢？这取决于他面临的下一个阶段有怎样的任务。使用在第 2 章提到的 Arduino 会是一个好主意，或者使用其他处理器平台学习像 C、Python 或者 Java 等其他计算机语言（需要注意的是，事实上 Arduino 也是使用 C 语言的）。对于 Scratch 来说，Arduino 是一个巨大的跨越。如果这个台阶对你来说有点高，那么你可以通过 Arduino 提供的例程进行边修改边调试的项目式实战学习。如果在此过程中需要详细的 C 语言帮助，你可能还要准备一本 C 语言的参考手册。图形化编程虽然入门简单，但会在 Arduino 的使用上有很多限制。关于这一点，里奇在本章稍后会有详细论述。

学习硬件编程

正如在第 2 章曾经叙述过的，入门 Arduino 是有一定的挑战性的，因为你必须要同时对硬件和编程有所了解。如果这会让你在一开始觉得无从下手，下面介绍的几个"了解电路"的学习套装可以让你用起来轻松一点。它们的难度要比 Arduino 小得多。实际上，为了实现套装的易用性，背后要付出非常大的努力，需要用更复杂的方案才能实现。第 7 章曾经介绍过使用缝纫的方式来连接电路，而本章将会介绍其他几种实现的方法。虽然这些方法只能用在特定的一些情形条件下，但是方法非常巧妙而有趣。

MaKey MaKey

如果你没有见过 MaKey MaKey（www.makeymakey.com），单凭描述你可能很难对它建立概念。基本来说，它相当于一块可以和计算机连接的小键盘。它通过 USB 与计算机连接，可以产生与真实按键等同的效果。然而这并不是最重要的，它的卖点在于，可以让任何能导电的物体变成计算机按键，比如一根香蕉、一根芹菜、画得很深的一道铅笔痕，或者是一根湿绳子。这个设备如果配合 Scratch 上的六键钢琴例程，并且把按键设置为 MaKey MaKey 上的按键，那么你就能创造出像芹菜电子琴那样的有趣作品了。这个案例在 www.makeymakey.com/piano 网页上有详细介绍。从例子中可以看出，名字里的 MaKey，其实就是将"制造按键"的英文 "Make Key" 结合起来而创造的。

图 8-1 中展示的就是一块通过 USB 与计算机相连的 MaKey Makey。计算机将它识别为一

块只有 6 个按键的键盘。然后你需要给 MaKey MaKey 提供一根地线，如图 8-2 中所展示的那样。通常我喜欢用一些比较好抓握的金属物体和地线相连，比如图中所示的不锈钢勺子。此外，你可以使用菊花链（Daisy Chain）总线方式将更多的 MaKey MaKey 串联起来，但是在这里就不深入介绍了。有兴趣的读者可以自行了解。

图 8-1　MaKey MaKey 与鳄鱼夹

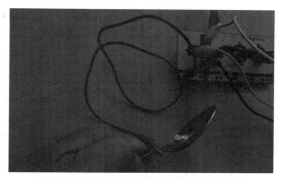

图 8-2　MaKey MaKey 被使用者接地了

完成上面步骤以后，接下来就要把从 MaKey MaKey 中引出的鳄鱼夹线的另一头和 6 个导电物体相连，形成上、下、左、右、空格以及鼠标单击这 6 个按键。在使用过程中要保持控制板与地相连，比如像我那样用手拿着接上地线的勺子，然后触动其他 6 根导体，就能产生按键的效果。在图 8-3 中展示的就是用 6 根潮湿的黄瓜充当导体的版本。每当接触按键时，你就能听到程序设定好的、和这个按键对应的音效了。你可以随心所欲地更换充当按键的物品，只要它能导电就行。甚至，你可以让你的 6 个朋友每人分别拿着一根鳄鱼夹线，在你跟他们击掌时也能触发音乐。在这种复杂情况下，切记要让 MaKey MaKey 保持接地，比如用一只手拿着与地相连的物体。只有这样，你另一只手去触摸你的朋友时才有效果。要不然，按键的导电回路被切断，电路就不工作了。

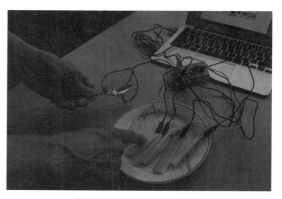

图 8-3　黄瓜条电子琴

提示：

> 类似的玩法还有很多，只要是手头上能找到的任何导电的材料都可以。你除了使用 MaKey MaKey 形成按键回路以外，你同样可以利用各种导电的和不导电的面团制作类似的按键回路。这种项目被称为导电面团（squishy circuits）通常使用两种不同做法做出一种导电一种不导电的面团，然后制作电路开关，或者电阻元件。导电面团项目是由安玛丽·托马斯（AnnMarie Thomas）设计推广的，如今她已在圣托马斯大学任教。项目网址为 http://courseweb.stthomas.edu/apthomas/SquishyCircuits/。

导电墨水电路

如果之前用导电面团做电路和用食物弹钢琴也不能够引起你的兴趣，那么你可以尝试下面介绍的，利用导电墨水画电路，并结合磁吸元件来构建有趣的电路。有多个机构都分别研发出快干型导电油墨，其中一个公司 ElectronInks（www.electroninks.com）在众筹大获成功以后，开始出售导电墨水笔和磁吸导电模块。这种墨水笔名字叫"Circuit Scribe"，让你可以用在纸上"画线"的方式代替通常的用金属导线连接的方式，搭建电路。而磁吸元件需要和一大块铁片配合使用。方法是，将铁片放在最下面，接着是一张纸，然后你便可以将磁吸元件吸在上面并按需要排好。最后，你把各个模块上磁吸导电引脚按电路图，用导电墨水画出连线，就可以构成电路了。在图 8-4 中就给我们展示了导电墨水笔和两个磁吸元件。在 Kickstarter 上我赞助了这个项目，买了一套回来。看来我得找时间认真体会一下这套神奇的产品。

图 8-4　导电油墨笔和磁吸电路模块

磁性连接电路

LittleBits（www.littlebits.cc）是第一个设计出商品化磁吸电路套装的公司。这个套装通过磁力吸引，将金属端子对接压紧从而形成电路物理连接，全程无须导线。然而，要使用这种连接方式就必须购买这种特殊的模块，并按照它设计的连接思路进行连接。这可能会对你的思路有一定限制。LittleBits 实际上相当于一种标准的开源连接方式设计，Bitlab（http://littlebits.cc/bitlab）是这个项目网络协作论坛。它鼓励人们在上面分享、研讨、共同创新。

作为这个思路的延伸，LightUp 项目（www.lightup.io）把磁吸方式加入到 Arduino 主板上（见图 8-5），并与已有的一系列像蜂鸣器、温度传感器和开关等传感器和执行器配合，形成一套可编程磁吸套装。这比普通 Arduino 套装连接起来会便捷一些。

LightUp 套装还有一个小小的改进，那就是在每个模块上加入了一个可以机器识别的标识。在连接电路以后，使用者用配套的 APP 给电路拍一个照片。如果电路连接方式不对、电路不通，那么 APP 就会显示故障点在哪里，提示你进行修

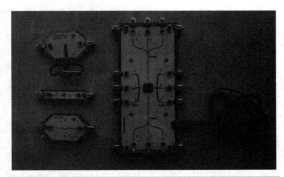

图 8-5　一些 LightUp 模块，包括温度传感器、发光二极管、可编程控制板和它们的磁性连接点

改。如果电路连接正确，那么 APP 的仿真功能便能显示在电路中电流是如何流动的。这套套装同时糅合了电路可编程功能和智能手机上 APP 的故障排除与仿真功能。因此，这样一套看上去高大上的套装，会比一般 Arduino 要贵一点，而且你只能使用 LightUp 的模块，才能有上述的效果。

图 8-6 中，把常见的一些设计理念不同的磁吸元件放在一起展示、对比。其中两个是之前提到的磁吸 LED 模块，分别来自 ElectronInks 和 LightUp 套装；而右下角的使用接插方式的 LED 模块则是来自 Chibitronics（www.chibitronics.com）的套装。这些煞费苦心的设计，无非是为了吸引更多的人来参与造物、爱上造物。

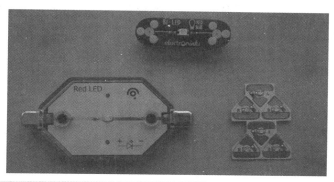

图 8-6 不同设计目标的 LED 模块：LightUp 模块（左下）、ElectronInks 模块（上）、Chibitronics 模块（右下）

智能可编程的机器人套装

说起机器人，大家一定会想到开山鼻祖 LEGO 头脑风暴系列（LEGO Mindstorms）套装。它有自己独立的完整生态系统，以及有一系列非常有影响力的比赛，比如 FIRST 联盟中的 FLL 比赛等（FIRST Lego League，www.usfirst.org/roboticsprograms/fll）。但是在本章中，我们更多聚焦在 Arduino 以及可穿戴技术风格的造物活动。这和使用乐高的控制器和套装开展的那些项目有一定的区别。如果你要研究机器人套装，你可以多关注第 4 章提到的那些机器人项目，它们更有意思而且更复杂。而且你还可以从那些项目中获得更多的灵感。当然，乐高机器人也是你要探索的很重要的一大领域，不过它很贵！

在 Arduino 面世以后，针对学生设计的可编程的主控板越来越多，也相对变得简单。但事实上，其中很多项目都只是基于 Arduino 进行某一方面属性的增加或增强而成的，正如之前提到的 LightUp 一样。另外的一块叫 Hummingbird 的主板（www.hummingbirdkit.com）则尝试简化儿童对 Arduino 编程的工具链。它有一种简化的编程方式，让用户在简单的界面中使用鼠标进行图形化编程。在完成编程后，程序在 PC 上运行后通过 USB 与主板连接，并进行输入输出控制。在这种方式下，每个引脚都必须设计为固定功能，但这也限制了用户的创造性。要实现这样的控制方式，主控板必须预先下载能与 PC 程序进行 USB 通信的程序。但如果用户也可以自己向主板下载其他程序，也就变回 Arduino 原有的编程方式了。

Hummingbird 主板可以通过 Adruino 常规工具进行编程，但那样做就有点买椟还珠的感觉了。在项目网站的软件主页中，列举了相当多可以用 Hummingbird 进行编程的主板。但除非你特别喜欢这种编程方式，否则再多的选择又有什么用呢？很明显，Hummingbird 可以作为儿童机器人套装的配套软件，或者用在降低学习者学习难度的场合。

里奇的观点：

根据我个人的观点⊖，让初学者使用图形化编程界面不是一个好的主意，因为这意味着学习者需要学习一个风格奇怪，但在真正编程中永远不会用到的编程环境，而且要尝试用这种方式学习真正的编程技巧。类似的情况同样在 LOGO 语言⊖ 中出现。它跳出了程序循环框架，试图让编写程序就像书写英文句子一样，实际上却让语法更容易出错。如果你真的想要尝试图形化编程，那么使用 Scratch 语言可能是你比较好的选择。它可以通过 S4A（Scratch For Arduino，http://s4a.cat/）的方式实现与 Hummingbird 相同的效果。或者你可以尝试 Arduino IED 上的图形化编程插件 Ardublock（http://blog.ardublock.com）⊖。但我始终认为，真正对编程感兴趣的人可以从这里入门，但不应该固步在图形化界面上，而应该用最短的时间跨过这道坎，步伐坚定地迈入编写代码的天地。

起步须知

来自技术专家的最常见的一个质疑就是，像 MaKey MaKey 这类东西除了让计算机变得不再让人畏惧以外，并不能教给人任何东西。但是现在的大人和小孩还会惧怕计算机吗？还有一种观点就是，这类技术也许更能让家长和老师了解什么是造物，而不是对学生。为了类似的目的，真的是否有必要将那灵活而强大的技术约束在一些模子里？这不但削减了大部分功能，还让成本大大地提升。当你决定使用这类系统的时候，你需要反复考量这些问题，获得你自己的答案。

当学员年龄很小的时候，确实需要考虑焊接和使用工具所存在的潜在危险。但是总的来说，我们认为在 13 岁以前，孩子们都不太会有真正的冲动去编写真正的代码。但是前面我们也介绍了一些儿童程序员的特例，也许这个推测还需要进一步观察。

磁性连接系统，对幼儿以及像博物馆、学校课堂之类的环境，是有益的。因为 Arduino 板会因为各种误操作而很快报销，而会大大增加活动成本。而使用导电墨水笔画线连接电路，这是一个相当有趣的方法，并且适合快速原型制作。之后所要做的，只需要把你想要的元件吸到导电线路上就行了。导电面团做起来很麻烦，而且只适合做原理性展示，但是非常便宜是它最大的优势。

⊖ 这应该是一种真正程序员的观察角度。然而截至目前，NASA 正在尝试利用 Scratch 软件对宇航员进行编程训练，以便让他们能在日后对一些空间站上的实验仪器进行简单编程。而工业图形化编程的领先者 Labview，则自称为工程师与科学家的图形化编程语言。因此建议读者要分别从学习、应用与软件底层开发的角度建立自己的思考。——译者注

⊖ LOGO 语言是一种面向儿童学习编程的语言。它通过编程控制一个小海龟在屏幕上画图，从而让学生建立编程的思维。——译者注

⊖ 由于 Ardublock 缺乏快速更新，由北京师范大学创客实验室开发的图形化编程环境 Mixly 是一个很好的替代环境。——译者注

本章介绍的系统，包括从像 MaKey MaKey 这类的一次性系统，到像玩积木一样就可以给 Arduino 编程的 LightUp 套装。前者需要你对电路有相当了解，并认真阅读使用说明。总之使用这些套装时，一定要先从网站、移动网络上搜集足够的帮助信息，阅读使用说明，然后再一步一步慢慢来。

提示：

> 一般来说，学习软件一定要从 "Hello World" 这种入门程序开始，千万不要因为它看上去傻瓜而跳过。类似的在 Arduino 里面是 Blink。这是学习编程的正确打开方式。如果你被这些编程界面和技术绊住了脚而进展缓慢，可以关注一下第 15 章中讨论的小步快跑、快速迭代的学习方式，或许能够帮你跨过难关。

起步预算

基本来说，你越是经常亲自为项目选购零散元件，购买 Arduino 裸板，你可能会花费得越多。第 2 章我们给出了一系列 Arduino 板的价格幅度，在第 6、7 章则给出了传感器和可穿戴项目的基本花销。而购买在本章里介绍的套装，其实等同于你出钱让别人帮你把这些技术用这种或者那种的方式进行整合，如果这种整合方式能够满足你的需要，可以帮你节省了摸索的时间，那么这类套装对你就有价值。

但是，如果你想深入内部学习更多的知识，而恰巧你的伙伴是行家里手，那你就可以用花最少的钱，用第 6、7 章的方法学到最多东西。在 Sparkfun（www.sparkfun.com）、Adafruit（www.adafruit.com）以及 Makershed（www.makershed.com）等创客供应商里，你可以找到各种介于散件和成品玩具之间的各种模块与套装。

这里给出一些常见器件的价格，MaKey MaKey 卖 69.95 美元，LightUp 有两种规格：只有磁性模块的 Edison 版本卖 49.99 美元，而包含 Arduino 磁性主控板的 Tesla 套装则要 99.99 美元。Hummingbird 机器人卖 159 美元，它可以让你从零部件开始组装一个机器人，并对它进行简单编程控制。

如果你为学校教学购买器材在寻找渠道，思考的角度和方式就可能不同。正如本章开头所述，这个领域每天都有新东西出现，书中我们介绍的案例有一些是我们随意浏览 Kickstarter 时深深抓住我们眼球的项目，而有些则是被人经常向我们咨询而让我们认为应该了解的项目。本章介绍的项目，我们并没有系统而深入地测试过。正如我们在其他地方指出的那样，我们也许会更关注那些高难度的项目，但是让人更有收获的则可能是 Arduino 这种器件。

总结

本章探讨了几种用于学习电路制作的产品以及相关辅助软件。这些产品大多集中在基础电路和机器人。我们介绍的 MaKey MaKey，是一种让计算机几乎能和任何导电物体相连接并互动的主控板。此外我们还分析了在系统选择时需要考虑的因素，以及应该如何权衡。这通常涉及学习难度和潜在成本之间的平衡。那些看上去简单的系统，常常需要学习中间接口之后，才能演化成为前面章节所看到的一些项目类型。

　　本章是讨论各种技术的最后一章。接下来两章将转到开源社区的介绍上。开源社区是滋养目前大部分进步的源泉。到了第 10 章则探讨人们试图通过各种方法，努力吸引女孩们加入造物的大家庭。本书力求均衡地介绍科学家的工作内容和创客世界，让科学家与工程师能紧密团结起来。

第 9 章　开源思维模式与开源社区

到目前为止，我们一直在讨论开源硬件技术，并且给大家展示了很多案例。但是开源究竟意味着什么？里奇为什么将开源一直奉为圭臬？是什么技术推动了开源运动的发展，又是什么技术从开源的沃土中茁壮成长？本章将从里奇的视角出发，在他的带领下走进开源运动的世界，看看开源是如何推动之前我们讨论的一些技术的持续发展。我们现在在家庭或单位中使用的很多软件、玩的很多游戏都不是开源软件。开发这些软件的公司拥有软件的版权。你向公司付费获得软件的使用权，但是软件公司不会让你了解程序是如果工作的。随着免费、开源概念的普及，我们需要了解什么是开源，是什么滋养了开源？

什么是开源

程序员在编程时产生的内容称之为代码。代码是给机器设定一系列操作的指令，可以分为机器代码和源代码两种。机器代码是一串看起来乱七八糟的，由 0 和 1 组成的数字串。它定义了指挥处理器进行两数相加、比较、向内存写入一个数值等的一系列简单操作。而源代码在作用上其实与机器代码相同，但是它由人们比较容易理解的变量名、函数⊖，甚至更复杂一点的像数组之类的数据结构组成。而且，源代码中还可以有注释，让阅读者能理解代码的功能以及背后的设计逻辑。程序编译器将源代码编译为机器代码后，这些被调用后的变量与函数，就和不参加编译的注释一起失效了。所以编译是一个单向的过程。大部分软件，特别是商业软件，只是发布程序的二进制机器代码文件和它要用到的一些图片和数据。如果单单使用，那一点问题没有。如果你想修改程序的功能，那也一点办法没有，除非你能拿到程序的源代码。有一些程序开发人员把自己的项目程序源代码免费公开，与其他人分享。这种行为就被称为开源。

现代的程序规模都非常庞大和复杂，单打独斗是无法推进项目的。所以在软件公司，很多程序员都会在内部分享他们的程序源代码，以便能协同完成商业软件开发的任务。而在一个开源的项目中，一个或几个程序员会将他们的源代码公之于众，让其他有能力或者有兴趣的人向开发者提交修改代码并发布，共同发展、完善这个项目。只要你有明确的目标，并且希望别人能加入你的项目，任何人都可以发起一个开源项目，通过协作推进项目的进展。

⊖　函数指可以重复调用的代码片段。——原书注

开源的婴儿时期

开源软件其实在计算机应用的早期，就以某种特殊的形式存在。那时候的代码都是记录在纸上的，修改也要在纸上进行。琼补充道，当她在 20 世纪 70 年代一开始使用计算机的时候，她就是使用纸带编程的。这些"程序"可以直接拿到其他机器上面运行，或者用机器吭哧吭哧地复制出拷贝来，只要你有足够的纸带而且保证程序运行过程不掉链子。在这些日子里，只有大型的国家实验室和实力雄厚的大学，才拥有计算机这种庞然大物。正因为那时计算机的使用目的是为了解决大型科学问题，非常学术化，所以很多软件都是开源的。硬盘从 8in 到 5.25in，甚至 3.5in，随着计算机存储设备不断轻量化，价格不断下降，加上计算机的网络连接速度不断提高，为跨单位、跨地域的研究合作提供了便利的条件。到了后来互联网发明以后，计算机网络连接速度呈几何增长，文件传输更方便快捷，因而这种合作关系更加密切了。

> **提示：**
>
> 如果你对开源运动早期的情况感兴趣，可以参看沃尔特·艾萨克森（Walter Isaacson）写作的著作《创新者》(*The Innovators*)。书中展现了那个时期激动人心的技术、软件和硬件大发展，以及在那个潮流当中弄潮儿们的精彩人生。而且还展现了软件和硬件这两个关系密切的领域，是怎样时而成为神队友，时而成为猪队友的。

关于"合作"的观点对对碰

从事尖端软件、硬件的合作开发，从来都是一件难事。这里面有很多细节需要统筹、协调、平衡参与各方的不同观点。琼就有在早期参与类似项目的经验，有一些项目可能还在里奇出生之前就参与了。因此下面来听听来自琼的看法。

> **琼的观点：**
>
> 我最早使用计算机是在 1975 年，那时还学的是 BASIC 语言。我的高中有在当时看来相当高端的、使用穿孔纸带或者键盘进行输入的电传打字机。它通过电话线和不知道放在何处的大型计算机进行通信、编程⊖。那时你能做得相当牛的大项目仅仅是从机器输出的纸带中打出点什么来。
>
> 回顾这 40 多年的发展历程，人们合作开发软件的方式是如何演变的呢？软件、硬件和连接方式是一步一个台阶地变得越来越好、越来越强大。但感觉上，在过程中好像并没有看到明显的革命性转折点。因此，在写作本书的时候，我们重点在比较关于演变是如何发生的。
>
> 就我而言，编程的进展既可以来源于科学家和工程师的一些工作，也同样可以来源于

⊖ 如果你想了解什么是电传打字机，可以在这个网址看到一个例子。www.quickiwiki.com/en/Teletype_Corporation。——原书注

爱好者的参与。早期的做得很精致的发烧型计算机，在我看来最棒的莫过于 1984 年由苹果公司推出的 Macintosh 个人计算机。它深深地改变了那种在 Mac 问世以前，在屏幕上逐行输入命令的人机交互方式。然而相当讽刺的是，Mac 的这种设计的初衷却是——你只能运行但不能编程！！那是经历了很长一段时间后，加上计算机联网能力以及软件开发工具的不断进步，才最终实现了在不同地点的人进行无缝地软件编程协同开发。

在某些角度上看，当前的开源运动更像是回到计算机的童年时期，一群为了学术和科学进步的人们聚在一起，共同捣鼓一些东西。我参观过的一些创客空间，一进去，满满的 20 世纪 70 年代末到 80 年代初的麻省理工学院的学生计算机实验室的感觉和回忆扑面而来。

互联网与开源创客的学习风格

琼经历了在线网络从早期主要用作学术和国家实验室资源共享的局域网络，到现在任何消费者可以使用的因特网的发展全过程。消费型互联网的出现，催生了网页和搜索引擎等众多创新技术。但是琼却早已习惯于一些早期的计算机工具了。所以，她的经验并不能完全反映互联网的普及给我这类人所带来的影响。听着那些陈年往事，假设让我们这代人去面对那些天方夜谭般的困难情况，即便是当年最普通的事情，我也未必能做好。

琼谈到，她当年是通过阅读期刊文章以及向那些大学图书馆远程订购研究报告，来跟踪学习那些最新研究进展的。这种订阅的等待周期，通常要几天甚至几周。所以你不得不提前规划你所需要的信息，以及那些重要信息，因为你不能随心所欲。一旦有新东西出现，琼或她的秘书就要从中截取那些有用的部分，并把它们归类放在一个文件或三环活页夹里，以便将来参考。

而到了我的时代，获取学习信息的等待时间降到了以毫秒为单位，而且不需要通过那些知名的组织，我就可以获取我想要的资料。转变在慢慢地发生，但 1990 年以前与今天的学习条件的确有天壤之别。很难想象，要是需要等这么长时间，我还是否能保持学习的耐心。我的学习风格已经在互联网的浸润下形成。如果我需要研究一个主题，我常常会在几分钟之内找到几十个甚至上百个关联网页，每一个网页都是从前一个中关联过来的。如果按琼介绍的方法来做这件事情，那将会花上几个月甚至几年。正因为获取信息延时极低，所以我经常认为并不需要系统地学习一个学科，因为那是一种线性的风格。

我可以借助这种网络扩散的思维方式，从众多开源创新中获取知识和灵感，并且在他们的基础上展开工作。这也是推动我坚定开发开放工具的一个核心理由。因为这能让项目快速迭代更新。

开源硬件

软件源代码一般是全套数字文档，除了需要一台计算机以外还需要其他软件配合才能使用。正如在第 2 章和第 3 章中展示的 Arduino、3D 打印等开源硬件学习过程中反复提到的，实际上还会遇到很多问题。比如在以前，数字 0 和 1 很难和物理实体相联系，但到了现在这个问题开始有了解决方案。

诸如 3D 打印机、激光切割机和 CNC 数控机床这些数字化制造设备，使用类似程序源代码的控制命令就可以进行物理实体的加工制作。这就意味着，人们可以通过分享实体设计文件替代工匠师傅的重复劳动。现在虽然还没有做到一键式那么傻瓜，但是也基本满足让全球开源硬件社区的开发者们分享与重现的需求。

而另一个用于物理实体设计的重要创新，那就是计算机辅助设计（Computer-Aided Design，CAD）软件的出现。它最早在 20 世纪 70 年代出现，用于机械、产品、建筑的设计的可视化方面。但是这些软件价格相当昂贵。到了最近，免费的 CAD 软件如雨后春笋般涌现，当中许多都是开源软件。我个人最喜欢的是 OpenSCAD（www.openscad.org），它使用类似代码编写的方式进行建模。

目前，这些开源的实体一般集中在两个比较主要、热门的领域：一个是分享 Arduino 板设计、3D 打印机和其他之前讨论过的开发、制作平台的设计方案；另一个就是分享可以利用数字化工具制造的模型文件。但是要区分这些开源资源的使用权利可是一件非常复杂的事情，我将会在下一节中详细探讨。

开源软件还是免费软件

"Free（免费）"一词与开源软件如影随形。因为在英语中"Free"有很多种意思，容易引起很多不确定性。有时候，西班牙语"gratis（白送）"和"libre（自由）"可以用来区分这里面不同的内涵。而其他时候则可以用两个词语"free speech（开源软件）"和"free beer（免费软件）"来暗喻开源软件和免费软件。很多软件是免收费的，就好像喝啤酒不用钱一样，可以随便下载、使用，不需要给作者付费。但是你只能获得编译以后的软件，而不会获得软件的源代码。但另一种称为自由的、开源的软件，这意味着你可以直接获得源代码，然后可以自由地、免费地使用它[一]。

某些时候，源代码是依据某种许可规则而公布的。这些规则用于规范你使用这些代码的方式和范围。软件是免费，并且源代码开放，但也许开放规则要求你只能在非商业的领域内使用这些代码。这种类型的许可常常被原教旨派诘难，认为这不是真正的 free（libre），也不符合开源的精神。

相比软件，硬件项目的情况可能有点区别。信息很容易被复制，但是实体却很难。正因为如此，开源硬件通常是以"自由共享"的形式出现，即公开设计方案并且不设定使用限制。为什么不是"免费获取"形式呢？因为各种物料以及制作的人工和时间都是非常昂贵的。如果你有成套工具和物料，你可以自己制作属于自己的拷贝。但如果没有，那么你就要付出一点成本了，无论是物料购买，还是将焊接外包。

一 关于"开源"请参考百度百科中的"开放源代码"词条。——译者注

　　世界上第一台商业级的 RepRap 3D 打印机[⊖] 可是花费了数千美元，但却只是使用塑料部件制作的机器。但随着它的诞生，部件的复制成本就大大降低了。也许是受到 "free beer" 理念的感染，在早期使用机器打印的部件常常被看作是那杯 "免费赠送的啤酒"，或者是免费寄出，或者是以物料的成本出售。

　　关于 RepRap 3D 打印机的目标，来自英国巴斯大学（University of Bath）的教授阿德里安·鲍耶（Adrian Bowyer）是这么解释的，它初衷是设计用来免费生产一系列 "子代" 零部件。而由这些子代零部件组成的 "子代" 3D 打印机作为新的 "母机"，制作它们的 "子代"，最终形成几何级数的扩散。然而由于资本逐利的丑陋嘴脸[○]，当我自己尝试订购一套零部件的时候，他们却在网络上标价 1000 美元进行销售，而且还只是打印出来而非注塑的产品！此时，3D 打印机的整机电子设计、电动机和线性滑轨再次以高出成本很多的价格被打包销售，即便设计方案是开源免费的。虽然现在商店出售的组装成品机的价格已经低于 500 美元，但是 "print-it-forward（打印漂流）" 的开源潮流又再一次兴起。整个 3D 打印机套装免费发售，但是要求购买者要使用这个机器为周边的人打印一套或多套相同的物件，而且要求接受者以相同的规则流传下去。[○]

　　我是 RepRap 打印机早期的开发者之一，研发的机器型号叫华莱士^⑭（Wallace）（见图 9-1），它的详细资料在 www.reprap.org/wiki/Wallace 有介绍。对于不断迭代升级的机器的命名，RepRap 社区有一个以生物学家命名的传统，从达尔文开始一直延续下去。事实上，目前还做不到真正意义的自复制，中间还需要人工参与。在网站的维基上，有一棵 RepRap 的家族演化树（http://reprap.org/wiki/RepRap_Family_Tree）。但是迭代进化的设计数目已经远远超出这个列表能够描述的范畴了，谨以此念。

　　下列的信息可以帮助你了解 Wallace 在整个 RepRap 家族的进化树中所处的位置：

　　● 2006 年，第一台 RepRap 打印机 "Darwin（达尔文）" 在诞生于英格兰。

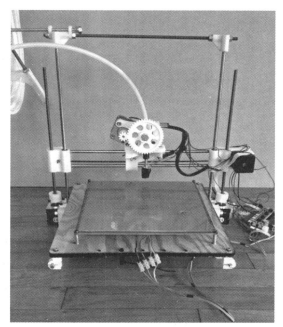

图 9-1　华莱士型打印机，RepRap 项目的一个早期型号

<hr />

[⊖]　RepRap 是可自复制的快速原型机项目。——译者注

[○]　原文使用了 "capitalism reared its ugly head"，此处翻译保持原文的语气和价值取向意译。——译者注

[○]　https://designmaketeach.com/2014/10/19/print-it-forward-3d-printer-fundraising-kit/ 网站给出了一个以 3D 打印机套装为漂流物的、3D 打印作品为分享物的漂流活动。活动方式有 GPL 许可证的影子。——译者注

^⑭　根据 RepRap 社区的命名传统，此处华莱士是指英国另一位提出进化论观点的生物学家，阿尔弗雷德·拉塞尔·华莱士（Alfred Russel Wallace）。——译者注

● 2009 年，Mendel（孟德尔）型号成为 RepRap 的新标准，新版本简单和稳定。

● 2010 年，普鲁萨·孟德尔（Prusa Mendel）版本作为改良型的孟德尔，使用了更为简洁的零件设计。

● 2011 年底，在普鲁萨·孟德尔基础上间接衍生出新型号 Printrbot。

● 同年，受 Printrbot 早期设计的启发，RepRap Wallac（华莱士）诞生。

● 接着，Printrbot 迭代定型为现在 Printrbot 公司的成型产品。

● 2012 年初，作为 Wallace 的子代，有了嫡系的 Alu 版本 RepRap。

● 2013 年，Wallace 的子代的旁系 Deezmaker 定型。

● 2014 年，Wallace 的子代的旁系 Bukito 定型。

在 RepRap 系列中有一个极端简洁的版本，叫 RepStrap 版本。这个版本的初衷是，给打印机建造者提供制造 RepRap 最必需的物料，让他们无需利用身边的资源进行东拼西凑。

这台功能有限制的打印机的打印效果正在不断提升，这个过程会一直持续到打印机的质量能稳定地达到设计预期。开源 3D 打印机正是以这样的模式飞速发展。

开源的一种分享方式——Share-alike

开源项目分享可能会借助很多现成的协议和许可方式。这些许可向用户明确了他们应当在怎样的条件下使用这些共享代码。而商业应用则是其中一个不太被代码原作者允许的一个领域。并且，原作者可能还会补充相应的条款限制软件被二次修改后的打包再分发方式。GNU[⊖] 许可是开源软件使用最普遍的许可。而在开源硬件和可复制作品设计创作方面，常常使用"知识共享许可"协议[⊖] 发布。这种新型的许可协议是由知识共享组织（Creative Commons Organization）提出的。该组织特意为创作类作品发布而提出这个协议，但它不提倡将该协议像 GNU 协议一样被用于软件方面。

绝大多数协议都规定要将共享项目归功于项目最初的原作者，所以你不能将其他人的代码和设计稍作修改就声称为自己的作品。这就是一个衍生作品的权利问题，当你在其他人的工作上修改、二次创作以后，你需要在发布作品的同时肯定原创者的贡献。然而有一些共享协议却禁止对作品的一切迭代衍生。通常认为这种极端的协议其实并不符合开源的理念，但存在的就有其合理之处。比如像书籍著作、音乐作品原作者虽然愿意自由再发布（Free Distribution），但他希望用这种协议保持对作品内容、形式的绝对控制。考虑到这种情况，在开源协议中加入"share-alike"条款，要求衍生作品需要以和原作品相同的分发形式进行分发，是相当明智而合适的。它允许作品迭代衍生，体现开源精神，但同时堵住通过修改那些允许开源及商业化的项目，然后以不允许衍生及商业化的方式分发的伪开源漏洞。

⊖ GNU 由递归的句子"GNU's Not Unix"的首字母组成。——原书注

⊖ Creative Commons license，简称 CC 协议。国内定名为知识共享协议。网络上一般使用直译——创新共用协议、创作共用协议。它是由成立于 2001 年的美国 Creative Commons Organization，在 2002 年 12 月 16 日提出的。详见百度百科"创作共用""Creative Common"词条和 wiki 相关词条。——译者注

> **提示：**
>
> 　　如果你想了解一些开源许可的样板，你可以在网上找到一些经由社区建立和发布并用于共享用途的案例。GNU 协议和条款样板在 www.gnu.org/licenses/license-recommendations.html 网站上可以找到。知识共享（CC）协议可以在 http://creativecommons.org/licenses/ 上找到。在实际应用中，你需要找专业人士咨询以了解协议许可的细节，尤其是商业应用项目。

　　也许你已经注意到了，本章多次提到原作者（author）这个概念。因为这些协议许可与版权密切相关。对于音乐、小说以及代码来说，版权概念已经相当普及，但是硬件领域版权概念还不是太明晰。目前开源硬件常常基于相同的协议许可发布，但对于功能性硬件领域来说，版权就几乎很难适用。目前在这个领域是使用专利而不是版权来进行权利保护。然而，专利申请非常困难并且有专利有效期限制，生命周期相比版权来说要短得多。目前，针对开源硬件的专门"开源硬件许可"刚处于起步阶段。而机械设计师和通用型机器一般借助 CC 知识共享协议和 GNU 协议进行设计、使用的规范，然后将这些规范推广到开源社区并力求成为社区共同遵守的准则，即便这仅仅是守则而不是强制性法律。

　　开源社区以外，这些许可协议可能得不到应有的尊重。开源社区研讨新技术，常常是为了技术本身而不是为了获得经济利益。当我构想一些发明，出发点仅仅是我想推进这些技术的进展。一项技术取得突破性进展，可以促进社会上一个台阶而让各个行业受益。但是一项专利，却很可能会导致一些阶段性的进展被局限在壁垒之内，阻碍了其他人持续推进。因此我经常说，每一个新专利的授权就如同将黑暗的中世纪又延长了 20 年。与之形成鲜明对比的是，开源运动正促进各项进展快速前进。地球村里的人们可以相互建构，携手向前，共同分担困难、分享收获。

　　另一方面，专利也费时费力。专利制度有时是为了阻碍其他人使用这个技术，但更多的时候是为了阻止其他人对同样的技术申请专利，从而形成垄断。从这个角度上看，开源其实也能有类似的效果。因为一旦以开源方式公开披露一项发明以及技术，事实上也阻止了其他人申请相关专利。对于小公司来说，这样的方式可以避免大公司的技术霸权和垄断，降低专利使用费方面的负担。

　　写到这里，琼补充道，即便如此，在实际中这也存在相当复杂和棘手的问题。尤其对于技术创业者来说，你需要和你的伙伴向专业人士详细讨论细节。现在已经出现一些关于商业机构要试图对已开源的一些项目进行专利申请的典型的案例。然而这类案例的走向如何，现在并没有人能确定。

开源入门者须知

　　一入开源深似海，眼花缭乱的代码和精彩纷呈的项目让人目不暇接，也让人望而生畏。如果你只是使用开源的软件或者硬件，这并不会强制你必须对项目有所贡献。如果项目是以非商业许可方式公开的，你也不能够借助项目获得任何利润。这在上一节中有详细叙述，希望有需要的读者认真研读。但如果你想对项目有所贡献，那么下面的讨论将是对你开展行动的一些建议。

琼的观点：

> 如果没有探寻事物的各种原理和细节，那么你要融入开源社区将会相当困难，这是一个基本的前提。如果你像我一样习惯于通过高级科普的渠道了解实物的运作原理，那么你可能会想是不是会有专门的书籍介绍，或者至少在网页上有关于系统原理的概述。在本书中，我们会就讨论过的技术，给出一些有用的参考文献。同时，我们也尝试向大家展示一个宏大框架。除此以外，开源社区上的 Wiki 和论坛也是你很好的学习起点。

为开源做贡献

大多数开源项目通过版本控制系统让各路英雄参与其中。这些系统允许用户将代码仓库复制到本地，在修改之后测试代码的效果，最后向上提交代码，让其他用户可以共享这些工作。这样的工作流程可以在不同的控制系统上实现。比如比较老的系统有并行版本系统（Concurrent Versions System，CVS）和 Subversion（SVN）[⊖]。两者均使用"客户端 / 服务器（client/server）"架构，以独享的签出（Check out）模式编辑代码。就像是你从图书馆借出的那本书，正在签出的代码是不允许其他人同时修改。这就保证了代码的一致性，避免冲突，但同时也降低了开发的效率。

像 Git 一样，被称为分布式软件系统（Distributed System）的软件正越来越流行。在 Git 里，每一个用户都有项目的完整代码，但这只是历史修改版本。而一个主代码拷贝通常会存放在中央服务器中，每一个用户可以向这个拷贝提交自己的修改，或者直接把修改提交给协作者。Git 的核心在于拥有一个可靠的组件用于整合并发的用户修改。所以即使你在修改代码的过程中，主拷贝发生了变化，Git 后台也能将你的修改自动整合到项目中。

但这种方式存在一个问题，那就是所提交的代码修改并没有经过充分测试，一旦存在矛盾冲突，就会造成项目的错误。所以 Git 引入一种维护者（maintainer）机制。每个项目都有一个或几个维护者，他们决定接受哪些修改可以放到主拷贝上，而哪些不能。在目前非常流行的在线 Git 代码仓库 Github.com 上，如果你想主拷贝接纳你的代码修改，你就要提交一个上传（pull）请求。一个上传请求中可以包含一个或多个的委托（commits）。这些委托是带有标题的和描述的修改代码。这能让系统标识并追踪这些代码历史，在日后需要时能快速定位到指定的代码。Pull 请求提交的代码应当能让软件正常工作。它既不应该胡乱修改破坏软件现有功能，也不应该是那些不能工作的代码。每个独立的委托之间都是平等提交的，然而却甚少见到一个软件委托修好一个故障却带来另一个新问题。

一旦遇到系统问题，委托的历史记录可以让项目管理者向上回溯，找到错误的代码及其位置，然后撤销这些错误的修改代码，追责代码提交者并共同商讨如何修补这个错误。但是项目

⊖ Subversion 是近年来崛起的版本管理软件系统，是 CVS 的接班人。目前，绝大多数开源软件都使用 SVN 作为代码版本管理软件。详见百度百科"Subversion"词条。——译者注

仅仅是在这个位置上回到历史状态，但对其他部分的新修改并没有影响。Github 还设计了一个问题（issue）追踪器。这让代码编写者可以交流项目的修改，让非代码编写的终端用户报告软件的使用问题，双方共同推进项目的完善。

对于开源项目的用户，贡献代码是被积极鼓励的行为，但并不强制。尽力而为总是受欢迎的。只是要时刻谨记，在编程时一定要按照代码编写规范和项目编程风格的指引，并尽可能提交完整有用的委托信息和注释。特别是在像 C 语言类似的对编程格式有严格要求的语言，可能存在很多不同的代码风格。但如果你不是程序员，那么上面的讨论你只要了解一下就好。

如果你在程序里发现了一个错误，首先你可以在错误追踪器的讨论记录里看一下是否有过报告。如果有，看看这个问题是否已经被解决，或者你是否能提供些新的建议和帮助，但不要新开一个条目重复问问题。要注意，问题要问到位。因为冗长无效的问题报告是相当折磨人的，并且严重浪费开发者的时间。问题正确的打开方式应该是，描述出现问题时你的软件使用环境，描述当你执行哪些操作时出现了这些问题。这些描述具体的信息比起简单报告发生了故障要有用得多。最好就是你已经做了一定排查，发现即便软件在最简单的设置或功能下，问题依旧存在。基本上，越能帮助开发者快速定位问题、解决问题的工作，越会受到别人的赞赏。

如果软件缺少你需要的一些功能，那么你可以提交一个功能需求（Feature request）。一些项目更希望用户提交功能需求而不是错误报告。但同样，没有什么信息量和内涵的功能需求是不受欢迎的。但如果你的提议或修改有显著成效，程序员会相当欣喜。但千万谨记以下几点：一是，你的看上去非常简单的要求，对于程序员来说不一定能很容易地实现；二是，你提出的建议一定是要经过思考并表述清晰，避免不必要的误解；三是，开源项目的维护者可能出于自愿，或者他仅仅把项目作为另一个大型学术项目中的一小部分而已，他们并不是有求必应的无所不能。

编程马拉松——Hackathon⊖

当软件越来越成为一种服务而不是实务时，也许参加编程马拉松（Hackathon）和其他程序员一起针对某些问题编写一些开源的代码是你为开源社区做贡献的最时髦的形式。现在这种活动已经比以前更普及，而不仅仅在剑桥、帕萨迪纳或者帕罗奥多这些极客聚居地。你可以结合你的地名和像编程马拉松、创客马拉松（civic hacks 或 civic hackathon）这类关键词，看看你的周围有没有开展这些活动。或者你可以访问 http://hackforchange.org，获取最新的资讯。

开源硬件的挑战

到目前为止，我们更多地倾听了里奇的关于开源项目的发展历史以及各种优点的介绍。接下来我们应该了解一下琼在不同角度的看法。她认为在开源中还是存在一些需要改进的具体问题。比如她觉得很久以前就有一些类似当前的开源编码的协作模式存在，但当时可能并不叫这个名字，而现在的提法有点新瓶装老酒并试图聚焦在某些特殊应用上的意思。

⊖　Hackathon，又译作黑客松，是流传于黑客中的新词汇。在我国更多以"编程马拉松"的名字见诸宣传。
　　——译者注

琼的观点：

在第 1 章中，我们讨论了里奇引以为傲的，如同晶体结晶过程一样的向各个领域延伸的学习风格。在开源运动中，这种风格上的优点恰恰可能是众多问题的根源。其中一个就是项目的发展模式太雷同。通常是某个人发起了一个项目以后，融合了一些有趣的内容后向这些方向延伸。他们不断地向里面注入自己感兴趣的内容，推动项目的发展。

这意味着，除非项目发起人在发起项目的时候就给出了一个明确的宏愿蓝图，要不然仅从项目的内容中是很难能挖掘出项目的意义。对于那些新用户来说，他们只能通过在社区问问题或者自学，获得浮光掠影般的体验。随着社区规模的增加，不断增多重复劳动，非但没有促进项目的进步，反而造成效率急剧下降。

在我开始学习 3D 打印的时候，情况就已经是这样了。就像我手中的一团棉线，在外面看线团一览无遗，心中有数。但当身陷线团当中时，就会感觉千头万绪，无所适从，这就叫"不识庐山真面目，只缘身在此山中"。我之前编写 *Mastering 3D Printing*，以及现在和里奇合写本书，就是要为这个问题寻求解决办法。我们试图帮助读者建立一个蓝图，厘清头绪，并最终找到正确的打开方式。

如果你的学习风格和里奇类似，这种从中心向外延伸地整合知识的风格在你身上是有效的。但如果你像我一样，喜欢结构化地、有层次地学习和积累知识，那么这团棉线就会让人相当抓狂。一旦你的学习很不走运地陷入这种情况，那么你可以试一下由易及难，逐步深入，不断从周边的信息中获取进步的抓手，帮助自己成长。

另一个使用开源项目所面临的挑战就是，它的软件和硬件在不断改变。持续的改进对项目是有益的，而且可以激发新的创造灵感。但是如果你是在教学中使用开源软件，那么你的课件可能就会因这些变化而需要不断修改和增加解释的内容。而如果你是在传统的教学中使用开源项目，那么你就需要发挥你的创新能力了。因为在传统教学中，如大学和大部分中小学，课程设计是围绕着几年不变的课本而设计的。而如果当课本电子化了以后，这种问题会不会存在，也是一个相当有意思的问题。

在开源运动中，保持关注社区，与时俱进，是很重要的。因为你要从中了解各种"大家都认为应该知道的"窍门和常识。对于身心沉浸其中的技术控来说，这都是轻车熟路，得心应手。但对于那些到此一游的应用者来说，那些用时方恨少的常识常常会令人抓狂。阅读至此，可能你已经摸到一些开源软件和硬件技术起步与发展的规律，而你也能逐步形成对这些开源项目走势的独立判断。

总结

本章概括介绍了开源社区的发展，以及它对前面几章介绍过的技术的发展所做的一些基础性贡献。同时我们还介绍了开源项目的一些协作途径和规范，以及不同类型的开源许可。这些稍显专业的内容，在你一旦深入到这些领域的时候就会用得上。在下一章中，我们将会转到另一个非常重要的话题，就是如何吸引更多的女性参加这些开放的技术活动。

第 10 章　女创客养成记

工程与科学领域历来是男性的天下。到现在情况依然如此。琼当年刚进麻省理工学院读书的时候，女性学生比例只有 16%，到她毕业时也只不过上升到区区 20% 而已。本章将从琼的视角，介绍这种情况是如何逐渐得以改善的，并通过一些统计数据和项目案例的介绍，展现人们吸引女性进入创客领域不懈努力。为什么有些女性能成为技术专家，而有些则逐步远离数学、科学与工程领域，这一直以来有很多假设和解释。在下一节中，琼将会探讨一些来自她的观点和假设。

女孩的工程生涯

我一直非常不喜欢女性工程师这个标签。就我而言，拥有一个麻省理工学院的学位，并成为一个工程师，这就足够了。在麻省理工学院这个精英乐园里，你的努力除了收获一个学位之外，还会收获其他很多。我一直认为，爱给女性贴上性别标签的人对女性的潜台词是，女性的身份让标准降低了，让人更容易被通过。因此，我一直以来努力淡化在这种技术环境中的女性性别存在，即便在我的业绩被肯定以后也是如此。当我还是一个年轻工程师的时候，女性技术人员的印象还被认为都是以孩子为中心等。而我当时其实一丁点也不是，而是一门心思想着怎样造一架炫酷的飞船，飞到其他星球探索未知的世界。

通过反思我自己的成长过程和观察身边的女性伙伴，我归纳了女性为何觉得自己很难走进技术领域或者留在那里的几点假设。这些观点背后都是一段段的轶事和经验。在观点之后，我们会给出一些具体的统计数字以及我们尝试去改变这种现象的努力。当然，能让我们的一切努力取得成效的前提是，这个女孩真的拥有能让她成为技术专家的一系列特质。

女孩便要安静？！

我认识的很多工程师在现实中都是非常腼腆的，虽然有些人可能在虚拟世界里会变得非常不一样。这种内省型的人格特征对一个人专注学习数学和科学是有帮助的。所以通常人们会认为那些安静、内省的人更适合成为工程师和科学家，而女孩通常对数学和科学不会感兴趣，她们更喜欢那些看得见摸得着的东西。一个男孩可以独自在车库里捣鼓各种东西，也可以毫不费力地就在数学上拿到好成绩，但女孩要独自面对这些，可能就不太容易。而且在大家印象里，女孩总喜欢平平淡淡的生活，做些大家都会做的事情，而不会像科学家和工程师那样时刻挑战自我，为自己的观点辩护。

性格外向的我热衷于向别人展现自己。在刚开始工作的时候，我周围的人都知道我是怎样的人，我的研究领域是什么。有时候令我纳闷但开心的是，在我做报告的时候，也会有素不相识的人打断我，然后热心地给我的工作提供点子。我意识到，这种外向的性格、广泛的交往能帮助我更好地开展工作。而如果我像我认识的某个男同事那么宅的话，情况也许会糟得多。细细想来，在我印象中，和我一般年纪的男性工程师和科学家中，性格外向的只有很少很少。我想，也许在虚拟的世界里这些宅男宅女们可能会活得更潇洒一些。

"笨"女孩？！

如果我在一个全男性的专业机构里工作，我想我会有提问困难综合征。因为我怕问问题会让别人觉得我很笨。我常常会纠结于"我问了一个低级的问题"或者"我是一个笨女孩"。虽然在技术学科里，没有人是百事通，向周围的同学、同事和老师请教他们擅长的专业问题，事实上是一种正确而学术的做法。但是认为自己是"问题少女"的心态，在我读大学时，还是常常让我备感压力。即便现在已经不会有这方面的烦恼，但是我还是花了很长一段时间才能走出这个阴影。

提示：

在网络上，有一个由玛莎·贝克（Martha Beck）讲述的关于她经历里很小的却很精彩的一个故事，网址为 www.salon.com/1999/02/16/feature_378/—about。这个小故事描述了当她还在哈佛大学读本科的时候，那些教授伯伯们为了保护女孩们问问题的积极性和脆弱的心灵，有时会假装有些问题他们并不知道答案。

关于女性的偏见

凡人总免不了偏见的流俗。他会戴着这个有色眼镜去看他遇到的每一个人。因为女性通常会比男性矮一点，而且声音比较尖细，比如我身高只有 1.6m 不到。所以，开会的时候如果大家都站起来了，我就会被人海淹没；如果别人没有集中精神，就很难能完整地听到我说话。我很早就注意到了这些，并且尝试去接受它并改变它。所以我会想方设法在众人面前打扮得光鲜亮丽、表现活跃，或者和高大的同事结伴而行，以求吸引大家的目光。

即使我成功地吸引了大家的关注，我还是需要不断地证明自己。我的专业知识和能力是我引以为傲之处。但很遗憾的是，很多时候，一些人依然不相信一个女性工程师会如此能干。要扭转这种观念唯一的方法就是，你要不断地、力排众议地对一些问题做出正确的预判，给出方案，解决问题。这是一件亟须洞察力、想象力的事情，而且意味着我必须在专业领域中认真实干、全力以赴。一般来说，这种方法是奏效的。但如果不行，那剩下唯一的方法就是坚持不懈，并减少工作中的失误。

但有时候，女性身份和与生俱来的亲和力，却是某些工作的天然通行证。比如作为技术和非技术人士之间沟通、学习、交流的桥梁，比如向非专业人士介绍像 3D 打印这类的高技术活动。女性导师会让人感觉更平等、更亲近。这让我有机会参与到一些跨学科项目中。

造物并思考

我通常不会因为工具本身而深入学习这个工具，至少不会花费太长时间。比如 3D 打印技术本身就相当有吸引力，但是我对于它的应用更感兴趣。对于技术，我更喜欢思考各种不同的技术会在具体的项目中产生怎样的化学反应，而不是深入了解这个技术的各种知识和细节。具体来讲，我需要以项目为依托进行深度学习，因为做项目能给我指明建构知识网络的方向。虽然凡事总有例外，但是我发现平均来说，女性工程师比男性更多使用这种学习风格。在第 1 章，里奇从黑客的角度阐述了创客和黑客的区别。如果我们两个人的观点都是正确的话，那么这意味着女性的行为风格更倾向于项目制作（making），而男性则更倾向于技术创新（hacking）。瞧，这不正是我们两个作者的风格组合么！

女孩们，技术玩起来！

假如你一直努力摆脱偏见，并且想吸引更多的女孩进入造物的天地，甚至走上与技术相关的职业道路，你想出什么办法？在本章接下来的篇幅中，将介绍一些关于这个问题的学术研究成果。在深入这个问题之前，下面几条是我认为平时不太为人关注但需要补充的内容。它们或许对你在学校创办造物空间或者在家里培养女儿或者她的伙伴们成为小小女创客有用。

● 第 5 章提到了在创客空间开展实验以及试错的重要性。如果你正在设计一个创客空间，并且要同时吸引男孩和女孩进来活动，那么你要时刻考虑男女之间的能力和兴趣点之间的差异。在下面讨论的内容中，试图使用不同的策略去鼓励女孩进行造物。要么让她们玩一些结构不太复杂的项目，要么让她们感性地认识一些结构。

● 如果你有一个热爱数学和科学的女儿或者女学生，在赞美和激励的同时一定要尊重她们内敛自省的内心。也许她们渴望内心的平和与单纯，而不是戏剧般的跌宕起伏和绚丽多彩。苏珊·凯恩（Susan Cain）于 2013 年出版的著作《内向性格的竞争力》（*Quiet: The Power of Introverts in a World That Can't Stop Talking*）就是一本非常有用的书。作者曾就这个话题在 TED 上做过一次公开演讲⊖。网上也转载了很多她关于这个话题的文章。

● 如果你的女儿或者女学生既有女孩本身的特质，也有一些男孩子的兴趣，请不要大惊小怪，更不要责难。小时候，我就曾经在学芭蕾的同时疯狂地爱上了花样滑冰，并坚持了很多年。做这两件事情仅仅是因为我觉得它们很美而且不会占用时间。但是当人们发现了我身上的理工女之外的这些个人特质时，通常会评价道，这是多么奇怪的组合呀。

● 空间的设计特点和工具配置需要仔细考虑女孩子的特点。看看是否能很便捷、安全地拿到工具，而不需要爬高爬低？看看是否需要搬开周围的重物才能找到一个螺丝刀？买一些粉色的工具和带花的工具箱来吸引女孩子，但务必确保这些工具和箱子是在小女孩操作能力范围之内的。因为她们的手脚大小都还没有达到成年操作者的平均水平，所以要特别注意。

● 不要让专业术语成为制约女孩的藩篱。正如你在第 12 章中将会看到的，我小时候接触

⊖ 在网易公开课上有转载的英文演讲视频，题目为《内向性格的力量》，网址为 http://open.163.com/mov-ie/2012/1/D/3/M84QRVR30_M84QS3ED3.html。——译者注

过很多焊接和电气工作，但却几乎没有任何机械制造的体验。这因为我是从小地方来的女孩。直到来麻省理工学院学习以后我才见到第一台机械工具。我清楚地记得，在活了30多年以后，在课室里举手问"什么是攻丝"的这样一个众所周知的问题时是多么难堪。所以，作为教师需要善于使用类比，让术语深入浅出、平易近人。如果在班上的一个女生她弄不懂最基本的术语，那么她可能就会离开，而不会问她觉得会让自己显得很笨的问题。现在即使是面对男男女女的听众，我也会大量使用隐喻来表达艰深的概念。

第12~14章会讲述更多关于如何成为科学家，以及专业人员日常生活点滴的故事。这些趣事表达了我和其他男、女科学家和工程师的一个共同观点，那就从事技术工作对谁来说都不是一件容易事。帮助女孩进入这个领域的智慧，可能在培养你的小小女创客上也适用。

注意：

> 在这里我并没有太深入阐述那些让女孩们远离造物的文化与偏见的藩篱，而女孩从事数学、科学和工程职业会遇到比这更困难的情况。如果你致力于反对这种文化上的歧视，那么请通过各种方式，尽力帮助女孩们个性的全面发展，让她们有一个完整而健康的人生。这没有信手拈来的答案，也不会有放诸四海而皆准的方案，但是我发现尽可能鼓励女孩主动寻求建议和帮助，能至少帮助她们打开一扇门，从你或者其他人身上获得启发。

对于创客空间鲜有女性的一种观点

我采访了位于洛杉矶的第一家创客空间——Crashspace 的其中一位女性联合创始人凯琳·莫（Carlyn Maw），请她谈谈对创客空间鲜有女性的看法。她通过一段文字记录她对这个问题的详细思考。图 10-1 是她和另一位联合创始人托德·库尔特的合影照片。托德同时也审阅了本书的初稿。

图 10-1　其中两位 Crashspace 的创始人凯琳·莫和托德·库尔特的合影

凯琳的观点：

　　这个问题更值得追问的另一面是，"专业领域或者创客空间是如何变得性别对立隔离的（become gendered）？"我想维·哈特（Vi Hart）和尼基·凯斯（Nicky Case）已经在他们的多边形的故事⊖中有相当精彩而深入的工作。在网页上的沙盒游戏演示了这样一个规律，那就是你和与你类似的伙伴即便有一个很小的行为，也会让你和周边其他人产生隔离。

　　因此，如果我们容忍了一些歧视的发生，那么事情将会变得越来越糟，越来越难以理出头绪，以至善良的人在同性群体中才能更放松。也许，这就慢慢造成了行业中的性别优势。

　　我父亲曾经给过我一本语言学家德博拉·坦嫩（Deborah Tannen）朗读的、现在已很难找到的有声图书 *He Said, She Said: Exploring the Different Ways Men and Women Communicate*。我想当时父亲给我这本书的原因可能是因为看到当时我工作在男性主导的单位里身心疲惫，所以想借这本书给我一点安慰和启示。回想起来，这已经是一二十年前的事了。一开始，我觉得录音带里的有声图书仿佛是对书籍的亵渎，所以不愿意听。但是在父亲的循循诱导下，我开始听了。不知不觉娓娓书声仿佛一道照亮心灵的闪电，深深地触动了我。后来我机缘巧合地认识了坦嫩女士。她是一个多么可爱而有理性的人啊，竭尽所能地用她优美的声音为听众朗读那些优美的文字。

　　从她朗读的文字中我懂得了一个道理——"从概率上说"。这可是个重要的概念。当一个男生和你谈话的时候，他可能会不断彰显自己的观点和立场；而假如一个女生找你聊天，那么"从概率上说"，她很可能希望你和她是同一战线的。这是和两性成功互动背后的基本规律，并不是让你在聊天时看人下菜碟。这个规律影响深远！在阐述概率的同时，她还展示了如果一个人想挣脱社会性别刻板印象的束缚，就会引发一连串的后果。

　　都说男人来自火星，女人来自金星，大家都在为自己的目的而说话。那就能解释为什么和行事风格类似的人在一起时，短期来说，你会觉得更舒服自在。虽说人以群分，但是兼听则明。假如长期在同一个圈子里活动，人就会像掉到共鸣腔一样只能听到同一种声音而听不得别的。所以我们也要注意避免这种情况。

　　了解不同的语言风格会对我们有什么影响？这让我常常感到生活像迷一样琢磨不透。因为很明显，如果你向一个女生打听谁谁卷入了什么事情，或者向她八卦为什么和她一起玩的女生没有一起来舞会等等这些时，她就会觉得你像在说她是怪人一样。也许你是善意的，然而她听起来却是怪怪的。就自己而言，我认为我不太适应两种语言风格的切换，因为如果我能对此更在行，我会活得更潇洒。即便如此，从书中了解到两性不同的语言风格的存在就已经帮了我大忙，让我对所面对的情况有了新的思考和定位，让我看人看事少了一点敏感，多了一份洒脱，让生命变得更阳光了。

⊖　多边形的故事（Parable of the Polygon），一个在线的基于博弈论专家托马斯·谢林（Thomas C.Schelling）的动态种群理论的沙盒游戏。旨在演示多样性，对社会可能产生的巨大影响。有多种文字版本。具体内容可登录 http://ncase.me/polygons-zh/。——译者注

短期来说，建立更多的创客空间，让那些别人眼中的奇怪的人能找到组织，并自得其乐，是一个没有办法中的办法。因为世界上不同意见的人太多了。每个人的个性都应该得到尊重。所以，让创客空间来得更多，更猛烈些吧！

而女孩学习造物会是一个例外吗？经过长期以来的研究发现，我们总可以通过努力达到周围人对我们的期望。无论男孩女孩，都应该力争上游。而你最应该为你身边女孩子做的一件事情就是，鼓励她们保持对世界的好奇心，要勇敢，要懂得敬畏。她一定不会让你失望的。

聚焦女性创客的意义

到目前为止，我们还没有阐述帮助女性加入创客大家庭的重要性。公平地被对待，自由自主地选择自己的道路，当然是最基本的考量。而且，妇女能顶半边天。如果社会因此而丧失了一大部分原本可以成为技术专家的人，则是巨大的人力资源浪费。世界需要更多可以客观、理性地分析问题的人，无论他（她）们最终选择什么职业。因为越多的人受过工程、科学、数学的专业训练，其他可能需要理工科素养的行业都会从这些从业者的客观、理性中受益。而现在，许多婴儿潮一代的技术人员正慢慢步入退休年龄，人口红利逐步消退的情况下，一些目光长远的公司开始担忧未来没有足够的年轻技术人员能够填补这些空缺。在下面的叙述中，我们将针对这个情况提出我们的一些想法和建议。而在本节最后我们将提到的所有资源整理归类，以便让读者能在需要时快速找到。

女性科技人才的数量统计

每十年，美国人口普查局（U.S. Census）就会对美国各行业进行大普查。最近的一次是在2010年。正如国家科学基金的一个报告表明，工程类的行业在2010年吸纳了1569000人就业，而其中女性约有200000人，占13%。同年统计数据报告在航空领域的工程师（琼就是其中的一员）有91000人，其中女性有10000人，约占11%。而其中拥有硕士以上学历的总人数就下降到了34000，而其中女性只有5000人。所以在2010年，我是占美国人口0.02%的女性航空工程师中的一员。而且女性工程师一直在流失，去往其他非工程领域。比如我就不清楚现在我还有没有被算在航空工程行业中。

安妮塔·博格研究所（Anita Borg Institute）⊖ 的一份题为《为何女性会离开（Why Women Leave）》的报告指出，技术公司的女性流失率为男性的两倍，原因主要是缺乏晋升机会、上班时间过长、工资偏低等。一篇2015年发表在《科学》杂志的有趣文章中，作者萨拉-简·莱斯利（Sarah-Jane Leslie）等人描述道，在通常认为需要一颗聪慧的大脑才能获得成功的理工领

⊖ Anita Borg Institute 是一个纪念计算机科学家安妮塔·博格，并以向女性群体普及、推广技术为己任的非营利性组织。网址为 http://anitaborg.org/，详细介绍可在 Wiki 词条 Anita_Borg_Institute 查看。——译者注

域，越来越少的人在理工领域获得博士学位。但作者则认为在技术领域的成功常常离不开工作的努力，并不是每个聪明的头脑都很适合。作者考察了学科对人的天赋的要求后发现，像哲学、数学、物理这些学科被认为需要更高的天赋，教育和心理则要求最低。在中间的是和工程学科、科学学科结合而形成的庞大的各个交叉学科和边缘学科。

日益稀缺的女性科技人才

根据美国国家妇女与信息技术中心（NCWIT，报告链接后附）报告称，到 2022 年全美国有 120 万个计算机相关职位的需求。如果不从现在开始寻求解决办法，到那个时候，美国的计算机毕业生只能满足其中 39%。而在同一份报告中指出，2012 年的本科学位中，女性获得者比例为 57%；而计算机与信息科学本科学位中女性只占 18%，在研究型大学中这个比例更低至 12%。这只相当于 1985 年水平的 37%。大学一年级中对计算机科学感兴趣的女性逐年减少，人数在 2000~2012 年间共减少了 67% 之多，问题相当严峻。

2013 年计算机行业的女性比例为 26%。英特尔 MakeHers 报告（详见下文"注意"内容）讨论了女性在创客活动中受到的文化和社会阻力，特别是文化偏见，缺乏指导，以及创客空间给她们的不安全感。据《纽约时报》的 Claire Cain Miller 报道，教师也可能低估女孩的数学和科学能力。

因此，最可能出现的情况是，未来几年将没有足够的计算机专业从业人员，半数人口对这些专业的兴趣在下降，或者可能认为他们自己无法胜任。

注意：

关于女性在工程以及其他技术领域的统计数据，来源于以下机构或报告。它们的网址整理如下，以便于读者查阅。

美国国家科学基金会（National Science Foundation），美国国家科学与工程统计中心（National Center for Science and Engineering Statistics），科学家与工程师统计数据库（Scientists and Engineers Statistical Data System，SESTAT）的 2010 年的统计数据，网址为 www.nsf.gov/statistics/wmpd/2013/tables.cfm。

女性工程师协会（Society of Women Engineers，SWE）关于理工领域女性地位的研究报告，网址为 http://societyofwomenengineers.swe.org/index.php/trends-stats#activePanels。

俄亥俄州劳雷尔学校的女孩研究中心撰写的研究报告"Their Girls In STEM：Tinkering"可以在网址 https://www.laurelschool.org/page.cfm?p=625 检索到。

美国国家妇女与信息技术中心（NCWIT，网址为 www.ncwit.org）是美国国家科学基金会、微软、美国银行的战略合作伙伴。在它的网页上还列有更多合作伙伴。

安妮塔·博格研究所赞助了很多帮助女性的项目，尤其是在计算机方面。它的"Why Women Leave"信息图可以在网址 http://anitaborg.org/insights-tools/why-women-leave/ 找到。

《科学》杂志 2015 年 1 月 16 日的发表文章 "Expectations of brilliance underlie gender distributions across academic disciplines" ⊖ 讨论了进入理工领域的女性日益减少的原因。其中一个就是行业从业者错误地认为获得成功的关键是天赋而不是训练。

英特尔公司 2014 年 11 月发表的报告 "MakeHers" 描述了 STEM 领域女性从业人员持续下降的原因。在网址 http://www.intel.com/content/www/us/en/technology-in-education/making-her-future.html 中你可以下载完整版、摘要或者信息图。

洛杉矶时报有报道文章称，玩具公司开始预期为女孩而设计的创客类玩具将迎来广阔市场。文章网址为 www.latimes.com/business/la-fi-girls-toys-20141214-story.html，相关案例还会在本章后面的 Goldieblox 部分有详细介绍。

纽约时报 2015 年 1 月刊登的 Claire Cai Miller 的研究报告称，和教师不知道被测试对象性别时的评分相比，在知道学生性别后教师在数学和科学测试的评分中会偏向男生。而这种情况在英语课和希伯来语课中是没有的（这个研究是在以色列开展的）。这篇文章网址为 www.nytimes.com/2015/02/07/upshot/how-elementary-school-teachersbiases-can-discourage-girls-from-math-and-science.html。

案例研究

现实情况是如此的不容乐观，让你认为这就是因为性别刻板印象所造成的后果。但幸运的是，在学校和社区正有这么一批有心人在努力改变这种情况。很多行动都带有实验性质，需要通过反复实践找到正确的方法和方向。在这些实验中，确实带来很多崭新的学习方式。这些方式有简有繁，有些简单到可以迅速融入现有课程并成为其中一部分，而有些规模大、项目复杂的可能需要 5000m² 的创客空间！

机器人、视觉艺术——来自马尔伯勒学校的经验

马尔伯勒学校是一所 7~12 年级的私立女子学校，位于洛杉矶汉考克公园区。学校官网为 www.marlborough.org。学校正在开展一系列创客技术进学校的教学实验活动，目前最主要的改革焦点是视觉艺术和 FIRST 机器人技术挑战赛（FTC，详情回看第 4 章）。

视觉艺术教师凯斯·雷（Kathy Rea）是一名很早就将 3D 打印技术引入课程的老师。她让她的建筑课学生使用 Tinkercad 软件设计都市、乡村的建筑模型，并用 3D 打印机打印这些设计模型，如图 10-2 所示。在她的创意产品三维设计课中，学生首先要拆解一些现成的物件，如排水管、加热管、炉子等。然后再用这些拆解的零部件重组或者设计成新的物件，如照明灯之类的。因为要方案创新，所以学生就有机会通过设计一个新的产品去解决他们所定义的这个新问题，或者它们通过对已有物件的再设计，增加产品的设计感和实用性。这些项目设计原型需要用 CAD（计算机辅助设计）软件设计，并用 3D 打印机输出。

⊖ 《科学》杂志 2015 年 1 月 16 日的文章，作者 Leslie, S-J., Cimpian, A., Meyer, M., and Freeland, E，347(6291)，pp. 262–265, doi 10.1126/science.1261375。——原书注

图 10-2　马尔伯勒学校学生制作的建筑模型

与此同时，学校还资助了一支 FIRST 机器人队伍，划分了一个固定的场地让女孩子们可以拼装她们的机器人。这个空间已经在第 5 章详细介绍绍过。在图 10-3 中展示的是两个女孩正在拼装 FTC 机器人的场景。

图 10-3　马尔伯勒学校的女生正在准备 FTC 机器人比赛

达伦·科斯纳（Darren Kessner）是学校教授数学和计算机科学的老师。他创新设计了一门使用第 8 章提过的 Makey Makey 硬件和第 2 章提过的 Processing 语言作为平台的计算机课程。他发现 Makey Makey 硬件对那些没什么编程感觉的学生来说是很好的一个切入点，而且可编程的那些部件对于热情的女孩子来说触手可及，非常直观。

科学教师安迪·魏特曼（Andy Witman），是学校机器人队伍的指导老师，由于出色的队伍指导，曾经获得 FIRST 联盟的指南针奖。女队员们在他的推荐视频中表达了她们非常感激老师对她们的信心和期望。她们共同提到了魏特曼的座右铭——"Fail Forward（吃一堑，长一智）"对她们深刻的影响，同时老师也身体力行为队伍的成长提供了很多具体支持。机器人队伍每年通过俱乐部公开活动，在一年级新生中招募新队员。然后通过让新生们使用 3D 打印设计制作作品在跳蚤市场上卖，从而建立她们的认知、兴趣和信心。

老师们都希望不断完善充实学校的创客空间和课程，不断增加学生的积极性，并且通过学生的口口相传，吸引更多女孩将人生列车驶进数学和科学的轨道。同时，教师们也努力地把一些需要各学科协作的 STEAM 项目引进、融入各自负责的课程中去。通过这些改进的跨学科课程鼓励学生更多地发挥想象、培养创新思维（Innovative Thinking）和创新能力（Creativity）。

来自卡斯迪加学校的经验

卡斯迪加学校是位于加利福尼亚州帕罗奥多的 6~12 年级的私立女子学校。在 2014—2015 学年，学校有 444 个在校学生。学校有一个创客空间，命名为创意无边实验室（Bourn Idea Lab）。安吉·周（Angi Chau）是实验室的指导教师。根据周老师的介绍，在这个学期建立这个实验室的本意是让学校的 FIRST 机器人队伍有一个常态工作的地方。因为机器人属于课后活动，所以他们想尽办法在平日上课时也能借用实验室。

创意无边实验室在学校官方网站 www.castilleja.org 上有一个超链接。在里面有很多面向各个年级的实验室项目资料和图片展示，其中包括制造显微镜以及仿制达·芬奇机械等项目。学生们用 Tinkercad 软件设计项目，用 OpenSCAD 设计几何部件。实验室还尝试开展导师制以吸引更多的师生参加实验室活动。基于导师制，卡斯迪加学校的老师轮流在实验室中一对一指导学生开展造物活动。

周老师觉得实验室必须有一些女孩喜闻乐见的东西能够引起她们的兴趣，并让她们觉得可以从那儿开始她们造物之旅。所以，她在实验室里布置了一些漂亮的传统的手工艺品，并且将实验室布置得整洁有序而不像男性的车库一样凌乱不堪，试图打破通常认为的造物就不可能整洁的印象。并且，她认为，"柔性电路[⊖]也能和机器人一样培养相同的东西。"

许多创客型玩具都是为那些技术宅而设计的，但其实它们还可以设计得更平易近人和有趣。周老师需要在一个全女生的环境里开展创客活动。但她表示，男女混合学校中那些只为女生开展的创客空间课后活动，可以作为她很好的借鉴经验。要不然，当男生女生同在创客空间时，即便自己不会使用工具，那些自以为是的男生也会炫耀吓唬那些从未见过工具的懵懂女生。

布里吉特·蒙吉安

布里吉特·蒙吉安（Bridgette Mongeon）是一位把工作室安在休斯敦的女雕塑家。她很早就在自己的创作中引入 3D 打印技术，图 10-4 就是她手持自己 3D 打印作品的照片。同时，她也是一个热情的艺术教育倡导者。她认为艺术教育不单单可以让人成为一个艺术家，还可以辐射

⊖ 指第 7 章介绍过的可穿戴电子。——译者注

到其他很多行业。她经常去学校招募一些学生去她的工作室里实习。蒙吉安经常鼓励女孩要关注艺术背后的技术元素，还努力破解那些让女孩们觉得三维计算机艺术是洪水猛兽的错误观念。她的书 *3D Technology in Fine Art and Craft: Exploring 3D Printing, Scanning, Sculpting and Milling*（美术和手工艺品中的 3D 技术：关于数字化打印、扫描、雕塑和雕刻的探索）在 2015 年由 Focal Press 出版，并且可以在她的博客（http://creativesculpture.com/blog/）上一睹为快。因为她感觉到很多 3D 技术都被用来塑造怪兽形象，或者阳刚气十足的角色，所以她在书中尝试展现 3D 技术应用中女性特有的柔软亲切的一面。

图 10-4　布里吉特·蒙吉安和她设计的 3D 打印作品

Vocademy 创客空间

Vocademy 是一个超过 1600m² 的创客空间，位于加利福尼亚州河岸区市郊。虽然在第 5 章中我们对它已有介绍，但仍值得在这里从另外一个角度展现它的内涵。这是因为 Vocademy 创客空间社区的女性会员达到 40%。当被问到这个惊人的比例是如何做到时，空间的创立者吉恩·舍尔曼（Gene Sherman）只是云淡风轻地透露了一个小秘诀——"角色扮演（cosplay，详情回看第 7 章）"。角色扮演需要将自己打扮成游戏或者动漫里的人物，同时糅合了传统的裁剪工艺和众多可穿戴电子技术，因而深受女生们的欢迎。

舍尔曼还说到，在 Vocademy 空间中所教授的每个主题都有免费的入门课程。超过半数的案例都是男女皆宜的，也有很多可能更偏向传统女工，比如鞋子和首饰。这样设计的目的就是为了让女性朋友们能有一见如故的感觉，然后能以有更大的自信迈入造物的大门，并有更大的勇气面对后面可能会遇到的困难。最后舍尔曼豪情万丈地表示，"女性能顶半边天。为什么世界上就不能有一半的产品是经由女性之手设计的呢？"

机器是不分性别和种族的，舍尔曼坚定地认为。并且他向来鼓励基于问题来设计、思考一系列的解决方案。所以 Vocademy 创客空间装备了一台 1.4m×0.9m 大小的激光切割机。这是因为他想让女孩们能利用它制作缝纫纸样。图 10-5 展现了 Vocademy 创客空间正在进行的热塑材料制作女性工作坊。透过参与女孩们专注的神情，我们仿佛看到了舍尔曼充满喜悦之情的笑脸。

图 10-5　在 Vocademy 举行的热塑材料工作坊（由 Neeley Fluke 拍摄并供图）

适合女孩的组装玩具

另一个能让女孩走进造物天地的途径就是玩具。传统的积木搭建玩具，如乐高，最初的设计理念是中性的，但还是为了吸引女孩而设计了少量乐高场景套装。而接下来介绍的两个由女性工程师创立的玩具公司则专门为女孩量身定做她们喜欢的积木搭建玩具。

其中一款名为 Roominate，是让孩子拼接建造玩具房屋的玩具。公司由两位女生——爱丽丝·布鲁克斯（Alice Brooks）和贝蒂娜·陈（Bettina Chen）共同建立，公司官网为 www.roominatetoy.com。她们两个分别在麻省理工学院和加州理工学院取得学士学位后，在攻读斯坦福大学工程学硕士学位时相遇。她们这款拼接房屋玩具勾起了我的浓浓旧日情怀——我的电工爸爸在我小时候也是这么帮我制作玩具房屋的，只是那时用到的元件比现在要大很多就是了。

而另一个是通过 Kickstarter 众筹的项目"戈尔迪之盒（Goldieblox）"，官方网站为 www.goldieblox.com。它是一款融入了女娃娃发明家"戈尔迪"的故事元素的搭建类玩具。公司 2012 年在 Kickstarter 上线了这个众筹项目，吸引了 5000 名赞助者，成功筹得接近她们预算的两倍之多的 15 万美元的资助。公司创办人是受过斯坦福大学严格工程训练的黛比·斯特林（Debbie Sterling）。她的玩具设计定位是希望把女孩的玩具从那些一成不变的粉红梳妆盒与公主玩偶中解放出来。图 10-6 展示了其中一款她们的产品，名为"戈尔迪之盒与建造者生存套装（Goldieblox and the Builder's Survival Kit）"。套装中包括了绘本、三个角色人偶以及 190 块可以用于教授工程结构的玩具积木。

图 10-6　戈尔迪之盒与建造者生存套装（由"戈尔迪之盒"公司供图）

里奇的观点：

　　当我看到这些玩具时，我惊讶于这些搭建类玩具特别为女孩而设计，并且刻意强化了性别特征和需求。乐高是我儿时最喜欢的玩具，但我从没有感到乐高是专门为男孩而设计，就好像洋娃娃是专门给女孩的一样。我和琼一道考察了一系列乐高正在发售的玩具套装。我们发现其中一些加入了更多的机械传动元素，看上去比我在记忆中 20 世纪 90 年代时所玩的更偏向男孩子。同时我们发现也有一些是一眼看上去就知道是专门给女孩子玩的。这样的发现也与我一直以来的观点不谋而合，那就是，玩具其实原本并没有这么强烈的性别色彩。

　　我发现，这种忧虑好像也从侧面强化了某些玩具，甚至领域被习惯地认为具有鲜明的性别取向。就像女孩子玩那些本来给男孩玩的怪兽、机器玩具，人们一般相对较易接受，而男孩子玩花花绿绿的女孩芭比玩具就会让人觉得这个孩子缺乏男子汉气概。同样的道理，一个小女孩穿短裤会显得稀松平常，但是如果男孩子穿裙子则会被认为相当异类。

　　对这种现象，琼从另外一个角度认为，这反映了其实搭建类积木应该加大向女孩子的推广力度，而这类一向被误认为是男孩专属的玩具可以尝试走一下甜美俏皮路线，好让女孩们能够毫无顾忌地爱上它。我们的观点谨供读者们思考，但希望能给你们选购生日礼物带来一些启发。

一次成就一个女孩

教育上任何努力的价值在于，每一次都能成就一个孩子，尤其是女孩。可可·卡莱尔（Coco Kaleel）和她的父母在序言中已经给我们分享过她们的故事。说小女孩的兴趣不知怎么地就被我们一下子点燃了。之后她就像一块海绵一样不断吸收着我们能教给她的所有知识。图 10-7 展现了她工作时专注的状态。无心插柳柳成荫，当我们自己投身造物领域时，请不要忘了时不时捎上一个懵懂的女孩，引她上路。这往往能给我们带来无尽惊喜。

图 10-7　工作中的可可（由 Mosa Kaleel 拍摄并供图）

入门须知

选择哪种技术入门，你就需要了解相应的背景知识。如果你是一个家长，那么事情会很简单，给孩子买一套和年龄相符的搭建类玩具或者之前章节介绍过的一些入门套装就好。如果你是一个学校的负责人，正在筹划建设一个能够吸引女孩们兴趣的创客空间，那么向女工程师或者女创客咨询一下，能给你带来一些有趣的点子。关于这个方面，在第 5 章中也有详细的论述。时刻要记住的很重要的一点是，千万不要将知识目标放在首位，因为这会让你的一切努力变得很无趣。"实验—失败—找出原因避免下次失败"这个恼人的循环必定成为女生入门的头号拦路虎。

现在已经有很多组织和活动尝试帮助女性学习编写代码，搭建硬件或者两者搭配进行。以指导女孩学习代码为例，在搜索引擎中输入关键词 "girls learn to code（女孩学习代码）"以后，你会获得相当多的相关资讯。从中你可以把目光逐步聚焦在在线资源，或者线下面对面的工作坊、兴趣营、创客嘉年华等活动，或者其他任何你感兴趣的活动。挑选时，尽可能选择口碑比较好，操作比较成熟的机构所组织的活动。当你要选择兴趣营或者课后辅导班的时候，除了从它们的网站或者宣传渠道了解外，你一定要不断多方打听，了解活动举办机构的详细情况。

假如你要学习硬件，你可以看看周边的区域创客空间有没有相关课程。在一些学校里也可能会有一些有趣的项目。卢兹·里瓦斯（Luz Rivas）是麻省理工学院毕业的电子工程师，自幼在临近洛杉矶的帕科依玛（Pacioma）长大。在短暂从事工程行业后，她目前在一个非营利组织任职，开展一个旨在帮助小学和初中的拉丁裔女孩进入科学和数学领域的项目。而 DIY 女孩组织（www.diygirls.org）也正在这个领域发力，在 2015 年左右已经为接近 400 名女孩提供服务，并且创办了一个线下组织吸纳了近 700 名女性会员参加活动。

创办"创客女孩"组织的预算

相信你已经在了解上面提及的各个案例后，发现起点可以不止一个。这取决于你的预算、实体空间面积以及能够聚集的技术志愿者的数量。在第 2、8 章中提到的一些信息可以帮助你明确界定承受范围以及项目切入点，并做出恰当的决策。我们的创客空间不就是一直在鼓励实验、从错误失败中学习的吗？那么请从筹建创客空间开始践行这些理念吧。

总结

在本章中，我们通过案例探讨了如何吸引女性进入造物的广阔天地，以及在她们日后的技术职业生涯会因此遇到一些怎样的阻碍。同时我们整理了很多关于女性在技术领域的研究资源。我们努力用一些具体的实践案例来展开我们的讨论。这些案例凝聚了很多组织和个人对如何吸引女性开展造物活动的心血。

第11章 社区大学中的"造"与"创"

两年制的社区大学通常被认为比四年制大学更关注职业教育。从历史上看，相当一部分动手实践的技术培训都是在社区一级的大学里开展的。无论社区大学历史是否悠久，它都主要面向以就业为导向的学生群体。学生们迫切想在这里学习到实用的、对就业有帮助的职业技能训练，并借此获得人生第一份工作或者通过提高找到更好的工作。社区大学看起来就像是大规模开展造物活动的天然孵化器，同时也可以当作一个项目研究展示。本章用大部分的篇幅介绍了帕萨迪纳城市学院的"设计技术之旅"课程这个典型的案例。

我们花如此大的篇幅介绍这个项目，是因为它展现了一个创客项目如何从无到有并成功创建一个良好的社区生态的全过程，对K-12学校有相当重要的参考、借鉴意义。在项目中，学生先专注于设计，然后制作实体的学习模式，产生许多意想不到的积极成效。如果学生只在纯讲授的传统课堂中学习，这些成效可能永远不会达到。如果你正在考虑向社区大学课程加入造物、设计的元素，如果你正在设计其他面向成人的课程项目，那么这个案例可以成为你很好的理论、实践参考模式。适当的讲授和动手实践有机结合，是为真实问题构建问题解决方案的有效手段。下面的介绍中，你将会看到琼在做主要叙述，而里奇在其中穿插扮演评论者的角色。这是因为琼见证了这个案例整个成长过程，而里奇在案例中对某些见闻有相当的共鸣。

"设计技术之旅"课程

帕萨迪纳城市学院（PCC，www.pasadena.edu）是一所拥有超过3万学生的大型公立社区大学。它位于加利福尼亚州帕萨迪纳市，是一所具有优秀技术培训传统的学校。这得益于它位于一个技术氛围浓厚的环境。学校距离加州理工学院非常近，而且周围聚集了帕萨迪纳大部分成熟与初创的技术企业。在此之前，学院曾经花费数年时间成功独立研发了一个关于生物科技的课程，现今又研发了下面将要叙述的"设计技术之旅"课程。

> **注意：**
>
> "当有一天，我们不再让自己给学生呆板地上课、开讲座和布置作业，而是帮助他们找到自身不足，让他们在挑战中不断成长，并超越我们，那就是我们能给他们创造的最好的教育。"
>
> ——所罗门·达维拉（Salomón Dávila），帕萨迪纳城市学院职业技术教育学院院长

动手造物（Hands-on making），在加利福尼亚州有时候会被纳入到职业技术教育（Career

128

and Technical Education，CTE）范围。根据 PCC 网站介绍，学校在职业技术教育专业里有很多不同方向的课程，而"设计技术之旅"课程则向修习的学生主要提供"2D+3D"软件设计、快速原型制造技术（如 3D 扫描、3D 打印激光切割、等离子切割等）、真空注塑成型以及机器人等课程内容，并辅以必要的数学、英语及其他课程。这个课程设计非常注重所学知识与真实设计实践之间的联结。

课程设备

课程的动手实践部分通常在 PCC 的 FabLab 实验室中。这是一个相对比较新并配备有 3D 打印机、激光切割机、计算机工作站的实验室，与原来的机加工车间毗邻。无论是在 FabLab 还是在其他向学生开放的空间，课程鼓励学生开展团队学习和协作。这样的学习方式为学生营造了一个相互帮助的学习社区，让学生能坚持学习直到完成项目。很多原来经历乏善可陈的学生，在参与学院类似的创新课程并取得两年制学位后，已经开始着手申请转到四年制的大学继续深造。院长所罗门·达维拉与设计技术之旅的课程总监黛博拉·伯德（Deborah Bird）从 2011 年开始启动该项目，亲历了课程的发展与完善。在此过程中课程一直秉承总监伯德所宣扬的课程价值取向——"技术要为人类服务"。

课程项目

设计技术之旅课程其中一个理念就是为参加课程的学生配备社会导师（community mentor）。在 2014 年夏季学期早段，一些参与课程的学生才刚刚学习完 Solidworks 三维设计软件，我就听他们说要筹划一些好项目，留着暑假继续做。

与此同时，洛杉矶联合学区的合作伙伴，专注于为视力障碍学生提供技术支持的洛·辛德勒（Lore Schindler），对 3D 打印非常感兴趣。通过这种技术，她可以为失明学生制作教具、学具，帮助他们学习那些平时不容易开展教学的科目。由于制作一个可以成功打印的 3D 打印模型需要花费很多时间，而她并没有足够的时间设计模型，由于她一直让我留意有没有人会有时间帮她设计一些模型，当我得知这些 PCC 的学生正在寻找 3D 打印项目时，我就把这个信息转告给辛德勒。

就这样，我把两个有相互需求的团队撮合到一起了。平常，我会花一些时间待在 FabLab 实验室里，指导一组 PCC 的学生为失明学生开发模型。另一位工程师 Peter Ngo 也加入了日常指导团队，给他们的项目提供细节指导。

在与辛德勒和她的同事迈克尔·切维里（Michael Cheverie）协商以后，我们决定从头设计两个物品。一个是用来帮助失明学生学习如何在校园里行走的触摸地图；另一个则是一套专门给高中学生学习化学用的分子模型。分子模型小组在此之后还设计制作了一套可以逐层剖分的人眼模型。失明学生可以通过这套可拆分的模型了解、学习他们失明的原因。下一节将详细介绍这些模型及其开发过程。并且让参与开发的学生从他们的角度，反思整个开发过程，以及他们从这个过程中所学到的东西。

"触感"模型设计案例

和科学装置相比，设计有触感的交互模型更像是在雕琢一件艺术作品。如要讲好科学和数学，应该非常注意让过程变得形象而生动。要知道如果数学和科学都只是干巴巴地写在黑板上的方程和草图，那么学习和作业都会是非常枯燥。而且如果你的学生是一些失明孩子，这种方式对他们而言几乎是一项不能完成的任务。针对失明孩子的需要，下面的一些方案尝试让一种触感地图设计变得更合理、更标准化。特别是由非营利组织 Benetech（www.benetech.org）所运营的 DIAGRAM 中心⊖ 在这方面做出很多努力。但我们清醒地认识到，这些标准还远远不成熟，仍然需要我们积极发挥自己的聪明才干。在这个过程中，学生们提到要特别致谢 PCC 的助理技术专家 Stephen Alexander Marositz，以及跨媒体专家 Mark Mintz 在他们理解这些项目的过程中所提供的帮助。

"触摸"地图

这个课程在 2014 年夏季学期所开展的其中一个小组项目：设计一个让失明孩子也能使用的 3D 打印成型的触感手持校园地图。这个项目面向位于洛杉矶联合校区一个失明学生和普通学生共同学习的初中学校。通常该校的失明学生需要在 10~11 岁时学习如何在校园里导航、行走。以前，教师依靠校园里各个角落安放的可触摸地图。但是视障学生辅助技术方向的协调人辛德勒却另辟蹊径，认为如果借助 3D 技术制作一个手持地图将会是一个更有趣的尝试。于是几个学生，Bryce Van Ross、Chi Yeung Chiu、Carlos Andrade 和 Sandra Perez 在其他学生和学校职员的帮助下，展开了这个地图项目的研究。

这个任务充满了挑战。首先，学校已有的纸质地图在某些地方不太容易让人辨识，即便是视力正常的人。因为其中一个建筑竟然有两个大堂（floor）。那么设计需要考虑的问题来了，手持地图需要细致到哪个程度的标识，是否需要使用盲文标注？如果使用盲文，应该选择哪一种表达方式？对于第一个问题，团队决定将用户最需要了解的但面积也最大的基本地图作为蓝本。而对于盲文标注，因为如果对每个建筑使用盲文标注将会影响其他地图细节的辨识，因此他们决定使用一组符号代替盲文，标识在地图上。而在地图旁边，再用盲文标注这些符号。

当学生研究团队自信地拿出第一个设计原型交付用户测试时，才发现了几个大问题。比如，符号随意定义。他们竟然把一些标准触摸地图规范中用于标识女洗手间的符号改为了用于定义校门口。但是，问题就是改进的原动力。在改进版地图上，洗手间的标识就统一改回标准的圆圈和三角形了。在第一次改动时团队花了很大力气，而在随后的迭代中他们又进一步优化了这些符号，让它们更简洁。图 11-1 中就展示了 PCC FabLab 实验室的这个研究团队和他们制作的一些地图原型作品（在他们背后的就是一台激光切割机）。而图 11-2 是地图打开时的样子，图 11-3 则是符号及其布莱叶盲文标注的近距离展示。

⊖ Benetech 官方网址为 www.benetech.org。它是一家非营利的旨在通过技术让人与自然更幸福更和谐的技术公司。DIAGRAM（Digital Image And Graphic Resources for Accessible Materials）中心是 Benetech 接受捐赠而建立的，研发让失明学生更好地"阅读"的技术方法的研究机构。——原书注

图 11-1　盲人地图原型和它的学生设计师团队

图 11-2　地图打开时

　　至此，项目已经迈出了成功的第一步，而下一步就要让地图更适合初中学生携带。因为地图看起来相当有趣，甚至会让正常的学生有点羡慕，所以应该鼓励正常的孩子和失明的孩子一起学习、使用它，增强互动。为了实现这个目标，3D 打印的地图最后在背面贴上一层薄的、带孔的三夹板，并且做成可以折叠的外形。薄木板增强地图的耐磨性，而给它挖孔则是为了在满足强度要求下尽可能轻便。图 11-4 展示了地图折叠时的样子。从图中可以看到，地图的外表面还覆盖了一层薄薄的橡胶，这可以让用户有更好的抓握感，并且避免了折叠时会夹到手指。至于成品为什么看起来如此色彩斑斓，学生们笑称这是一个幸福的意外。在最初制作时，由于不小心，在外表留下了一些不可磨灭的印记。为了遮丑才涂上的彩色。谁知道效果出人意料。每个人看着如此缤纷的地图，都不自觉地笑逐颜开，因此就这么定下来了。

图 11-3　地图上的布莱叶盲文

图 11-4　盲文地图最早的原型模型，折叠状态

　　为了设计，项目组学生经常向学院里服务残障人士的员工，以及他们身边能够找到的相关专家人士求教。而作为导师，我最经常干的就是在他们面对问题的时候鼓励他们，同时确保他

们能为问题找到完美的解决方案，即便这些问题通常没有解决方案，或者没有标准的解决方案。对我而言，看着他们在项目中一点点建立自信，看着他们为项目而争得面红耳赤，看着他们如何一步步达成共识，实在是一种美妙的经历。因为失明人士往往对地图有着和普通人不一样的需求。为了设计，项目组的学生必须感用户所感，想用户所想。为此，学生们亲自去到那所初中进行实地考察，在走遍校园的每个角落的同时，细细思考每个设计细节是否真的有效。

在项目完成时，地图依然有一些不太合理的细节等待完善。比如针对依然有一些残余视力的孩子来说，高对比度色调的地图立体元素，可能会让他们看得更清楚。比如重新再制作一本触摸地图，那么使用布莱叶盲文打字机制作的标签会比使用 3D 打印制作盲文会更便捷、触感更好，并且在建筑物功能改变时更容易更换新内容。

"触摸"分子

由化学教师迈克尔·切维里（Michael Cheverie）推荐的另一组设计，是制作能表达某些物质电子排布的分子轨道（molecular orbitals）⊖ 3D 模型组件。这个理论主题一般会在 AP 化学⊖ 中学习，所以 PCC 的学生需要自学相应的化学知识，并且了解课程中有哪些教学内容。学生 Free Tripp、David Harbottle、Naomi Galladande 和 Brent Cano 是这个项目的主要参与者，他们在设计过程中不断与其他学生和教职员交流，不断迭代改进。

这个项目所设计的模型是一组分散的，但可拼接的原子模型玩具。学生借助这套立体玩具，可以直观理解化学课本插图中的分子结构模型，并且对电子云概念有更深入的理解。整个设计的重点在于，一方面模型外观必须符合电子云的客观规律；另一方面还需要是可拆装的，以便学生能通过拼装理解原子是如何结合成为分子的。而且还有一个设计难点，就是要让失明学生也能使用、操作。

学生设计者们尝试了很多种特征鲜明的形状，以及很多种在上面做标记的方法。经过权衡，最后他们决定将原本是凸字的布莱叶盲文，以阴刻的方式放在模型上。图 11-5 是团队的三人携带模型作品，参加 2015 年 3 月在加利福尼亚州立大学北岭分校（CSUN）举行的残疾人与技术研讨会的照片。他们在大会上介绍了分子轨道模型项目以及触摸校园地图项目。图 11-6 所展示的则是在 Solidworks 建模软件中渲染的，使用这套模型拼装的乙烯分子。而图 11-7 则是氨分子和乙烯分子的实体打印、组装版本。

图 11-5　化学分子模型和它的设计师学生团队

⊖　Molecular orbitals，分子轨道，是指处理多原子系统的共价键理论模型（MO 模型）。详见百度百科"分子轨道理论"词条。—译者注

⊖　AP 指 Advanced Placement Course，美国大学预修课程。课程难度向大学看齐，完成课程可以申请大学承认学分。——译者注

图 11-6 在 Solidworks 软件中渲染的乙烯分子模型

图 11-7 3D 打印的氨分子、乙烯分子的实物模型

项目组并没有裹足不前，而是不断地进行改进和迭代，让模型能更便捷、可靠地打印成型；让模型强度更高，更耐插拔，触感更好。在项目制作过程中，他们把各个迭代版本的模型归档、打包，放在一个个罐子中做对比，并作为一个视觉档案留存，就像图 11-8 所展示的那样。随着项目不断完善，罐子越装越满，装了一个又一个。这些罐子不但记录了这个项目的设计产品是如何从青涩一步步走向成熟，也同时展示了 3D 打印技术作为交互设计工具的强大魅力。并且其中一些用 3D 打印制作的版本还是传统工具所无法完成的。

图 11-8 设计过程中曾经分析过的并保存下来的不同零件版本

"触摸"眼球

为了在毕业前为母校再添荣耀，也是应辛德勒老师的要求，一些 PCC 的课程项目学生在 2014 年夏季学期中开始了他们最后一个设计项目——眼球模型，并一直持续到秋天。设计的初衷是，失明的学生迫切想知道他们看不见东西的原因，而一般的眼球解剖模型教具非常昂贵，并且有很多结构是画上去的，仿真度并不高，教学效果也不佳。因此，项目组去 PCC 保健专业调研，并测量了他们存有眼球模型的各种尺寸。在这些调研基础上，项目组设计出了如图 11-9 所展示的眼球模型。图 11-10 展示的是模型拆分后的内部结构。

图 11-9　已经组装好的 3D 打印眼球模型

图 11-10　拆开的 3D 打印眼球模型

更多启示

参与项目的学生能从这些实践有很大收益，这是显而易见的。但那些产品的用户——主要是失明学生（tactile learners，触觉型学习者）又将如何从这些学具中获益呢？并不是所有学生都能在传统的讲授、展示型课堂中获得很好的学习效果。触觉型[⊖]或者动觉型学习者，通过制作或者实践可能会学习得更好。像我这样的视觉型学习者，如果让我用自己的方法给纯靠触觉学习的学生讲授数学，那将是一项非常困难的任务。因此，这项带领学生给失明学生设计学具的任务，迫使我和所有项目学生都要换位思考，从纯触觉角度开展设计。这些学具针对失明学生而开发，但实际上对触觉型风格的学习者学习数学和科学也同样有用。根据不同统计，这类人在人群中约占 5%~10%。有趣的是，在本书介绍的很多疯狂迷恋技术的人都不约而同地属于这类风格。触感，就这样神奇地成为这两个人群的纽带。因此，我们给好几个组织建议，让他们鼓励学生主动为失明的小伙伴设计能帮助他们学习较难知识的学具。作为设计成果，这些有趣的作品，既让发明它的学生从设计过程中学习，也让获得它的失明学生在使用中学习！

⊖　触觉型学习者属于学习分类中，按学习者信息加工偏爱的感觉器官分类的其中一项。该分类由英国里德（Reid）教授于 1987 年提出。其余分类项包括：听觉型、视觉型、个人型、小组型。——译者注

来自学生的课程反思

我们在项目结束后，和一些参与学生[一]进行了一次圆桌讨论，共同探讨他们通过这些项目的收获。根据他们的分享，我们归纳出以下一些结论：

● 项目学生感觉这种黑客风格的迭代设计过程给予他们很大的自由空间，让他们能像艺术家一样放飞思想、随心所欲。而且他们感觉从试错中收获了成长，并且从设计过程中总结出了一些能帮助日后职业生涯不断进步的实战经验。

● 一个学生说道，在常规班级中，如果你学习跟不上，你可能会请求教授给你宽限。但是，在这里，为了一个产品能准时发布，每个人都会自觉齐心协力、全力以赴。为了向团队负责，每个人都保持着旺盛的工作热情，没有人会放松对自己的要求。

● 每一次他们需要推倒重来的时候，他们会吸纳更多的用户以获得更全面的需求。

● 他们发现，先用发散思维获得很多灵感和方向，然后逐步收敛、聚焦、简化以获得具体设计方案，是一种非常美妙的经历。

● 一个学生分享道，比起以前的化学课，这次制作模型的经历让她的化学学得更好了。另一个学生也有此感并补充道，如果有一日他成为化学教授，他会花上一个月的时间，把学生分成小组，让他们自己找出一些值得关注的问题，然后带着他们亲自把自己的想法做出来。

● 还有一个同学说，和坐在教室听课相比，他更喜欢动手制作。他表示，"我觉得一个人在学习时，需要用声音帮助营造一个有效的学习环境。要不然，太安静的环境会让你觉得沉闷或者太无聊而不值得动脑筋。"另一个学生补充道，这需要区分"令人生厌的声音"和"具有启发的声音"。他们表示，"具有启发的声音"就好像故事旁白一样，能帮助他们在边想边说的过程中思考、解决问题。而接下来的问题就是，要提醒老师注意不要将学生学习时的自言自语，误以为是影响别人的噪声而加以制止。

从他们所有的分享中可以看到，在学习中，鼓励实验、容忍失败和不断尝试是促进学习的几大法宝。这也是我们前面章节，特别是第 1 章和第 5 章中提到的黑客、创客精神的内核。

里奇的观点：

目前相当一部分大学毕业生并没有为他们的职业生涯做好准备。我认为，主要原因是做中学（Learning by doing）这种学习方法在校园的缺失。在美国，大学生毕业总量和失业人数都在攀升。与此同时，琼告诉我，在她所属的航天器科学领域中，大学人才问题正在日益恶化，正面临着老一辈科研技术人员陆续退休而缺乏合格的新鲜血液补充的境况。很多人认为这种情况应归咎于我们这一代的性格，因为我们缺乏应有的专注和专业态度。但是我想说的是，更应该被问责的可能是整个教育制度。正是因为它对标准化测试的过度追求，让我们除了会考试以外，其他方面都很欠缺。所以我热切盼望像 PCC 开展的这类项目能逐步扭转这样的局面。

[一] 这些学生包括 Bryce Van Ross、Naomi Galladande、Free Tripp、Sandra Perez、Carlos Andrade、Chi Yeung Chiu 和 David Harbottle。——原书注

上面参与项目的学生目前正在努力冲刺毕业，并且寻求转学到四年制大学继续攻读技术领域学位的机会。而 PCC 对这个项目实验计划进行了系列报道，包括前面提到的参加加利福尼亚州立大学北岭分校（CSUN）举办的研讨会的情况。在那次研讨会上，与会专家惊讶于这些优秀作品的设计者竟然是来自社区大学一、二年级的在校生，而不是已经大学毕业的专业设计师！对于项目的显著成效，Dean Dávila 院长喜欢用"赋能（empowerment）"来总结。这表明了一个和真实世界联系紧密的项目可以为学生赋能，让他们的成长高度大大超出所有人的期望。

总结

本章详细描述了一个社区大学通过让学生为失明学生设计帮助他们学习数学与科学的学具的设计型学习课程的研究案例。这个案例展现了一所社区大学如何将真实的问题、创客技术设备及其运用，以及自由发明创造过程整合为一个设计型课程，并通过课程为学生赋能，促进学生自我成长。没有证据表明这种模式仅仅局限于社区大学。因此，无论是学生年龄更小的中小学，还是接地气的社区服务机构都可以尝试应用这种模式开展教学与服务。

第3部分
迈向科学家的第一步

接下来的 3 章将为大家阐述几个科学家、数学家和工程师的成长和日常工作的故事。而故事的开篇都总会和拆东西联系起来。

在第 12 章中，我们的目光聚焦在科学家苗子的一些早期征兆。这通常表现为喜欢拆东西，并且其中有些人拆了一会还能组装回去。在第 13 章中，我们的目光则聚焦在科学家看待世界的方式。到了第 14 章，我们将会讨论如果在科技领域日复一日地工作，不同的人会有怎样不同的感受和看法。

在这些章节中，你会感受到科学家的思维和创客思维是何其相像。你也会感受到，一个普通人耐心解决一个日常问题的过程会和科学研究是如此类似。

第 12 章　科学家养成记

在本书第 1 部分中，我们介绍了一些常见技术以及学习、掌握它们的方法。然后，我们介绍了造物活动开展得非常成功的不同社群，比如开源运动社区、创客空间社区、关注吸引女生学习工程的教师群体，以及将造物活动引入社区大学或成人教育并进行课程融合的传统教育者群体。但是，造物活动如何促进科学、数学以及其他科目学习的这个重要话题，我们还没有深入探讨过。

接下来 3 章，琼将结合自己的亲身经历告诉大家，她是如何成长为一个传统工程师的。接着，她会介绍几个她认识的工程师和科学家的背景和成长经历。从中我们会发现他们都不约而同有过这样一个时刻，那就是当他们亲手做成功一个作品后，就好像感受到某种召唤，然后自然而然地沿着那条道路走了下去。所以，如果你要鼓励某个人投身到技术领域，这些故事应该能启发你如何为这些学生设计属于他们的"成功一刻"——那些能让他们用一生来回味的时刻。同时，琼也用自己一些挫败的经历告诉大家，应该如何选择合适的学习路径，让学习者能在专业的路上走得更远。

第 15~17 章是全书的一个纽带。这几章通过案例研究的叙述，展现数学与科学的学习如何与造物紧密联系。

发轫

在第 9 章中，里奇从他的视角为大家展现了开源社区的过去和未来，社区的重要的地位，以及它是如何帮助自己成长为一个 3D 打印机专家。然而，造物并不是激发人们对技术领域的关注与学习兴趣的唯一途径。阅读科幻小说，甚至是他们遇到的一些技术难题，往往也能激发他们对技术的兴趣。在本节中，我们将踏着琼的回忆之路上的一个个脚印，体验她走进技术天地的历程。当然，在琼的自述过程中，里奇也会不时插入一些他的看法。

琼的第一步

遥远的童年记忆，就好像五彩而又细碎的细珠，散落在脑海里的每个角落。我们总是在父母、长辈和朋友反复描述的故事中，加上自己的联想加工，才渐渐清晰自己的往事。但是它们又是如此的含糊，甚至连自己也会怀疑它们是否真正发生过。然而我们那些终身燃烧的激情和追求的目标，就像童年的记忆，像一盏住着精灵的阿拉丁神灯，在回忆的不断触摸下，闪出神奇与光彩。

而我的技术生涯，是从修复一台 20 世纪 60 年代早期的古董电视机开始的。其实就是用电烙铁补焊了一些断线而已。那时的我估摸着七八岁的样子，一头金色的短发，小小的手里拿着一只电烙铁在修电视。而我的电工爸爸在旁边一边用手指着电视机，一边用他浓浓的布鲁克林口音对我说："看见那条断线了吗？那就是你要解决的问题。瞧，就在那里！"

正当妈妈担心我的头发会不会被电烙铁烧焦时，一滴闪着银色亮光的焊锡灵巧地落到电视机的断线上，让这条损坏的导线"满血复活"了。电视机重新放回柜子上，"吧嗒"按下开关，经我的修复电视机再次"欢快"地工作起来！在图 12-1 的老照片中，你可以看到那个曾经年轻的电工和他的小小助手，露出满满的、一起工作之后的愉悦笑容。

图 12-1　一个电工和他的小助手

里奇的观点：

　　我第一次焊接，也是一次失败的经历。也许是害怕电烙铁会烫坏电路板，所以在焊接时不敢大胆加温，也不敢送锡。因此，焊锡要么不熔，要么直接熔化滴到电路板上。直到多年以后，我才知道，其实电烙铁的热量根本不会让电路板熔化。感谢开源运动，让互联网上有了丰富的信息，质优价廉的仪器工具，以及很多很棒的教程和指南让我们可以学习和使用。只要轻轻点鼠标，任何一个新手都能快速学会这些技能。

在那个充满了火箭和躁动的 20 世纪 60 年代，似乎每个人都想有一个航天梦。来自纽约平民公寓，拥有 6A 成绩，留着一头亚麻色短发的我，当然也不例外。那时，我最爱的经典科幻电影《星际迷航》正在热映。而在电视屏幕中柯克（Krik）舰长和斯波克（Spock）中校的星际航行故事也不断出现。里奇也常常提及《星际迷航》对他的深刻影响，但他是看着《星际迷航：

下一代》（Star Trek: The Next Generation）的电视剧长大的。那时，每当我坐在六楼的家中写作业时，我常常会走神，幻想我和我的航天英雄偶像坐在有 30 层楼高的土星 V 号火箭上一同执行阿波罗 11 号任务。在那段激情燃烧的日子里，国家大力鼓励人们投身科学与工程事业。在为国奉献的过程中，你有机会解开大自然的谜团。在我 7 岁的小脑袋里，就有了当一名科学家的天真理想。那时我从来没有想过一个女生是否能够实现这样的理想，也从没有考虑过女孩子走这条路是有多么的另类和前卫。我小时候一直穿花裙子、扎辫子，和普通女孩一样打扮，就是为了不给其他人留下一个技术宅的刻板印象。这常常让那些 18 岁以后才认识的朋友大跌眼镜。那时的我还特别害怕戴眼镜。因为大家都知道，要当一个宇航员必须要有敏锐的视力。

通往科学与工程的路异常艰辛。6 年的本科与研究生的求学生涯里，每周通常学习 6 ~ 7 天，每天 12 ~ 16 小时。为什么科技之路如此艰辛，学生们还会义无反顾投身其中呢？一般的看法是，学生是受老师、导师或者偶像榜样的鼓励、影响所决定的。当然，这只是其中一种观点。在平时学习中，也许是解决一个难题、也许是独立想明白了某样东西的工作原理，或者在第一次实验中独立"发现"了没有学过但前人已经发现的规律，这些小小的不起眼的细节，往往也能把人引向科技的道路。不断攻克难题能给人带来成功感。难题越难，成功感越强。由成功所带来的动力，能让人披荆斩棘、心无旁骛。这是刻板地学习、强记一些科学知识所不能带来的。在麻省理工学院，我本科学习的地方，我就有一种"从消火栓中喝水"的感觉——一个渴望学习的人，在海量的学习内容、信息面前却表现得无所适从。

几乎任何人都可以被科学点燃。任何年龄的任何人都可以通过各种方式，找到属于自己的科学发现一刻。如果你的生活中有一个好奇的孩子，你应该如何满足他永无止境的求知欲望呢？那么请让他或她爱上科学吧。科学之路往往起步于拨开迷雾探寻事物的本真。在这条路上还会有很多意想不到的奇遇。

我那已过世的父亲在他 90 岁的时候，郑重地把陪伴了他一辈子的工具箱托付给了我。这个珍贵的箱子里，有很多漂亮的仪器。那些熟悉的旋钮和仪表盘，让我回忆起童年与父亲一起工作、学习的点点滴滴。真是往事如烟啊。这些老仪器虽然比不上现代仪器精确，但它们依然工作良好。而且，每当我看着它们的时候，脑海中就会浮现出父亲的音容笑貌，耳边也仿佛响起父亲当时的那句话："你看，这就是要解决的问题！就在那！"同时，它们也不断提醒着我，科学是要从实践、从尝试中来！

提示：

喜欢拆东西，往往是体现一个人科学潜质的小征兆。探寻那些没有明确结果的事物，往往需要冒着南辕北辙的风险。面对着拆得七零八落的家用电器，最好的"惩罚"便是让他自己一一装回去。冒险会带来和运动一样的快感，科学探究也一样。即使研究物理和练习双杠风马牛不相及，但是它们带来的快感是一致的。科学家们挑战一个个智力难题，绞尽脑汁破解其中的秘密，最后将问题一一解决。这不也就像是一场精彩的冒险吗？在下一节中，一些科学家和工程师将和我们分享他们的经历，特别是他们在科技路上难忘的第一次冒险。

在经验中成长

"在我五岁的时候",马丁爵士说道,"我和姐姐常常在花园里用两个烤豆罐头和一段绳子做成土电话玩,常常玩得不亦乐乎。"马丁·斯维廷(Martin Sweeting)爵士是英国萨里卫星技术有限公司的首席执行官。这个公司位于英国吉尔福德郡,主要从事研发防灾减灾航空航天设备业务。图 12-2 就是这位 CEO 的照片。对于前面提到的两个罐头和一段绳子的故事,他继续补充道,"这几样简单的东西竟然可以让我们俩远距离说悄悄话,这令我着迷。等到我到了 10 岁的时候,我们有了新的玩具——耳机。从那时候起我们就改玩无线电了。"在那个还没有互联网和廉价长途电话的时代,他最喜欢干的事情就是守在无线电台旁

图 12-2　萨里卫星技术有限公司 CEO 马丁爵士

边,和全世界的 HAM 友(无线电发烧友)们侃大山。斯维廷在十六七岁的时候,正值美国的阿波罗时代⊖。大西洋彼岸的登月计划大大激发了这个少年的雄心壮志,从大学一直到获得博士学位,最后成为一个航天技术公司 CEO。

斯维廷教授认为,他最初的科学与工程知识主要来源于英国二战后军事剩余物资,比如无线电零件等。这些东西在当时社会上大量流通,非常易得。对于今天的孩子,他不无担心:"很多孩子已经失去了分辨真正安全与危险的能力了。被电烙铁烫过一次以后,他们可能就再也不碰了。对他们如此面面俱到的保护,潜藏了真正的危机。这是今天的小孩所要面对的,那就是他们将慢慢变得肤浅。"他认为,人类总是从错误中学习,而科学教育必须让学生能体验科学发展的曲折过程,"只有试剂、装置是远远不够的。最关键的是让那些有真正激情、有灵感的老师不断鼓励学生挑战极限、超越自我。"

斯维廷给我讲述了一个物理老师是如何激励他任教小学的学生的故事。故事的主角名叫 Geoff Perry,是北英格兰一所小学的物理老师。他对人造卫星很感兴趣,特别是计算苏联卫星的轨道。他带着他的学生们观察飞过他们头顶的苏联卫星,并且学习应该在什么时候捕获卫星发出的信号之类的知识。他们所依靠的仅仅是一支铅笔、一张白纸和一把计算尺。

关于如何激发孩子对科学的兴趣,斯维廷认为:"你必须在他们还很小,大概 5 ~ 10 岁左右的时候,就开始引导。这时的他们对世界充满了好奇,无忧无虑。吸引他们的最好方式就是让他们在实践中感受到快乐。无论他们是从哪个领域切入,最重要的就是让他们不断地实践。但不要让他们太过一帆风顺,时不时要给他们设计一些小难题,让他们跳一跳才能够得着。有一点值得探讨的是,如果把这些内容全部搬到计算机上,是不是也能让学生获得相同、甚至更

⊖　所谓阿波罗时代,就是美国密集发射火箭,开展外太空与月球探索任务的时期。这个系列任务以希腊神话中太阳神的名字"阿波罗"命名。——译者注

好的获得感。"他担心今天的封装得特别好的数码科技产品，孩子们很难窥见个中奥妙，不比当年他拆装那些剩余无线电设备那样简单直接。斯维廷补充道，"现在所有东西都做得像机器人一样。孩子们玩它们就好像玩电子游戏一样。我认为让孩子们真正动手拆装一些实体的东西是非常重要的。而我们的孩子这方面的兴趣和能力正在快速退化。"

很多人都是通过组装一些看上去稀松平常的装置，踏入工程的广阔天地，斯维廷只是其中的一员。克里斯·基茨（Chris Kitts），加利福尼亚州硅谷中的圣塔克拉拉大学机器人系统实验室的负责人，说道："在我读六年级的时候，印象非常深刻的一件事就是我父亲退休了，全家移居到宾夕法尼亚州中部的一个大农场。当我到十六七岁时，我们给农场造了一个谷仓，并且用得很好。整个建造过程给我很大的震撼，至今依然历历在目。当时，我还给谷仓每天拍照片，记录了它每天一点点的变化。"当时周围邻居的高年级毕业生有差不多 45% 都去参了军。虽然克里斯也不例外服了兵役，但是退役后他去了普林斯顿大学。在那里，受到少年时期建造谷仓经历的鼓舞，他和小伙伴一同设计建造了一架超轻型飞机。由于校方当时非常担心他们会在试飞中丧命，所以监督着他们把飞机拆了。

到了今天，基茨运营着一个大学机器人实验室。在实验室里，他带领着一帮大学生和研究生一起建造机器人——从打探太浩湖底的水下机器人到跟随飞船探索太空的机器，上天入海，一应俱全。对于那些真正热爱建造机器人的学生应该具备哪些能力，他认为："很重要的第一步就是通过动手获得经验，验证他们的想法、假设是否可行。这能让他们原来的想法更接地气。然后，就是应用工程思维和分析方法对项目进行分析、设计。事实上，光有小修小改的实践是远远不够的。如果在动手中融入严谨的工程分析、设计，那将会给项目插上飞翔的翅膀。"

有一个问题常常困扰我（指作者琼），如果我是成长在 Arduino 出现之前的 IT 时代，而不是电子管时代，我是否还能深入学习到事物的连接方式和工作原理。现在当我在脑子里或者纸上分析问题的时候，我发现自己依然在用属于我的年代的思维方式和路径。斯维廷先生的担心不无道理：要把心中所思所想实实在在地做出来，最好的学习方式就是不断地拆、不断地装，看看你是否能做得比原来更好。

里奇的观点：

对于学习一些已经过时的技术和知识，我会给它的效果打上大大的问号。毫无疑问，和使用集成电路相比，在你使用真空管的时候，会学习到更多的知识。但是，那是否意味着我们在使用真空管之前还要学习如何吹制真空管的玻璃壳，以及如何从黄铜矿里面冶炼纯铜来制作所需的铜电极呢？在某些情况下，我们可以把某些部件看成一个黑箱，只需按照说明书所描述的功能去应用，而不必过于深究其中的原理。如果你正在编写智能手机的应用程序，那么学习二进制应该能派上用场，但是关于处理器中的晶体管是如何通过掺杂而制成的原理，那就不一定是必需的知识了。因为对于程序员而言，芯片就应该被看成是一个黑箱。深入一两个这样的黑箱内部，搞清它的底层原理，固然是一件相当有趣的事情。但是，将各个黑箱功能进行应用层面的整合，就可以创造出面向应用的高级功能。

关于公式

回想当初，我（指作者琼）常常坐在电子技师爸爸的大腿上听他讲解各种装置的奥妙。这就不难理解为什么我在脑海深处，满满的都是和工程、动手有关的童年回忆。和电子技师只需要了解如何把东西修好相比，工程师和科学家更需要搞清楚事物运作的各种原理和细节。一般来说，反映事物运作本质的原理、规律都以方程的形式出现，并通过数学形式的高度概括。这些方程可能是从其他方程的推导、演绎、分析而来，也可能是基于观察、归纳、总结而来。通常，我们可以通过方程预测未知世界的一些行为。

一个抽象的方程，有时候也能给我们最初的科学体验，就像用电烙铁焊接一样简单。曾几何时，在新泽西州有一个五六岁的叫乔治·马瑟（George Musser）的男孩，他央求当化学工程师的父亲告诉他一条方程。喜出望外的父亲送给他儿子一份礼物——由罗伯特·玻意耳（Robert Boyle）发现于 300 年前的理想气态方程。这条方程大概描述了当气体的温度上升的时候，气体的压强也会增强。这两个物理量是最早能定量计算的物理量之一，并且通过计算可以彻底解释为什么气体的压强会随着温度的变化而变化。

当年的好奇懵懂小男孩，今天已经成为《科学美国人》的特约编辑，并且出版了两部科普著作 *The Complete Idiots' Guide to String Theory*（完全傻瓜指南之弦理论）和 *Spooky Action at a Distance*（幽灵般的超距作用）。马瑟深情地回忆道，"这是属于我的第一条方程。每一次我想起它的时候，我都能够感受到小时候的那种激动和喜悦。"这条方程只是马瑟科学道路的发轫。8 岁的他踏上了人生的第一次天文观察之旅，用天文望远镜观测科胡特克彗星。这次观测坚定了他对观察与测量的热爱，并且受到了他小学老师的赞扬。（与此同时，里奇也提到他和彗星的缘分——他在小学三年级时第一次上网冲浪就是为了了解苏梅克-列维 9 号彗星。）

马瑟深情地回忆起他的科学启蒙老师埃杰顿（Edgerton）先生和他当年带领着他们做的第一个科学装置：一个用电压计改装成的简易计算器。"当我们这群四年级的小屁孩看到我们亲手做的这个简单机器发挥作用后，我当时就感觉自己成了一个真正的科学家。对科学与阅读的热爱，都源自于小时候的一段段科学经历。"马瑟回忆道。但马瑟认为，成为一个科学家的过程，应该是一个筛谷子，而不是选豆子的过程。孩子与生俱来对科学有广泛的兴趣。但是不幸的是，成年人有意无意间就会扼杀了孩子们的其中一些兴趣点。比如马瑟回忆起他的求学经历里，就有一个女老师试图灌输给她的学生要热爱艺术。马瑟觉得，如果当初的一些兴趣能够被很好地保护下来，他现在可能会兴趣更加广泛。

和科技擦出火花

就像我从电子焊接开始走进技术的殿堂，许多科学家在孩童的时候都喜欢和一些看起来有点危险的科学实验亲密接触。这让他们的家长非常提心吊胆。任教于帕萨迪纳城市学院自然科学系的微生物学家巴里·切丝（Barry Chess）教授，向我回忆起他童年时的一件趣事。当时只有 5 岁的他发现从手里的金属勺子可以看到自己，于是就拼命对着勺子摇头晃脑，手舞足蹈！接着他想，除了可以看到自己以外，如果将这个勺子插到电源插座里面会发生什么呢？他真的把这个想法付诸实践了。结果，这个"科学实验"让他在加利福尼亚州的家突然陷入一片漆黑。现在回忆起这桩趣事的时候，切丝教授还是笑得合不拢嘴。当时他就对这突如其来的停电相当着迷。没过多久，他就被送到一个为幼儿园小朋友而开设的科技班里了。

这些科学小天才们的异想天开，会让他们的父母非常闹心，感觉就和体操运动员的父母不敢看他们的孩子做高难度体操动作一样。无论是发展孩子的科学天赋还是运动天赋，父母们都需要给孩子物色好的导师，让孩子在学习的同时也能学会如何避免受伤。切丝教授回忆起他小时候非常爱把东西拆开来研究，而且他现在也是这样鼓励和要求他的学生们的。他对自己在社区大学的工作是这样定义的：不单单传授给他们科学知识，而且还尽力教会他们如何思考。

作为一个培养学生成为医学技师、牙科助手或者放射科医生的老师，切丝教授在他的实验课上努力让学生明白仔细观察的重要性。"需要测量的对象，是人工控制下实验系统的现象所出现的差异。比如说，你有什么方法可以判断患者有没有得病？"切丝教授在课堂上一边分析，一边引导学生为这个问题找到可人为测量的途径或参量。他希望学生们可以基于体温测量或者其他定量的途径进行判断，而不是基于一些含糊不清的感觉和经验。他分析道，有很多人并不能有效发现事物之间的因果联系。有些人则更糟糕，根本不清楚寻找因果关系的原因是什么。

切丝教授敏锐地意识到，在这个问题上导师处于极其重要的地位。他曾经师从一名著名的生物学家攻读博士学位。在学习期间，有一次他休假回了一趟远方的家，竟然在某天的报纸里他意外地读到导师自杀身故的噩耗。因为除了他导师以外，学校找不到第二个能指导切丝继续他原来的研究方向，所以他被迫中断了他的博士学位学习。科学就是这样，科学共同体中的每一个人都为科学贡献着自己独特的内容和价值。现在，在痛并快乐着的教学中，戴着眼镜并温文尔雅的切丝教授（见图 12-3），与书为伴，努力地点燃课上的每一个学生的科学热情，引起他们的思考。

图 12-3　巴里·切丝教授在实验室

牛仔、太空飞船和贝克街

并非每一个科学家都是被一些搞砸的科学实验引导走上科学之路的，也不是每一个人能在修理电视机或者推导方程的过程中，立下攀登科学高峰的宏愿。更多的人是在书本上感受到科学的魅力，从而走上科学的道路。我曾经为了完成图书馆的月球阅读计划，而泡在纽约市立图书馆一整个暑假，阅读能找到的所有关于月球的书籍。每读完一本书，我就可以在阅读计划的月球图上用一个属于自己的标记标示。为了在"月亮"上占有更多地盘，我一本接一本玩命地

㊀　贝克街是福尔摩斯的住处。——译者注

读着，争取每一个属于自己的标记。

比我以图书馆为家，夜以继日地读书赚月球标记更早，当时读二年级的查理·莫布斯（Charlie Mobbs）在得克萨斯州圣安东尼奥的流动图书馆里，也坚持着他每周一次的探索之旅。流动图书馆会在服务区域内的学校之间巡游，特别为一些缺乏图书资源甚至没有图书馆的学校提供服务。莫布斯会掰着手指头计算流动图书馆来的日子，眼睛盯着那些他喜欢的西部牛仔和狗狗的书。然而不是每一个人都能心想事成。发现心爱的书已被借走，他的目光就在书架上漫无目的地游弋。突然间，一本画册的名字跳进他的眼睛——*Sun, Moon, and Stars*（太阳、月亮与恒星）！

现在已经成为曼哈顿的西奈山医学院的一名神经科学与老年病学专家的查理·莫布斯，在对我回忆时说道，"当时这本画册一下子就抓住了我的心。我爱死它了。同时，我也记住了画册所在书架的名称——科幻小说。"

像莫布斯那样从书本中找到自己科学梦想的人还有千千万万。图 12-4 中的绅士，英国南极调查局[⊖]前主管克里斯·拉普利（Chris Rapley）的职业生涯中大部分时间都在科学前沿攻坚克难，努力保持英国基础研究在世界前沿中占有一席之地。在 2005 年前后，拉普利领导着一个大约有 420 人的庞大研究团队。他们拥有两条科考船：欧内斯特·沙克尔顿（RSS Ernest Shackleton）号和詹姆斯·克拉克·罗斯（James Clark Ross）号，并以南极科考站"哈雷五号"[⊖]为基地开展长期研究。因此，拉普利对英国科学研究历史与传统了如指掌。

图 12-4　克里斯·拉普利（由 Linda Capper 供图）

然而，拉普利被吸引走上科学之路，和之前提及的科学家不同，极具英国传统特色。他笑着说道："大家可能不相信，我的科学之门是由《福尔摩斯探案集》打开的。那本书是我 11 岁时，我的英国文学老师推荐的。"他觉得福尔摩斯是一个不偏不倚的独立思考者，教会了他要通过仔细收集证据、通过一系列线索，推断还原事情的真相。当然，最激动人心的，就是看到福尔摩斯找出真相的那一刻。拉普利在心怀感激地回忆这段经历以后，说道："当我后来走上科学的道路以后，发现科学其实就如同探案，每天都会遇到意想不到的情况。只要有足够聪明的脑袋，无论是否用到数学和建模工具，都无碍你找到事情的真相。"

　　⊖　英国南极调查局（British Antarctic Survey, BAS），成立于 1962 年，是英国自然环境研究委员会下属机构。——译者注

　　⊖　科考站以发现哈雷卫星的天文学家名字命名。由于南极冰架消融的原因，科考站不得不往南极内陆迁移。——原书注

当被问及福尔摩斯是不是唯一点燃他思想的人时，拉普利说道，他非常感恩遇到了一群好老师。他认为，只要科学的热情被点燃，选择哪个方向发展其实具有相当的偶然性。他说："就拿我来说，我就是受到了一位非常好的老师的影响，才走上了物理研究道路的。"如今，极地科学研究表明两极的冰川有着大面积消融的迹象。这让从事南极研究的拉普利和他的工作广受关注。面对这项复杂的、跨学科的、饱受争议的工作，他是如何应对的呢？拉普利的回答是，一切尽在贝克街 221B 号⊖ 之中。他说："和存在你脑海中的浪漫想象不一样，现实世界的探索就像探案一样，在不断找寻事实背后的真相。"

在后来成为南极调查局负责人之后，拉普利这种务实中肯的态度，让他在应对饱受争议的气候变化议题时发挥了重大作用。当前，辩论聚焦于人类行为在多大程度上影响了地球气候。而由科学家研发的大尺度气候变化模型已经可以通过计算机模拟的方式，预测天气和气候的变化。并且科学家通过模拟结果与实际观测数据进行比对、匹配，从而验证模型的正确性。从实际观测数据表明，极地冰架的变化速度明显高于温度的变化。从某种程度来说，极地研究者和他们的研究为我们拉响了早期预警警报。

拉普利认为，建立在事实之上的科学最大的作用就是能让科学家基于事实做出预测。在这方面，数学科学就显现出强大的威力。现代计算机的运算能力已经允许我们可以基于数学模型建造一个完全虚拟的演化着的世界，只要我们给这个世界输入一些初始的数值就可以了。然而事情并不总是十全十美。即便这些模型在当时获得科学界的广泛认同，但它们其实都暗含着某些简化的假设。因此，计算结果往往会在这些假设面前变得千疮百孔、脆弱不堪。

接着，他补充道："某种意义上，通过数值模型计算得到的错误样本，往往成为我们的"阿喀琉斯之踵"，让对手常常在反驳我们的预测时紧抓不放。"但讽刺的是，正因为受到认知边界的限制，人们才加入这些简化的假设，让我们得以聚焦问题的关键、核心部分，从而更好地了解系统的运作。虽然计算数据备受诘难，但是在南极所发生的一切都是那么的显而易见。像拉普利这样的科学家如何去收集能证明气候变化的证据呢？目前最好的答案就是从极地逐年堆积的冰雪层里获取数据和证据。在那种酷寒之地，整年风雪不断。千百万年的冰雪逐层堆积，从而形成了数千米厚的冰。在这些冰里，各个时期的空气都被封存在冰层的气泡中。这就像是一本无字天书，为我们详细记录了全球各个时期的气候状况信息。因此，如果我们想办法把这些冰雪层提取出来，就可以看到岁月在南极留下的层层痕迹。

于是，钻取冰芯的技术就被广泛用于南极研究中。这种技术是指使用机器从冰层里钻取一条细长的，被称为"冰芯"的冰柱。通过仔细记录冰芯取样的位置和深度，科学家们可以从冰芯中分析出大量的千百万年来关于地球气候变化的数据。通过分析那些被封存在气泡里的古老大气，科学家还可以得到地球大气组分与比例的古今连续变化情况。

通常，拉普利会向其他研究人员展示形形色色的冰芯数据，希望他们能形成自己的结论。他说，"在我们开始向他们展示冰芯证据之后的半小时，一般就会有人打断我们，问道：'伙计

⊖ 贝克街 221B 号是福尔摩斯在探案小说中的住处。通常被作为福尔摩斯的代名词，如同使用唐宁街 10 号代表英国首相一样。——译者注

们，你们真的相信这个有用吗？'"拉普利发现听众的发言很令人沮丧，即便他本人对证据是深信不疑的。因为要理解这些证据需要学习相当多基本背景知识和概念，如果大家可以基于一个公认的概念体系开展后续研究，也许能节省很多学习背景知识的时间。但知易而行难，拉普利认为，如何号召公众行动起来才是一件有意义但非常困难的大事。为此他陷入了深深的叹息之中："本年度科考结束时获得的信息是，气候变化正在发生，而且潜在的危害性越来越明显。气候变化就在我们身边！我们应该如何应对？这才是困难的地方。而现在，我们最缺乏的，就是全球协调的集体行动纲领。就好像全世界的人一直都知道吸烟危害健康，但他们却一直放不下手中的烟和打火机。"

他继续解释道，把手指伸到火中你马上会感到疼痛，但是吸烟的危害却一直被包装在一个个美丽的谎言之下，而且烟草最早是带着愉悦人们心情的面具登上舞台的。因此拉普利认为，让公众真正看到科学的作用和力量非常重要。科学家应该通过各种方式，努力让公众了解科学。总而言之，坚定地与科学为伍，科学地与人交流，你会感受到科学的力量。因为科学会把你带到真相面前。

寻找种子科学家

茫茫人海，科学家的种子会埋藏在何处？很多时候那些能披荆斩棘、吃苦耐劳的人就会慢慢萌芽破土，就像吉尔·穆尔（Gil Moore）那样。吉尔·穆尔生于 1928 年，正赶上美国大萧条时期。每当他被问到为什么会走上科学的道路时，他都会回答说，他是为了在大萧条时期之后的动荡日子中活下来。是的，他做到了，而且还在 1945 年受雇于新墨西哥州立大学，正巧赶上美国将在二战中缴获的德国 V2 火箭运到附近的白沙导弹靶场进行分析与测试。穆尔回忆道，"当时他心中的那团科技热火正是被奥根山上那一条条火箭尾迹所点燃的。" 1946 年阅兵时，军方展示了一枚 V2 导弹，穆尔还和它合影留念。紧接着就在 1947 年，他获得了一个在白沙靶场干苦力活的机会，而且薪水相当诱人——时薪整整 65 美分，差不多比化学实验室 35 美分多一倍！

就这样，穆尔来到新的单位，在里面工作并经历了整个太空计划。当他在 1987 年第一次想要申请退休的时候，他的妻子问他，"退休以后，你最想干的事情是什么？"他想了想，最后决定要走遍全国，为各个地方的孩子们进行科普，激发他们对科学的热爱。雷厉风行的穆尔真的就把火箭模型带进了他的流动课堂。他上课的第一件事就是点燃火箭模型给孩子们看。接着他向学生宣布，如果他们上课认真，他在下课的时候，会再点燃一次。这招果然奏效，整个课堂里没有一个孩子走神。在他手里，有一个长长的物理老师的电话通讯录。他挨个询问能否在他们的课堂里开展科普活动。大家都很欢迎这个热心的老前辈给学生们上课。而穆尔每天通常都会给 6 个班级的学生上课。图 12-5 就是这位精神矍铄的穆尔。

穆尔说道，"有一次我去爱达荷瀑布附近的几个学校上课，其中一个是三年级的班、一个初中班，还有一个高中班。这 3 个学校的学生家庭背景和社会阶层差别不大。当我给三年级小学生上课的时候，只是告诉他们只要举手示意，就可以发言或者提问。"好家伙，一个比一个棒的问题如火山喷发一样。喷涌而至，让人应接不暇。孩子们的思想让穆尔惊呆了。而当他去给初中生上课的时候，学生更活跃，提出了更多比小学生更有深度问题。但是，去给高中生上课时，情况相当令人失望，第一排座位上竟然有 3 个学生在睡觉，而且没有一个人提问！针对这种情况，他决定在初中的关键年实施一个扩展学生想象力的项目计划。

图 12-5　吉尔·穆尔（Rex Ridenoure 摄影并供图）

为了体现穆尔"动手动脑学科学（hands-on, brains-on science）"的课程理念，他给学生设计了一个模拟任务：为一个名为"星光号"的空间飞行器设计部件。这个飞行器能让学生随时检测地球大气向外太空扩散的深度。大气的扩散与收缩取决于多重因素。如果地球的大气层厚度发生变化，会造成绕地球飞行的空间飞行器轨道运行时间产生差异。当学生们持续收集"星光号"几个月的轨道飞行数据以后，他们就能得到大气层厚度变化的概况。为了能让地面更容易发现飞行器，"星光号"外将贴满小镜子，就像是一个科技版的迪斯科球。而学生们需要用派发的工具，将这些镜子打磨抛光得锃亮。最初，穆尔把自己的家贡献出来，成为工具套装生产车间。他的妻子菲莉斯（Phyllis）则协助他制作、包装绝大部分的套装，没日没夜地工作了整整 4 个月，而且每隔一段时间就会艰难地拖着一大袋东西去邮局邮寄。他们个人的努力得到了大家的肯定与帮助，先是亚拉巴马州的杰克逊州立大学加入，然后是更多的学校和机构、组织加入项目。这让"星光号"变成了一个全志愿服务的公益项目。

"我们获得很多来自教育一线教师的珍贵反馈。"穆尔教授说。老师们都纷纷表示，从来没有见过孩子们对数学和科学如此感兴趣和投入。这个项目是头一个。"星光号"项目将 3 个未经打磨抛光的镜子打包为一组，分发到合作学校的一个班。约每 10 个学生负责一块镜子的加工，并且比赛谁加工得最好。手工打磨镜子需要花费好几个小时，某个学生累了，就会传给组内其他同学继续干。通过穆尔教授生动介绍这个单调乏味的打磨程序，我们仿佛可以听到学生们最后看到自己的作品光可鉴人时的欢呼雀跃。学生们会把他们磨得最好的两件作品交给穆尔教授，并且将剩下的一块珍藏在学校里。而众多合作学校作品中的精品，经过专业机构的免费检测与准备后，将会由专业机构最后安装到飞行器上，遨游太空。

截至 2007 年，有 3 个"星光号"曾经遨游太空。第一个发射于 1999 年，第二个发射于 2001 年。它们均出色收集了地球大气层的信息，完成任务后坠入大气层并烧毁。但由于缺少赞助支持，星光 3 号直到 2003 年 1 月 21 号才得以再次出发，探索太空。而星光 4 号、星光 5 号则被封存在仓库里多年，至今从未执行过任务。穆尔教授认为，学习科学的热情降温了，想要再点燃就不那么容易了。哪怕一点点的延迟，也会让他们感到沮丧失望。所以有接近 60 年航天从业经验的穆尔教授，将他最大的热情投入到他的"动手动脑学科学计划"。他的目标是让他的年轻学生们能指着他们的作品，自豪地跟大家分享说："看，那个酷酷的东西是我做！"他十分强调，作为教师，应该让学生深度参与科学，而不仅仅旁观前人的科学精华。如果旁观科学的情况得不到改善，也许就在 20 年后，科学之花就会慢慢枯萎。

科学与科学家的大众印象

如果我对你说，"他是一个典型的科学家"。你也许会心一笑，脑海中浮现出那个典型科学家形象的画面。这种"典型科学家"的形象是如何形成的？或者说，这种印象真的那么典型吗？无论我们对此认同与否，电视电影等大众媒体都在不断强化这种刻板印象。就像当年我读书的时候，如果有人提到 173cm 的金发女孩时，大家都会不约而同地想到我。因为在航天工程专业里，我就是少数几个符合条件的人之一。被大家认定为这种"非典型工程师"最大的困扰是，当大家都认识你，跟你打招呼的时候，你只能通过偷瞄别人的胸牌才能傻傻地回应。还有，以前的我总爱穿亮色的外套，这也让我多一个标签叫"穿黄衣服的小女生"。但不久我发现这个标签在会议时很有用，能让我在茫茫人海中脱颖而出，一下就能被认出来。

行文至今，书中介绍的都是科学家与工程师。而我（指作者琼），则显得有点跨界。在某些人眼里我是一个应用科学家，而有些人则把我看成研发工程师。除了我这种特例之外，科学家通常指发现新知识的人，而工程师则指那些将新知识应用到现实世界解决问题的人。这样的分类和本书主旨非常吻合，我们将在第 15 章中详细讨论科学家与工程师的区别。如果说我不太符合"典型火箭工程师"的刻板印象的话，那么哪些人会符合呢？抹去科学家与工程师的区别，并且把数理工程纳入一个统一的职业形象，一般大众对这类典型科技工作者的印象就是，戴着厚厚带绳黑框眼镜的不修边幅的理工男女。

有一次，我为了给一部分析克隆技术潜在危害的学生纪录片寻找科学顾问，联系了一位研究植物基因的教授来帮忙。植物的克隆技术（无性繁殖）已经应用了几个世纪，而且一直没有太多争议。但是最近好像只要一提到克隆，大家就会将它和弗兰肯斯坦博士[一]联系起来，强调这会给世界带来很多的威胁，但却忽略了克隆技术的最新进展正在某些方面造福人类。不管怎样，教授还是找了几个他的研究生，花了周五一整天的时间给电影系的研究生们详细介绍他们的实验室和克隆技术。带着对克隆技术这把双刃剑共同的担忧，生物系与电影系的研究生探讨了整个下午。在经历了高端科普后，"导演"们失望了。原来，克隆技术的"危害"只是深深印在他们脑海里的误解，实际上这种技术相当普通而且无害。所以电影系的学生搁置了拍摄计划，重新寻找新的题材。这是一个好的故事结局吗？从一方面来看，是——因为这避免了在被污名化的科学家画像上再泼上一盆脏水。但从另一方面看，这是最好的结局吗？并不是——因为"导演们"放弃了一次为大众高端科普，传播正能量的机会。

作为一名工程师，我喜欢阅读科幻小说。因为我可以在娱乐休闲中学到一点东西。而且，

[一]　弗兰肯斯坦博士是科幻小说《弗兰肯斯坦》的主角。书中，他用人体拼接的方法创造了一个怪物。此处他的形象暗喻技术黑暗的一面。——译者注

我常常会一边阅读一边上网搜索，看看作者在书中的观点和描述是否科学、全面。虽然科幻小说里的各种虚构的技术方案，对我解决一个类似的现实生活中的工程问题没有直接帮助，但是和书中人物一起历险，在一个虚拟的科学世界里"解决"各种问题，也能很好锻炼科学、技术思维。正如我们之前提到过的，科学在好些地方和体育有相似之处。它有着自己独特的内在规律，需要亲自参与其中，不断尝试，才能真正收获理解与体验。对我而言，在科幻小说中与主角同行，就好像走上街头体验街头篮球智慧一样。这让我这个科技工作者感叹高手总是在民间，并推动我不断进步。

有时候，公众会认为当前有些科技研究作用很模糊，特别是那些通常只在科幻电影、小说中存在的科学技术。举个例子，当我在 NASA 下属的专门研究星际探索的喷气推进实验室（JPL）工作时，我常常给公众进行科普演讲。听众们会经常问我，在电视剧里他们就能经常看到企业号和它的船员们可以瞬间转移到宇宙的任何一个地方，那为什么 NASA 要花那么巨大的代价去发射一个探测器探测其他星球。面对这样的问题，我一直以来都想不出既不挫伤提问者的积极性但又合乎科学的解释。于是我只好反问他们，如果这样的科技的确存在，那么为什么我们不能从洛杉矶瞬间转移到丹佛呢。但公众面对这样的问题往往第一时间会想到，是"政府"将相关技术保密了。也许这种印象是受科幻小说潜移默化影响而来的。因为政府掌握并保密了尖端技术并导致了一系列事件，常常是一条科幻小说很好的悲剧线索。但这种先入为主的误解往往容易让科学家们的科普努力付之一炬。

当科学事实遇见科幻小说

唐娜·雪莉（Donna Shirley）是一位有资格向大众讲述科学事实和科幻小说之间相互反哺的资深人士。她在 JPL 工作多年。在退休之前，她都一直领导火星探索项目，并和它进行着一场动人的"约会"。再后来，她成为西雅图科幻小说博物馆和名人堂的创始董事。有一次，我向她请教："在现在的科幻小说中，未来通常是怎样的？能否在某种程度上预示着科学发展的未来？"

雪莉认为，公众对硬科幻[⊖]（hard science fiction）的热情正在下降，对玄幻（fantasy）的热情正在上升。她解释道，"在她孩童年代，逃离地球还只是一个科学幻想。但问题是，航空器在今天已经成为现实，这让以宇宙为背景的科幻小说像装上了幻想的引擎一样，越飞越远，越来越玄，事实上又重新回到剑与魔法的时代了。"时至今日，科幻小说依然在激发着人们对科学的想象与热情，但是真正的科学却没有如此靓丽的包装去吸引人们前赴后继去探索科学未知的疆域。

而另一方面，科学飞速的发展也不断考验着科幻作者的知识与能力。雪莉发现，随着科学在各方面的知识的深入发展，比如火星探索等，科幻作者本人可能需要有深厚的科学或者技术专业背景，或者需要作者和相关专业人士进行合作，才能写出优秀的作品。埃德加·赖斯·巴勒斯（Edgar Rice Burroughs），之所以能在 1910~1920 年写出关于火星的系列科幻作品，是因

⊖ 硬科幻是指基本符合科学原理和推演的科学小说。——译者注

为公众对火星的情况一无所知。但到了现在，如果一个作者要准备写一部和火星有关的科幻作品，那么他可能需要从目前人类对火星的基本认识开始调研，从而创作自己的作品，就像金·斯坦利·罗宾逊（Kim Stanley Robinson）写作他的火星三部曲和安迪·威尔（Andy Weir）创作《火星人》一样。图 12-6 所展示的火星表面的实际情况。而这就是科幻小说需要遵守的客观情况。但同时雪莉也发现，天马行空地创设一个有飞龙和魔法的世界，要比撰写一篇关于火星旅行的严肃科学报告简单许多。因为前者并不需要太多严谨的科学背景。

图 12-6　火星上的 Wdowiak 山（由火星车在 2014 年 9 月 17 日拍摄的一系列图片合成而来。由 NASA、加利福尼亚州 JPL 实验室、康奈尔大学、亚利桑那州立大学供图）

那么问题来了。为什么在现实中，虚构会比事实更畅销呢？一种常见的说法就是，虚构能够满足大多数读者猎奇的娱乐性阅读需求，而不需要耗费太多的脑力。如果一部科幻小说有清晰的英雄与坏蛋的人设，那么读者的眼球就会被轻易地牵引到这个环境设定中，而无须经过深入的背景调查与思考。所以，如果作者选择性地给读者呈现内容，甚至是杜撰情节，在背景缺失的情况下，读者是很难分辨的。而在科学研究领域，科学家们不断在研究工作上有所发现，并自得其乐。但很多时候，旁人却很难从科学家身上感受到这种科学发现的乐趣。如果不是亲身参与其中，你是很难体会那种将一块块散落的拼图最后拼成一幅美丽图画时的激动，除非有专家从旁为你指出其中的奥秘。所以硬科幻小说对读者的要求更高。它需要读者阅读同时，努力去掌握很多抽象的、甚至还没有科学定论的背景知识。在我身边，就常常有很多人给我分享一些他们对这个世界的"新"发现，并让我哑然失笑。这些所谓"新"的发现很可能是某本科学教科书上的某个知识点，或者是若干年前我曾经在科学期刊中就曾经阅读过研究内容。但是我从来没有打击他们的科学探索热情，毕竟他们也像科学家一样，被自己一个小小发现所感动。

从另一个角度来看，公众把真正的科学探索与科幻小说类比，会使前者受到很大影响。比如，星球大战这类科幻电影所营造的炫酷太空场景，已经深深刻在公众的脑海中了。而从好奇号火星车传回的火星表面真实画面或者太空飞船发射的情景就显得没有那么激动人心，甚至可以说稍显沉闷了。虽然理智可以告诉你科幻小说里面的东西并不是真的，但人的天性决定了人有时候会不由自主地拿真实的与幻想的事物进行比较，比如太空飞船。而另一方面，在科幻小说中虚构的遥远未来的某种邪恶技术，有时真的会让现实生活中某项重要研究遭受毁灭性的打击。想象力丰富的读者可能会担忧，早期一个不经意的技术萌芽，很有可能会通向所描绘的黑暗深渊，即便大家都知道这条所谓通向深渊的黑暗之路是虚构的。

在纯粹科学的娱乐功能的选项中，最发人深省的一项就是，科学其实是一个巨大的、充满了曲曲折折的侦探故事，世界上其他任何事物都无法与之相比。在科学的道路上，谜题是如何被揭开的，科学知识是如何不断积累并向前发展的，那些没有带上刻板面具的科学家到底会是个什么样子？在接下来两章里，你将经历对这些问题的探索与思考，并且会在文字中遇见几种不同类型的科学家。你会发现，其实科学家也是一个个鲜活的个体，并不总是那种戴着厚厚的眼镜的呆呆的人。

注意：

为什么人们对科学家的集体印象是如此的重要？如果你是一个正在寻找学习榜样的学生，那么科学家的社会印象将会对你的选择有非常重要的意义。许多技术专家很早会明确他们的任务目标和实施路径，但并不是每个人都有这样的觉悟和能力。如果每一个普通人都能尊重科学、热爱科学，那么世界上就可能会有更多为科学而献身的人，科学家的专业意见也更能被社会所吸纳。

总结

本章回顾了那些科学家或工程师在童年顿悟的一些故事。我们看到故事中有多次提及制作某些东西，或者破坏某些东西，然后学习如何将其改回原来的样子（或更好）的情形。我们还讨论了在公众心目中，科学家的形象如何被扭曲，以及其中的原因。第 13 章更多地讨论了科学家和工程师如何思考这个世界，以及如何通过里奇所认为的经典"黑客"来磨炼思维过程。

第 13 章　科学家的思维方式

　　试想一下你现在正处在这样的尴尬情景中：你的钥匙又丢了。你明明记得是带在身上的，而到现在因为找不到钥匙锁门，你已经整整耽误了 5 分钟。遇到这样的事情，首要的一件事是尝试回忆你在哪里最后一次看到它。是在门旁边吗？没有。你沿着门一直走到厨房并搜寻各个角落，但是幸运之神此刻没有眷顾你。那么是在昨天穿的衣服口袋里吗？还是没有。整个屋子里就只有你一个人，钥匙一定静静躺着屋子的某个角落里。

　　在房子里并没有找到。所以你走出了房门，沿着走向车库的路径，最终在车库里找到了钥匙。原来它被你遗忘在了车顶上！你一定是在车顶上取最后一件行李时，顺手把钥匙放在车顶上。要是你长得比较矮，那么你有可能永远都找不到这串钥匙了。直到有那么一天，一个高个子朋友在你的车顶上发现了这串钥匙，你才有可能与它重逢。

　　科技工作者其实就是这样的一类人，他们通过某种有序的方法去探寻关于这个世界的一些事实与行为规则，然后应用这些知识去解决一些具体问题或者对某些事情做出预测。在这个探索和实践过程中，科学与工程发挥着各自不同的功用。而且随着实践的发展，两者的界限越来越清晰。在刚才寻找钥匙的例子中，你的行为过程其实和科学探索的过程如出一辙。你的脑海里存储了你摆放钥匙的地点的一个列表，同时也存储了你关于这个世界的一系列知识与假设。然后你开始放慢你的思维，调动你记忆中的假设和行为——"我确定我是开了门的，所以钥匙应该是拿在手上。然后我放下手中的零食，之后再拿起绿色的外套。"接着，你决定沿着这些回忆线索查找这些地方。一无所获是自然的，因为钥匙不长腿，不可能自己跑来这些地方（因为钥匙还在车库的车顶上！）。如果你逐一检查你可能最后一次见到钥匙的所有地方，那么你就能找到它。

　　科学家把这种"观察 - 假设 - 验证"的过程，称为科学方法[⊖]。在这个过程里，你首先需要收集数据。这些数据可以全部是你直接观察的，也可以不是。但这些数据必须是原始的，未经思维加工的，如同你不经意将钥匙放在屋子里某个地方一样。然后，你要提出一个假设，而这个假设应该最能匹配你手中的所有数据。在钥匙的例子中就是"我丢失了钥匙，它很可能在门附近"。最后，你需要检验你的假设，对它不断修正、更新，直到你的假设符合客观事实为止。如果一个假设试图为这个世界的某种运行规律给出一个有理有据的说明，那么就需要认真观察世界实际的运作方式，经过检验核实后，才能让这个假设上升为理论。在钥匙的例子中，你并

　　⊖　这是经验主义科学观关于科学本质与方法的观点，其代表是培根、洛克。关于科学本质与方法的不同观点还有理性主义（笛卡尔、康德）、逻辑实证主义（维也纳学派）、证伪主义（卡尔·波普尔）、历史主义（库恩）等，有兴趣读者可以自行查阅。——译者注

没有去花园的地底下去找你的钥匙。因为如果没有什么特殊情况，你是绝不会在花园的地里挖个洞，然后把钥匙埋进去的。除非这个钥匙被一个刚刚读完一本关于藏宝的绘本的小孩子拿到了，那么他就有可能这么做。

当遇到问题需要解答时，绝大部分人们都能做出严谨和理性的分析和回答。但是，我们这种严谨的、理性的回答却不能成为一种理论。如果说科学家的理性普通人亦可有之，那么科学为什么和普通人的理性解释有着本质的区别呢？这其中一部分原因是科学家除了对问题提出自己的见解以外，还必须把自己的见解建立在广泛的资料之上，建立在对其他人已有见解的扬弃基础之上。换句话说，科学家需要了解其他学者已经证实了的一些本质规律，在此基础上才能为科学的进步添砖加瓦。如果你梦想为人民消除疾病，但却连最基本的、已有的抗生素类型及其杀菌原理都一无所知，那么研制新药又从何说起？如果你梦想飞行，却连飞行的基本物理原理和规律都一无所知，那么你可能得把航空百年来所积累的知识自己再重新发现一遍了。

科学与普通人理性解释的另一个区别就是所用的语言。在科学领域，科学家常常会针对新现象、新解释而发明新的词汇。这可以让他与其他同行们沟通起来更简单便捷。其实这种行为普通人也经常干。就好像我们这本书，其中介绍的很多事物在十年前都是不存在的。而它们的名字也是在它们出现以后我们给起的。比如，我们现在在使用网络时常常抱怨的弹窗广告和糟糕的视频速度这些概念，对于十年前的人们简直就是不知所云。

词汇的快速变化也常常让科学家备受困扰。研究领域发展迅速，各个领域都发展出一套自己的、用于描述各种事实与规律、便于记忆与交流的语言体系。比如，你要和你的小伙伴约定在推特（Twitter）上聊天，跟他说的是"那个字数不超过 140 个字的网络即时通信服务"，而不是推特这个代名词，那么我想你和你的小伙伴都会不淡定了。这就决定了科学家们需要不断更新业内专业术语，但这也造成了他们一般很难切换到普通人能明白的言语方式与之交流。想象一下，一个从 1945 年穿越到你房间的人，你是很难能用他明白的方式让他理解什么是互联网、云端服务和其他他没有接触过的新生事物。如果我们不允许使用通俗易懂的词语进行交流，这会是一件多令人沮丧的事情啊！在日常生活中，我们不需要用科学家的口吻描述我们身边的物和事，或者做出判断。例如，每天早上我们起床，很自然就走出房间而无须留意重力是不是会把我们留在地面并影响我们的行为。普通人的日常生活更多的是建立在"眼见为实"的常识基础上，而不是建立在严谨的科学推断上。在生活中我们不会去问，假如重力消失了 5 分钟会有什么情况出现，我们可以在重力消失的条件下发现什么新现象、新规律这些科学问题。即使仅仅依靠常识生活，很多时候，普通人其实也能过得相当不错。

在本章中，我们会为读者展现科学家们探索世界的一些例子。科学家的一些探索方法和技巧会对你解决前面章节所提到的一些问题产生一定的启发。本章大部分时间都由琼带着大家走近科学家，观察他们的思考方式。但其实这其中很多的过程都和创客有共同之处。接着，里奇就会为大家介绍这些共同点。

所见即所信

我们所相信的，常常只局限于我们所能看到的东西。对这种局限性，科学家只有不断通过努力，才可能稍稍扭转。读者们可以试着做以下的实验：用普通纸裁出一条长 28cm、宽 5cm 的纸条。然后用双手分别握住纸的两端，并按照图 13-1 的方式扭转黏结在一起。这样你就得到了一个看起来怪怪的圆环。它就是大名鼎鼎的莫比乌斯带[一]（Möbius strip）。一眼看上去，纸带有两个表面。但当你试着以其中一个表面上的某个点作为起点，沿着纸带这一面的中线做箭头标记，这一系列的箭头会布满整条纸带，而且都会指向同一个方向。并且，本来在同一面上的箭头，会突然从一面"穿到"另一面。这就是你创造出来的一个只有一面的纸带。你可能问，只有一面的纸带，这可能吗？纸带怎么可能只有一个面？但事实就是如此，而且这还是你自己亲手做出来的。但如果用两侧都上色的彩纸做纸带环，那么看起来就没有那么神奇了。因为颜色在接合处很自然地接上了。这是意料之中的。但假设只在纸的一边上色，情况又是怎样呢？然后再试一下沿纸带环的中心线剪开，你又会看到什么情况？什么，你觉得你看到了神迹了吗？嗯，科学家也对这个"神迹"很感兴趣，并且对它进行过深入细致的研究。

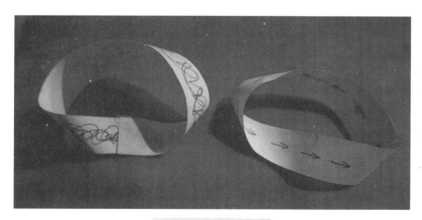

图 13-1　莫比乌斯带

如果你以前从来没有见过这种莫比乌斯带，那么这个实验过程的体验就和科学家发现了一些没有任何理论可以解释的实验数据时一样。他们应该如何扩展他们的理论，让它能解释这些新的数据？还是说他们需要建立一个新的理论？这种发现新大陆的感觉你会喜欢吗，还是你会觉得惴惴不安？

顺带一提的是，这个实验原理是在 1848 年由德国数学家奥古斯特·莫比乌斯（August Möbius）、约翰·本内迪克特·利斯廷（Johann Benedict Listing）分别独立发现的。这导致了一门新数学——拓扑学的诞生。时至今日，拓扑学仍然是理论物理重要的研究基础。

　⊖　也称为莫比乌斯环。——译者注

不同的科学研究之路

我们看到的科学家大抵可以分成 3 种：观察者、实验家和理论家。在后面你会看到，会有些科学家专门收集各种标本或者进行稀有资源保护。实际上，大多数科学家都会在这些类型中担任某种角色。正如这些名称的字面意思一样，观察家，只对世界展开观察而并不尝试去改造这个世界。实验家，则是通过改变某些事物或者环境条件，然后观察由此所产生的各种现象的人。理论家，则是在观察者和实验家所累积的观察、实验数据基础上，使用数学或者计算机探索科学解释的理论、做出理论预测的人。而他们做出的理论，常常需要预测实际生活或者实验中可能会出现的情况。

在前面所举的"找钥匙"的案例中，当你停下来思考你的钥匙可能出现的地方和原因时，你的思考方式就和理论家如出一辙。经过思考后，你指定了一系列观察和实验方案，最后找到了钥匙。科学家其实也一样。他们必须仔细观察，并且需要对每个出现的新情况、新细节有足够清醒的认识与思辨。这样，他们就不会轻易把错误误认为是新发现。当然，在遇到新情况的时候，欣喜若狂是人之常情，但是他们会很快冷静下来并开始检视这些新情况的可靠性。一旦科学家将一个之后被证明是主观错误的结论作为"新发现"向外公布，这可能会造成严重的后果。所以，科学家是会极力避免这种情况发生的。

那么，科学家是如何保证他们能少犯错误，甚至不犯错误呢？在遇到新情况时，他们首先会对观察现象进行反复确认。例如，实验当天是否发生过一些特殊的情况，实验观察结果是否会被外界条件干扰等。正如在夏天去买鞋子，炎热的天气会让你的脚稍稍发胀，那么在挑选时你就需要考虑这个会影响你选择尺码的关键因素。同样道理，科学家也需要考虑各种外部因素，逐一检查实验过程、条件，才能确定是否忽略了某些影响因素或是真有新发现。

而在生活中，你在平衡支票账目时发现资金往来记录与银行对账单有出入，那么这时候就一定有些地方出错了。这也许是你支出、收入项记录有误，也许是漏记了某些账目，又或者是原始支票票据出错所造成的。如果你要复盘找出错误所在，那么你首先一定是检查支出和收入的记录。如果确定账目记录没有问题，或者发现在改变统计方式时情况更糟糕了，那么你就要进一步核查你的原始票据和银行对账单了。所以，在排查中，你应该先核查来自银行的记录是否有误，然后再核查你自己的记录过程是否完整、正确。如果一切顺利的话，账目最终会平衡的。但是有时候也不能排除银行的账单会有错误，这就需要与银行进一步沟通了。

然而宇宙不会像银行那样每个月给科学家发"科研对账单"，告诉他们这个月哪些发现是对的，哪些是错的。在科学研究领域，取而代之的是使用被称为"同行评议"的评价机制。当科学家获得了一个自认为可靠的、有价值的成果时，他就要把成果以论文的形式写下来并投稿到专业的科学期刊。收到投稿后，期刊编辑会邀请同一领域的其他专业研究者匿名审稿，以确定成果质量。这些审稿人会像之前记账的例子一样仔细审查实验过程和结果是否合理、有效，同时也会审查作者是否有疏漏之处。如果论文的结果声称发现了一个新规律，但审稿人经过仔细斟酌后认为其中可能会存在纰漏，那么他就会给编辑反馈修改意见。这些意见常常包括重做或补充实验数据、用多种方法重新分析数据或者进行补充论证等。所以，只有审稿人（通常是 3 名），一致认为论文没有科学性错误，并且成果新颖，论文才能通过评审，顺利在期刊上发表。然而这种方法还未达到十全十美。因为人无完人，主观的评议有时可能会造成一些相对稳健的项目能被发表，而一些曲高和寡的创新成果却被埋没的情况。即便如此，同行评议可以在面上为科研群体提供一条对成果进行广泛质询、论证的渠道。通过更多智慧的眼睛对问题的真伪进行判别与论证。

注意：

这种持续的科学追问，逐步形成了一种鼓励大范围讨论，鼓励发表不同观点以及质疑权威的科学文化。如果你去任何一所大学的科学院系访问，你几乎不会看到西装革履、正襟危坐的教授。而这正是科学、民主的氛围潜移默化的结果。在实验室中，实验科学家一定会穿着实验服甚至防护衣进行实验，那些终日以黑板、计算机和纸笔为伴研究的科学家们也更偏爱穿着便装工作。更典型的是，如果你告诉一个科学家你需要做什么，那么他把大部分时间花在判断你的要求是否正确合理。一旦他得出否定的结论，他就会自动忽略你的诉求。而且科学家会常常认为其他人的思维方式会和他一样。一旦他遇到的合作伙伴有着自己的不同思维模式的时候，他们之间就常常会发生误会。也许科学家并没有我们想象的另类，当我们在找车钥匙的时候，不也在自觉地使用一些科学思维步骤和方式吗？也许这就是科学家和创客文化的一种共性。

观察

很多时候，早期的科学活动就是在观察世界的运作方式以后，通过思辨的方式，给出一套可以解释运作规律的理论的一系列活动。然而，有时候设备决定了研究的视野和深度。正如身材矮小的人并不能发现车顶上的钥匙一样，对某些研究问题，在没有发展出更先进的仪器之前科学家是很难推进的。也许要等到某一天，技术进步带来仪器的更新，或者其他领域的某项研究进展带来了解决问题的灵感，又或者某个理论假说的提出解释了一系列之前不能解释的现象等，才可能推动一项研究进一步深入。这也是科学家特别关注仪器精密程度的重要原因。就好像你的手里只有一张狗的全身照片，但你却想数一下狗身上有多少跳蚤。这明显就是一个不可能完成的任务。拿着照片你只能得出跳蚤为零的结论，但是这种结论有意义吗？

有时候，科学家需要处理时间跨度很大的实验数据。比如降水数据，有些可能记录于 17 世纪，有些可能是刚刚收集的。受不同时期的观察测量条件限制，这些数据的质量参差不齐。再比如气候变化研究，研究者需要整理更大时间跨度的气温数据，这样才能确定现在的温度是否比历史要高，高的幅度有多少，变化趋势如何。然而温度计是 400 年前才诞生的，并且早期产品的精确度远远比不上现在的温度计，这种情况又当如何解决？而天文学者所面临的问题更为严峻。他们常常要观察远得不可思议的天体，预测它们也许成百上千万年才会发生的行为规律！他们需要具备怎样的能力，才可能完成在海量数据里面获得些许新发现呀？就像天文学家斯蒂芬·恩威（Stephen Unwin）正领导的一个将被发射到太空的用于寻找地外行星系统的空间望远镜项目那样，当前新的天文发现都需要借助庞大且复杂的各种望远镜体系，才能观察到遥远星体运行规律的蛛丝马迹。

对天文学家来说，争论、规划设备建设、运营方案是经常要做的一件事情，比如决定哪些天文设备需要在地面建造，而哪些发射到太空会更好。无论是地面望远镜还是空间望远镜，因为每年能投入使用的新的专业观察设备数目极少，所以科学家们需要在仪器可能还只是蓝图的情况下，规划他们想要做的实验。这就好比家里面计划买新车，有人喜欢拉风而选择买双座跑车，而有些人只想拉货而倾向买皮卡。但是无论拥有怎样先进的望远镜系统，天文学家所能做的，只是静静地观察头顶那片天。正如恩威所说，"我只能接受天空给我传达的一切"。

天文学基本上是一门基于观察的科学。这意味着天文学家无法像实验物理学家那样，通过实验的方法验证理论的正确性。取而代之的是，他们需要根据理论创设一些在特定时间可以清晰可见的效应进行观察。一旦找到了合适的观察途径和方法，天文学家需要第一时间整理、思考观察结果，并找出他们所关注的那部分。恩威教授举例道，假如你正在观察的天区中有各种不同距离的天体，你尝试着测定它们的亮度，那么星体距离会对你的结果产生严重影响。就好像放在眼前的蜡烛会显得额外明亮，距离更近的天体"看"起来也会比远的天体亮得多。正确的测定方法是，你需要首先根据天文学知识，挑选一组与地球距离大致相等的天体，然后，在这些距离相等的天体中根据亮暗程度排定次序。恩威教授幽默地说："你需要学习如何读懂星星背后的密码。"

就科学理论而言，其中一个基础特质就是无论何时、何地进行实验，都可以得到相同的结果。科学家把它称为"复现性"（reproducibility）。如果一个实验是可复现的，那么无论实验条件如何变化，地点如何改变，即便存在某些测量误差，总体的结果也不会有太大的偏差。但因为天文学家只能随着时间的变化观察宇宙，而不可能两次踏入这条时间的河流，那么他们如何才能确保他们的观察结果是可复现的呢？一般来说，他们也会进行多次测量记录。当然如果观测条件发生变化，科学家也会竭尽所能从类似的天体中获取观测数据。正因为如此，天文学家和其他科学家最大的不同可能在于，他们不能只是孤立地解读自己的观测数据，而需要把它们放入所有已知数据的宏大背景中，寻找关联。然而，随着观测数据的不断增加，这个数据背景也常常在发生变化。那么这就会带来一个问题，如果由于仪器精度或者人为失误而造成了某些数据偏差，这些误差数据会对测量结果产生多大的影响。

恩威教授最后总结道："正因为你不可能主动地控制环境做实验，因此在天文学领域很难只根据一次单独的天文事件或者若干观察数据，就能描绘宇宙的图景。检测一个理论正确与否，需要收集大量的能证实或者证伪的观测数据。"换句话说，天文观测者需要从观测以外的视角，反思自己到底有了新发现还是只是观测出错，而且需要权衡两者出现的概率。但在天文学，甚至在所有科学研究中，"没有数据总比错误数据好"一向被研究者奉为信条。这是因为错误的数据不仅会浪费你的研究时间，而且还会点燃起发现新理论的虚假希望，把你引向研究的歧途。

策划与保障

科学研究是一份需要全身心投入的工作。所以，一个科学家可能需要向身边的伴侣解释他们为什么会有一些常人难以理解的行为，比如在深夜泥泞的小路里追踪、记录罕见的蛙类等。为了寻求共同理解，有些科学家选择了与同行共偕连理。鲍勃·库克（Bob Cook）和玛丽·哈克（Mary Hake）夫妇，是一对在马萨诸塞州科德角国家海岸工作，并以濒危物种研究保护作为他们俩终身的共同事业。他们的工作环境如图 13-2 所示。

图 13-2　科德角（鳕鱼角）国家海岸的景色

库克和哈克同时为海岸国家公园管理局服务。而他们共同生活并抚养了两个女儿，并把家安置在离工作地点很远的科德角，一个将科德角湾与大西洋分隔开的仅有几英里宽的半岛。哈克的生活总是在追随着笛鸻（piping plover）迁徙的脚步。笛鸻一种生活在滨海的濒危小型涉禽，喜欢在未被开发的海岸筑巢繁衍。笛鸻每年都会经历一次冬季迁徙，自 8 月底 9 月初离开，到次年圣·帕特里克节（St. Patrick's Day）前后返回科德角湾。在逗留的 6 个月中，这里到处都是笛鸻。哈克会像招待突然造访的来客一样，忙碌地开展工作。这些小鸟会把蛋产在沙子里，并精心伪装一番。但有些鸟蛋依然避免不了被外来访客踩碎或者被小狗从沙子里刨出来弄碎的命运。因此，保护的第一步，就是用被哈克称为"象征性围栏"的铁丝围栏将笛鸻繁衍的沙滩隔离开来。围栏只能起到警示作用，实际上并不能阻止人们进入。每当笛鸻开始产卵的时候，哈克就会变得很忙碌，恨不得将一天掰成两天用。因为需要保护的鸟儿散落在 30 多千米的海岸线上。

而当鸟儿完成产卵后，哈克就会在每个鸟巢上放上一个铁丝盒子。盒子底部是打开的，并且在四个角用小木桩插入沙子中固定。这个盒子有足够大的开口让成年笛鸻进出、喂食，并且足以阻挡像狐狸或者其他大型肉食性鸟类的袭扰。在哈克的保护项目里，并没有使用什么高大上的仪器，用到的只是铁锹、铁丝围栏、木桩、锤子等工具，还有她的一腔令人感动的热情。

另外，她的工作内容中极其重要的一部分，就是穿着国家公园管理局制服出现在海滩上，向来往的人们解释要管束好自己的宠物狗，远离笛鸻的栖息地。然而，人们通常只有不到 3 分钟的时间能保持兴趣，听哈克的解释，之后就会想着赶紧离开。为了能调动人们了解的兴趣，在小鸟出壳的时候，哈克会向大家展示可爱的笛鸻幼鸟。她说道："如果看到附近有人遛狗但却没有牵绳，那么我就会向狗主人展示幼鸟是多么脆弱无助，并且呼吁他们要管束好自己的宠物。"通常在看到像毛球一样可爱的幼鸟后，大部分狗主人都会主动牵上狗绳继续遛狗。哈克继续补充道："如果在海滩上有一只海鸥受伤了，起码会引来 20 个人的关心和围观。但是因为笛鸻并不引人注目，即便一只幼鸟被狗咬死了，也不会有太多人同情。"

哈克认为，当务之急是不仅仅让人们了解笛鸻保护的条例，而且需要给她们充分授权，让她们能发挥更大的作用。她提起曾经最让自己感到挫败的一件事情，就是她在尝试保护正在筑巢的笛鸻时，遭遇到一小撮不明就里的游客的强烈抵制。在当地，这种极端盲目的思想还常常体现在汽车前保险杠那些"笛鸻：美味犹如鸡肉"标语。因此，教育当地群众，是哈克非常重要的工作。然而她意识到，那些五六十岁上了年纪的人的观念根深蒂固，是非常难改变的。"也没有什么困难可以阻挡我的努力，"哈克激昂地说道，"只要我能改变一些人，哪怕只有一个，这也是有价值的。"当哈克听到当地的孩子兴奋地向她描述自己是怎样去看护这些珍贵鸟儿的时候，哈克回忆道，"这就是对我们工作的无上褒奖！"

哈克的丈夫鲍勃·库克是一名拥有博士学位的科学家，主要负责监测、统计科德地区的动物种群数量并撰写研究报告。在此之前，他还会定期远赴萨摩亚开展工作。他大部分工作时间都在野外。这些工作也许是在某个下雨的夜晚，在公园的土路旁寻找并保护那些被马萨诸塞州列为受威胁物种的锄足蟾。雨夜，是蛙类活动的活跃期，同时也是收集锄足蟾数量、大小、年龄和性别等信息的最佳时机。库克对自己的工作是这么描述的："我最终的工作，就是收集有可能对管理问题产生影响的各类数据。"这些数据常常用作吸引大学生前来研究。他们可以从这些问题中任意选择一个，并投入所有的时间和精力做进一步深入细致的研究，最后完成毕业论文。

那么，哈克和库克是如何看待物种保护问题的呢？他们有着自己独特的见解和话语体系。库克说："在国家公园里，我们维护的并不仅仅是某个种群的数量或者单个物种，而是整个生态系统以及生态系统的运作。"比方说在科德角，这里有着很多独特的自然环境，像大量的淡水潭、盐沼等。然而现实是，一旦你在国家公园修建道路和停车场，公园里的生态循环必定会受到影响。即使环境评定不并涉及人的因素，但是棘手的管理问题也会因工程建设而增加。库克举例道："我们有一块 100 年前曾被垦荒过的动物栖息地，目前正由一组研究人员尝试修复它。但现在面临的复杂情况是，一些被国家保护的珍稀动物种群正在把这块土地作为它们目前繁衍的栖息地。"

在他所举的这个例子中应该如何决策，库克表示他会衡量这两种物种在公园里的种群数量。也许他会将分析的视野上升到公园之外的区域甚至整个州，以便将更多的要素引入到综合考量中来。库克说："事实上，对于景观管理而言，任何行动决策都会对某些物种种群数量产生影响。即便这个决策是什么都不干。"如果在公园里有一类动物会在地里筑巢，那么你就要意识到，假以时日，这片荒地就会被灌木丛占领，然后再变成一片树林。物种的轮番进驻，会对地造成一系列变化。也许你需要抉择牺牲荒地上栖息的生物而选择保存树林，但这个决策应该同时考虑对其他荒地和森林的影响，并衡量各自在保护野生动物方面各自的价值。

万物生而平等。对于像库克和哈克那样的野生动物学家来说，这是毫无疑问的。但是对于公众来说呢？他们一般更喜欢引人注目的大型动物。如果一头牛和一只蟑螂同时在路上走过，他们肯定会大叫："天哪，在路中间有一头牛！"而不会说："天哪，那里竟然有一只蟑螂！"那些拥有讨人喜爱的行为和特征的动物，动物学家通常把它们称之为有魅力的珍稀动物（charismatic megafauna）。然而库克教授指出，和人类对动物的直觉相反，绝大多数动物个体都很小而且行踪隐秘。要不然，它们是会很容易被掠食者发现的。试想一个极端的例子，在地球上其实很多昆虫有濒临灭绝的危险。比方说在科德角，就有一种濒危的海滩甲虫。它们的繁衍习性和笛鸻相差无几，亟待人们的保护。但是，对于那些心里只想着大地任我奔驰的人们来说，要劝说他们明白保护濒危的小虫子小鸟就是保护我们所生存的地球的道理，实际上相当困难。

那么，像哈克和库克这样为生物保护而奉献终身的科学家来说，他们工作的意义在哪里呢？为什么不像"优胜劣汰"学说指出的那样，让濒危的物种接受自然的淘汰呢？库克教授回应道，他只想保护那些因为工业化进程而导致濒临灭绝的那些物种。从现实功利的角度而言，有时候某种植物或者动物可能会蕴含着人们还没有认识到的潜在药用价值以及经济价值。一旦它们灭绝了，我们便永远失去了，因此值得保护。而在现实之上，库克认为，对于很多人来说，他们不希望世界上活的只剩下人和被保护在动植物园里的濒危物种。在栖息地中看到各种生物本真地活着、自由地繁衍，没有什么比这更能让人感受到人与自然的和谐共处了。长期的生物保护，并不意味着就是让生物占尽地球的所有土地与海洋，而应该把对人的教育视为最终目标，要让人们了解他们的生活方式对自然世界的各种影响。库克教授希望人们能更关注人口增长的问题，在居住和出行方式上有更明智的选择。这样能让人与土地的关系更和谐。"野生动植物并不应该被贬低看作人类保护的对象。它们和人类一样都是这个世界的一部分。"这就是这对科学家伉俪的梦想。也许有一天，他们的努力会让这个和谐之梦在这个世界最终得以实现。

科学哲学

和人类所取得的其他成就一样，人类发展出一套观察和解释世界的流程方法。这套流程方法的核心在于反思已有知识，以及发明新理论并将新知识、新现象纳入其中的能力。古往今来的人们都梦想着建立一个存储了各种知识与结论之间各种关联的知识宝库。在这方面，哲学家们的思考，奠定了实现这个梦想的最初的几块拼图。

假设我做以下陈述："如果用了昂贵的洗发水洗头，我的头发会更漂亮。"在这个陈述中，是否意味着如果我的头发看起来很好，就一定是使用了昂贵的洗发水的缘故呢？当然不一定。这也许只因为我的头发天生丽质罢了。在这个例子中，推断的本身，并没有暗含使用昂贵洗发水头是导致头发好的唯一途径。这说明，建立观察现象与本质的联系，还需要以科学观念与事实为基础。在这个例子中所蕴含的这个演绎过程，有个古怪的名字叫"假言三段论（hypothetical syllogism）"。它通常包含三步：首先是做出假设（在例子中，就是第一个陈述，"如果用了昂贵的洗发水洗头，我的头发会更漂亮"）；然后是做出观察（我看到了漂亮的头发）；最后是得出结论（"因而，我要在洗发水上下血本了"）。事实上，在上面提到的例子中，我无法从假设出发，基于给定的事实而最终做出合理的推断。因此，这个特殊的三段推论仅仅是一个逻辑谬误。有时候，逻辑推理也会引导我们得出错误的结论。

这种深入细致地考察起因与观察结果的方法，最早源自古希腊学者亚里士多德（Aristotle）大约 2300 年前的著作[⊖]。如果一个随意的自然观察者，通过这种方法，似乎就能很容易根据所见，建立所有的因果联系（cause-and-effect relationships）。但科学家并不能这样。如果他们不小心将一些偶然因素误以为是现象的根本原因，那么他们就会犯错误。从古到今，人们一直在做各种各样的实验。然而，在西方文献记录中，遵循现在被称为"科学方法"的规则进行实验，最早是由弗朗西斯·培根（Francis Bacon）在 1600 年明确提出的。不久以后，英国皇家学会的会员们都使用这种方法开展实验。

成立于 1660 年 11 月 28 日的英国皇家学会，是一个自然哲学家（natural philosopher，科学家的前身）的组织。它定期每周召集会员交流科学实验。学会早期成员包括克里斯托弗·雷恩（Sir Christopher Wren）爵士，罗伯特·胡克（Robert Hooke），罗伯特·玻意耳（Robert Boyle），还有随后的艾萨克·牛顿（Isaac Newton）。其中就诞生了最早的现代科学仪器和科学定律——玻意耳的真空泵以及后人命名为"玻意耳定律"的关于气体压强与温度的定律。

在英国皇家学会诞生之前的数百年，哲学先贤的观点和宗教经典是被无条件接受的。任何对自然现象开展观察并且尝试解读背后原理的人，都会被视为宗教异端。直到社会到了允许自由观察、测量和发表结论的时代，科学才迎来了它的大发展。

间接测量

很多科学家想测量的对象，都不能直接被测量。一方面可能是一些过去发生但当时并没有留下记录的事件，另一方面可能是对象本身难以观测。这就好像一个被装在密封黑铁箱中的白炽灯泡，即便它通电亮了，你也未必能看得见。但是如果你把手放在铁箱的表面，你就会感觉到由于亮灯所带来的烫手温度。然而，这个热箱子却让你无从辨别灯泡是否刚刚被关闭。因为也许这个铁箱已经被烤了很久，所以即使关灯一段时间以后，依然会保持相当的温度。也是基于同样的道理，如果你接触铁箱时它是冷的，那么你也无法知道灯何时被打开。因此，在这个实验中，黑铁箱的温度并不是灯的即时开关状态的最完美的指示器，但它也能在一定程度上反映灯的开关状态。

而如果你用测量是否有电流流入铁箱的方法取代测量温度，那么你可以在判断电灯是否打开时更有把握。因为电流的通断直接决定了灯的开闭，而且完全不会有延时。所以，在判断电灯开关与否时，电流测量会是一个更好的替代测量（surrogate measure）。使用替代测量法，意味着你需要充分了解目标测量与替代测量之间的相互作用关系和过程。否则，你最后得到的可能是一些南辕北辙的结果。选取合适的替代对象，是科学家的关键创新技能之一，在很多领域

⊖　亚里士多德所著《逻辑学》。——译者注

中也非常重要。临床医学几乎都在使用替代测量进行诊断与研究。比如，心电图（ECG）就是通过采集不同部位上皮肤的电压信号所形成的一系列弯弯曲曲的数据图线。借助解读它背后蕴含的信息，可以判断你的心脏功能是否正常。通过脑电波判断大脑的机能也是类似的原理。长期以来，医生花费大量时间和精力研究各种替代指标的细微变化与个体疾病之间的对应关系。

超越感官局限

观测还有除肉眼以外的途径，那就是借助测量工具。这些工具可以让我们看到一些我们肉眼通常看不到的事物和现象。那些曾经好奇牙医如何根据牙齿 X 光片中的一些暗点判定蛀洞位置的人深知，学习解读类似的非常规医学影像，是一件非常艰难的事情。需要明确的是，本质上，X 光片并非真正意义上的图片，而是物体穿透性一种体现。当一些物体（如骨头）挡住了 X 射线，底片中对应位置就会显亮，而一些可以让 X 射线通过的物体（如皮肤），底片上对应位置就会显暗。在现实生活中，影子就是最简单的一种体现穿透性的影像，而亮暗规律刚好与 X 光片相反。譬如你在灯光前做手影游戏，有光通过并到达墙壁之处为亮，光被手阻挡之后在墙壁成影。而 X 光片恰好相反，X 光透过的地方成影，X 光被阻挡的地方为亮⊖。但这种穿透性影像有一个缺点，就是不能分辨出两个阻挡物之间重叠的那部分。比如两根骨头交叉放置，那么在 X 光片上只看到一个交叉型的亮区。如果我们要检查重叠区域的骨头有没有裂缝，X 光会显得力不从心。

还有一种我们人类看不到的光可以帮助科学家收集实验数据。天上的彩虹包含了所有人眼能看到的颜色，从紫、蓝、绿、黄，一直到红。如果你进一步考察红色之后的区域，你会发现还有红外线的存在。所有物体都能向外辐射红外能量。虽然你看不到它，但是如果红外线足够强烈，你还是能感受到它的热量的。在这里，热量就是一种替代测量。红外线摄像机就是一种可以显示目标物体温度高低的仪器。它会将温度高的地方显示为亮，将温度低的地方显示为暗。这种设备可以让科学家测量一些用普通温度计很难测量的物体，比如天上的云。根据地球的红外影像显示，地球上的云层是冷的，与温暖的陆地和海洋形成鲜明的影像对比。此外这种方法可以让夜间的云层也清晰可见。一般来说，云层位置越高，温度越低，这可能预示着有更大的风暴——这实际上也是一种替代测量。根据这个原理，气象学家可以借助风暴以及其他天气系统的红外图像进行天气预报。但直到有了气象卫星以后，这个构想才得以实现。

设计优秀的实验

假设你现在是某个科学研究领域的研究者，并且你所拥有的优秀实验能力足以支撑你在这个领域开展对这个世界的探索。但说起实验（Experiment）一词，人们脑海里首先浮现的可能是各种冒泡的烧杯，或者是常常被好莱坞挪揄的"疯狂科学家"的哈哈大笑。而在现实生活中，科学家常常需要面对有限的预算和昂贵的实验之间的矛盾。所以几乎没有哪个科学家可以在实

⊖　手影中的亮区域和 X 光片中的暗区域事实上都表达了光线到达了该处，没有原理性区别。之所以眼睛所见的亮暗规律相反，是因为 X 光片上的感光物质（通常为氯化银）被光线照射过并经冲洗后，底片上会形成黑色物质；而手影上亮区域是光线到达以后通过反射而进入人眼，使人眼识别为亮区域。——译者注

验室中随心所欲地进行各种各样的探索。有些实验开展起来可能要持续数月之久，但却可能需要花费多年的时间进行筹集资金以及实验设计等准备工作。

一般来讲，科学家会将一大部分时间花费在寻找那些需要通过实验回答的科学问题。那么，科学家们是如何选择需要做哪些实验的呢？事实上，科学很多时候都在提出问题，而一个好的实验出现，除了可以解答实验预设需要解决的问题以外，还可能可以打开解决一系列其他科学问题的大门。这种情况是科学家们极其希望看到的。如果想要设计一个优秀的实验、能开辟一个领域的实验、诺贝尔奖级别的实验，你就需要找到一个有很强科学价值的、值得你去探索的科学问题。

你所提出的问题，比如"为什么今年的降雪会比往年增加"，需要是一个可以被清晰具体回答的科学问题。并且重要的是，其他人可以通过重复你的实验，并得出相同的结论。在实验中，不同的科学家针对不同的科学问题，可能需要进行不同的测量。有些经典的实验操作起来会相当容易，这是因为我们在这些实验中的测量工具和方法都相当成熟。例如，某个人在指定时间的重量就非常容易测量，因为精确测量重量的方法已经相当普遍。

而对于那些研究新的节食方案能否奏效的医学研究者来说，就没有那么一帆风顺了。一方面，影响人的体重有诸多因素。另一方面，受访者对肥胖的忌讳往往会导致他们夸大或者缩小某些调查数据，影响他们叙述的可信度。因而对减肥者饮食、运动量的调查数据和结果，并不一定能反映全部的真实情况。换而言之，在很多科学领域，包括医学，实际上很难使用被物理学家称为"受控实验"的方法开展实验研究。受控实验实质上就是每次选取实验中的一个参量，开展实验。这个参量的变化和变化方式应该在我们能理解和掌控的范围内，并且最好能被某种方式精确测量。

如果你调试过一个具有复杂结构的机器，你就会知道，如果你每次调试都同时改变几个地方，往往会很难找到机器不能正常工作的原因。合适的方法是，每次只改变某个地方，比如旋动某个按钮，然后再尝试更换导线等，如此反复直到找到故障点为止。

科学家做实验其实和工程师调试机器非常类似。但不同的是，科学家有时候需要单独控制事物的某个部分或者某种结构，那就显得不太容易和直观了。生物学家查理·莫布斯是一名工作在纽约的西奈山医学院的生物学家。他以小白鼠为实验对象，研究体型胖瘦与寿命长短之间的关系。这些实验小白鼠需要通过喂养等手段变成可以模拟人类衰老和肥胖情况的模型，然后在实验中使用。正是由于小白鼠的寿命会受诸多因素影响，促使在类似研究领域的科学家会以特别敏感和谨慎的态度设计实验。

莫布斯说，衡量实验产出的价值大小不在于它是否和你设想的相同，而在于你是否从中发现、了解了什么。他一再强调，在实验开始之前，需要全面考虑各种可能的实验结果，并思考它们背后所涉及的方方面面。例如，他需要测试一种药物能否让小白鼠减肥，并深入考察药物在其中的作用过程。那么第一步，他会给小白鼠喂食高脂肪食物，让它们成功增肥。接着，莫布斯抛出一个可能是大家共同的疑问："你也许会问，为什么我们一定要将小白鼠增肥以后再进行实验，而不是直接给小白鼠喂药，看药物是否能使小白鼠变瘦。"但事实上，很多不确定因素可能会将实验引向失败——比如负责日常喂养的实验员如果有时忘记了喂食，这同样也会导致小白鼠消瘦。

作为亲身经验，莫布斯告诫道："一定要想方设法控制各种可能出现的意外情况。"在例子中的这种实验控制，通常被称为"负馈控制（negative control）"。借助该方法，减肥研究在可信的范围排除了各种随机因素的影响，最终得出药物有效的结论。但是，如果药物并没有减肥的功效，你可能无法分析造成这种情况的具体原因，是药物没有到达目标部位还是其他原因？

因此，一种被称为"正馈控制（positive control）"的方法，同样值得考虑。实验设计是假设药物可能会起作用，但实验结果存在某些误差。为了进一步排除误差，你可以再设计一个实验，将实验白鼠分为三组，其中三分之一服用目标药物，三分之一服用没有效果的、被称为安慰剂的药物，剩下三分之一服用有明确减肥效果的药物，开展对照实验。无论结果如何，我们都可以从这个对照实验中有所收获。这正是莫布斯对好实验的定义。最后他总结到："受控实验已经深深嵌入到科学家思考过程之中。如果我设计了一个没有实施控制的实验，我就好像晚上睡觉之前忘了刷牙一样难受。"

里奇的观点：

学习如何开展受控实验，对整个学习过程也大有裨益。时至今日，充足的套装、教程和例程可以调试、观察各个模块单独运行的效果，快速开启造物项目而不需要事先了解各种模块背后的所有知识。我们这一代人，常常被嘲笑为"需要被即时满足的一代"。但我坚持认为，如果能让所做的事情很快呈现结果，并能在交互反馈中继续进行，无论成功与否，这都是一件很有价值的事情。例如在某个案例中，你假设的对 X 有很清晰的了解，那么尽可能快地开展一些测试验证你的假设是否正确，不论是改变程序、电路还是机械结构。这能有效帮助你在了解不足以后能继续学习，或者帮助你快速推进项目，进入新的环节。

比如，我曾经尝试在高一年级自学 C 语言编程。我随身携带着那本比我的手臂还要厚的教材，一有时间就拿出来学习。然而这本书并没有让我学懂 C 语言，因为我那时使用的是苹果电脑，没有办法直接运行用文本方式编写的程序。使用苹果电脑编程门槛高的其中一个原因就是，你必须先编写一个图形化界面框架。这可要比我当时开始学的 C 语言艰深得多。虽然我可以尝试着写一些代码，编译看看效果，但是如果要开发一个可以运行的程序，我就得整合更多的知识和代码。一旦程序编译不通过，以我当时的水平，要寻找出其中的错误是极其困难。

与 C 语言学习经历相比，我学习网页语言就有趣得多。当我学习使用 HTML 语言制作网页时，我发现里面一小段代码可以让页面向用户做出一些有趣的响应。这是一段嵌入在 HTML 语言代码中的一小段代码，是用一种叫 JavaScript 语言写成的。JavaScript 是一种语法和 C 类似的语言，但它的一小段代码就足以在网页中发挥作用。这种特性让人可以把它看作嵌入在 HTML 的一部分，而不是独立的一种语言。自此以后，我学习 JavaScript 编程就可以先从其他页面抓取代码，然后修改它看看是否奏效，测试效果时仅仅需要重新刷新页面即可。而直到使用 Arduino 配合苹果电脑，我才最终能在比较简单的程序构建环境中使用 C 语言。

㊀ 负馈控制是使执行结果符合控制目标要求，正馈控制是使用变化控制目标，使目标及其结果逼近实际情况。——译者注

按理想的顺序开展实验有时候并不现实。对于之前讨论中提及的"三思而后行"式的受控实验，莫布斯说，"事实上很多科研项目并不是以这样的形式开展的。"更多的是那些常常被他形容为"渔翁撒网"式研究。这是指在新的研究主题或者领域中，研究者在没有足够的经验和知识去设计一个理想的受控实验的条件下，通过快速探索的方式积累知识，推进研究。正因为如果实验控制存在各种瑕疵，或者没有出现明显的效果，你将一无所获。所以如果你能通过在"撒网"过程积累点滴发现，那么你将可以推进这个研究主题或领域的快速前进。

这种研究思路常常在科研中发挥重要作用。比如在历史上，早期抗生素只能杀死特定的被称为革兰氏阳性菌的细菌。但导致肺结核病的结核杆菌却是革兰阴性菌，当时的抗生素对它并没有效果。当时的研究者就是使用了广撒渔网的方法，取得了显著的成果，同时挽救了很多人的生命。在一些对研究成果的争议声中，抗生素研究先驱赛尔曼·瓦克斯曼（Selman Waksman）还因为这个发现而获得了诺贝尔奖。但是很多人认为，很多加入撒网研究并做出卓越贡献的人也不应该被遗忘，比如说他的研究生艾伯特·沙茨（Albert Schatz）[⊖]。

建立科学理论

理论（theory）一词，它的一般语义和科学家使用这个词语时的内涵有些许不同。在大多数人的理解中，理论通常意味着猜测（guess）、不确定。然而，对科学家而言，理论的含义却是相反的。它代表着可接受范围内的最高确定性。科学家所接受的训练让他们懂得没有绝对的真理，也没有绝对的谬误。他们习惯于使用"这是我们所了解的最好的答案"来形容任何已知的知识结构。而他们的工作则是对已有知识的质疑、思考，不断在未知的世界里拓宽人类已知所能达到的边界。

因而，在每一个历史阶段里，生物、物理等学科理论都是当时所能达到的、最好的理论。科学家们不可能穿越回到宇宙演化的源头去寻求问题的答案，所以他们只能不断地质疑现有的理论，找出一切不合理、不完善的地方，从而不断扩宽理论的适用范围。这种方法很重要，一般人不容易理解，但却是科学的基础，同时也是解决前面提到的"找钥匙"例子的关键。

严谨的科学家从来不会认为他们对世界的了解是永远、绝对的正确。如果他们有这种想法，或许他们就不应该再从事科学研究了。而经历了一群当时最聪明的人的重重质疑与验证所得到的理论，就可以被认为是真理最好的近似。人们可以用各种理论，甚至用全新的视角、方法解释这个世界。但必须有一个前提，就是这些新的理论必须用相同的科学方法以论证其合理性、正确性。而且，和现有的理论相比，新的理论应该被证明能更好、更全面、更深入地解释这个世界。

除此以外，好的理论还应该具备预测的能力。这就是说，在假定理论成立的前提下，我们应该可以根据它的指引，找到它所预言的一些东西。如果真是这样，旧的理论将会被新的理论所代替，并让我们的理论变得更强大。这需要一种开放的科研文化——共享研究数据，以及及时披露研究过程中的任何局限与异常。这也意味着，没有任何个人有能力或者有权力宣称某个

⊖ 赛尔曼·瓦克斯曼所领导的实验室，在 40 年中先后发现并合成了超过 20 种抗生素。他的研究生艾伯特·沙茨成功从灰链霉菌中提炼出链霉素，经由人体临床试验证实，可以治疗肺结核病。——译者注

理论是正确的，任何理论的正确性都应该建立在数据以及观察结果之上。

在研究时，我们主导着实验设计和数据测量。虽然我们可以在实验中记录我们认为好的数据，但如果我们能成功预测将会获得的数据，那才是真正激动人心的时刻。比如根据历史数据，我们能否预测今年的夏天是温润还是干燥？比如，在湿地恢复以后，我们能否通过测量海岸线上鸟类的数目并据此精确预测 10 年后鸟类数量的增长及其原因？又比如我们借助最大最先进的望远镜，我们能否知道我们能看到多少星体？对于类似这些问题，科学家们通过建立假说去解释他们所看到的现象，并且预测他们在新的观察或实验中可能会得到的结果。

假说，一般可以被认为是科学家对事物规律的一种合理猜测。但这种猜测还没有经过严格的数据验证。科学家需要通过一系列实验和观测来检验、完善假说，并将它发展为科学理论。在某些领域，比如地震学——研究地震规律的学科，验证假说会遇到特殊的困难。一般来说，地震非常稀少而且时间周期很长，因此在这个领域中，假说都需要一个相对较长的周期才能够证实或者证伪。正如医学家用动物模拟人类，建筑师用建筑模型验证设计方案，在一些不能对研究对象直接开展实验测量的领域，科学家也可以有不同方法检验理论的真伪。比如像莫布斯（Mobbs）教授这样的医学家，他会使用小白鼠测试药物的效果，从而避免药物对人可能产生的伤害。即便因为科研的目的，使用小白鼠开展实验往往需要经过大学或者医院的伦理委员会的质询和批准。因为生命是不能被随随便便牺牲的，哪怕是小白鼠。

验证假说还有另外一种途径，那就是通过计算机建模或者模拟。气象学家会收集世界范围的气象数据，并将它们添加到一个能模拟大气物理、大气化学过程，以及气象历史演变的大型计算机程序里。不断累积的数据，不断发展的关于海洋与大气运行理论，以及不断增强的大型计算机处理能力，都会使气象模型随着时间的推移，变得越来越精确。即便如此，气象模型的建立依然需深刻理解其背后的科学原理。在气象预报中，常常使用到计算流体动力学（CFD）模型$^\ominus$。一般来说，我们对加热一小块空气，或者向它输入一定的水汽等过程背后的科学原理有很好了解，而且能进行相对精确的测量和分析。而当大量这些小空气块堆积在一起时，现象就会变得复杂且难以理解。实际上，大气会在和海洋、湖泊、森林、沙漠等事物的相互作用中，被加热、冷却或者产生湿度变化。又或者当一部分空气受到太阳照射而升温，而其他部分没有时，大气又会发生怎样的变化？这些都需要借助计算机计算。计算机模型首先会将大气分成一系列很小的"方块"，然后巨型计算机借助气象气球、地面气象站、气象卫星等渠道获得的数据，逐个预测"方块"中的气象情况——比如冷热、干湿、风力风向以及云量等。最终得到整个大气的运行状况预测。由于这样计算海量的基础数据，以及消耗海量的存储器和计算资源，因此，随着计算机技术的发展以及数据自动化采集手段的进步，气象预报计算模型的性能在稳步提升。

一般认为，只要借助最大型的计算机对基于不同理论假设的计算模型结果进行综合分析与

$\ominus$　计算流体动力学（CFD）使用被称为有限元的数学方法对流体进行建模。有限元方法建模时会将对象划分为一系列的方块（专业上称为"网格化"），也就是下文所举例的"空气方块"。通过对每个方块的计算与关联，最终形成整个对象的分析结果。——译者注

评估，就可以获得相应的预报结论。但是专业的气象学家却不是这么干的。通常他们会执行几个基于不同理论假设的气象预报程序，获得相应的结果，然后根据他们的经验，对这些结果进行综合评估，最后形成气象预报结论。只要你手中掌握一个气象计算模型，那么你就可以基于它开展模拟实验了。通过不断为模型加入更多的结果，就可以让它做出越来越精确的预测。然而，这些模拟结果只在数据来源的区域，以及它所基于的假设范围内有效。如果需要模拟整个地球的情况，或者区分模拟结果中哪些是精确的和哪些是估测的，那就需要具备大气物理以及相关领域的专业知识了。

科学家们可以质疑计算及模型中各种因素的重要性和必要性，而这常常会导致各种争论与分歧。解决分歧最好的办法就是针对导致分歧的因素开展实验观测，搞清楚这些因素的变化规律，以及它们影响天气与气候的机理。为此，科学家常常需要花费大量的时间，在极其复杂的状况下筛选需要观测的因素，并根据优先等级进行排序。然而对于一些科学领域来说，我们的了解还非常肤浅，并没有足够的理论知识支持建立一个可供实验的计算模型。因此，在一定时期内，我们还不得不借助小白鼠、酵母菌替代人类进行实验。在所有的案例中，没有完美的模型，但只要每个模型和实验比前面的有所改进，那么我们就可以从中越来越深入地了解世界和宇宙运行的规律了。

跨越年龄的科学

我常常受邀请参与科学项目展评的评判工作。在这个过程中最让我感兴趣的是观察学生们如何从中学习科学方法。受学生的科学、数学基础所限，学生项目更多偏向实验科学，而不是理论科学。而这些科学项目，常常给人一种烹饪指南的感觉——更多强调的是实现过程，而不是提出了什么创新的问题和点子。当然，你会觉得在项目中投入了极大的耐心与热情，进行大量测量是很重要的一件事，但是你还应该知道测量背后的原因和意义。在项目评判中，最令我感到沮丧的莫过于碰到那些格式规范、过程详尽但却没有回答任何科学问题，更像是一个记录大杂烩一样的项目。一个合格的科学研究者会将很大一部分时间花费在提出问题，并且会花更多的时间了解是否有人已经提出过、甚至解决了这些问题——用科学家的话来说，就是"文献跟踪"。而最能让我感到兴奋的项目，是那些学生提出了一个很好的科学问题的项目，哪怕这个问题没有被很完美地解决！学习如何问一个好问题，如何设计实验去回答、解决这些问题，是人的一项核心技能，但实际中老师往往很少教给学生。我会尽量让我所能接触到的年轻朋友尽早地明白这个道理。而你所要做的，就是让他们打开脑洞尽管提问题。而这也同样是创客精神的核心要素之一。

注意：

正如里奇在书中多次提到的那样，通过互联网，我们可以很容易地找到各种新奇问题的答案。但是我在这里需要提醒大家的是，要留意你所找到的这些信息是否可靠。因为网上找到的，特别是关于那些有争议的项目和主题的材料，很多是有缺陷的，并且并没有严格的规则可以告诉你哪些信息源的材料才是权威的。最好的办法就是看一下作者的资历，并且像生活中那样问一句："这个家伙是谁？""他（她）是一个专业科学家吗？这篇材料是否经过同行评议？"在网上，现在有很多免费的，经过了同行评议的开放获取（Open-access）的科学期刊，就像 www.plos.org 网站一样。这里可以成为我们研究的一个良好的开端。另外，一个在著名研究机构任职的科学家所写的文章，往往能为你提供很多很好的信息。但如果那个人是一个影视演员，也许，就只能呵呵了。

总结

在本章中，我们讨论了科学家在工作中的不同思考方式，并将这些思考方式和创客"做中学"的理念进行比较。我们发现，提出假设、尝试通过动手的方式了解世界这两种典型行为，都是科学家与创客群体所共有的特征。然而需要注意的是，当你需要借助别人的数据和信息时，你需要甄选来源可靠的那些信息。这是科学研究者必须铭记于心的一点，而它对开展创客式学习的人来说，也是非常必要的。在下一章里，我们会继续关注科学家和技术工程师日常工作的点点滴滴。

第 14 章　科学家的一天

在我们探寻专业科学研究工作者日常生活的最后一章里，琼走访了几位正在工作中的科学家和工程师。绝大部分人很少能接触到这些专业工作者和他们的工作场地，一方面是因为他们的实验室不便经常被人打扰；另一方面是因为他们的工作地点可能在偏远的、危险的或者两者兼有的地方。在其他一些案例中，这些工作的开展是基于单位内部的大范围协作、同事的不断相互启发。接下来，你首先需要了解的是，科学家与工程师的区别。

科学 VS 工程

当我还是一名火箭科学家时，亲友们常常问我，"你平时通常会干些什么？"我发现很难在一般人能够注意并理解的范围里向他们详细解释。当我慢慢摸到回答门道以后，我通常会说："亲爱的，那是一份美好的工作。"然后，赶紧转移话题。一个经典的笑话是这样描写科学家和工程师的：当实验出现意外情况的时候，科学家就是喜出望外的那个，而工程师就是深恶痛绝的那个。由此可见，科学家天生就是探险者——尤其是在极地科考和宇航领域。而那些根据实际需要，以各种不同途径运用已有知识而不是去开辟一个新的研究领域的科学家，通常被称为应用科学家（applied scientists）。而在某些时候或场合中，甚至类似于工程师。

想要明白科学家和工程师之间的区别，你可以从医学家和医生的区别中找到一些答案。一个医学家会不断研究领域中涌现的各种新问题，而且他的研究可能会持续几年。而医生往往只和患者相处几分钟，并且需要在这个短时间内运用他所有的专业知识，为患者制定一个治疗方案。医学家的研究一旦成功，比如找到癌症的特效药，往往可以在未来挽救无数人的生命。即便没有形成具体的可应用成果，也能通过研究过程获得很多其他的知识和经验。

医生通常对患者负有直接的责任。如果他们有任何判断失误，那么还可能需要承担法律责任。科学家与工程师之间也有类似的界线。科学家为了自身的追求，不断追求新知。而工程师则是掌握了大量知识，并且需要研究如何将科学家所发现的最新成果转化为应用的那个人。取决于科学家或者工程师自身的教育经历和个人综合能力，这条界线往往会非常模糊。工程师常常需要像医生一样，当机立断做出可能会影响公众生命和财产安全的决定，并且在有限的时间和条件下制定应对方案。有时候，工程师总是希望能将科学家的最新研究成果第一时间应用在自己的工作中。但是为了提高可靠性，工程师更多时候不得不基于已有的、成熟的知识开展工作，除非现有的技术已经无法解决新设计所面临的问题。这时候，工程师就必须与科学家并肩作战，共同解决这些尖端问题。

里奇的观点：

硬性区分科学家与工程师的行为，有点像今天人们常常争论黑客（hacker）与创客（maker）的区别一样。在我看来，科学家和黑客是相类似的，他们都喜欢深入钻研、刨根问底找出问题答案。而工程师和创客则更多地偏向应用和问题解决，通常会根据目标和结果需要进行知识与技术的整合。然而，这两种描述并不互相排斥，可能在不同角色身上的比例有所不同而已。当然，在这些相互关联、交叉的领域中全面发展，一定会让你在这些领域中有更好的表现。

科学事业

科学研究领域中的竞争非常激烈。在美国，有时候科研经费的短缺或者由于工作特殊性而导致的岗位短缺，会造成科学家们下岗。美国国家科学基金会（NSF）的研究报告指出，在 2000 年之前的十年间，科学项目的资助率（项目申请通过数目和项目申请总数的比例）约在 30% ~ 34%。而到了 2010 年，这个比例已经下降到 23%。一般来说，教授申请科研资助，是为了支持他开展高质量、可以发表在重要科学期刊上的科研项目。而另一方面，一份大学教职的薪酬通常只会覆盖一个教授 9 个月的薪水，而剩下的需要自行筹集，一般依靠从科研资助中获得劳务费或者其他顾问工作。所以，如果一个教授没能申请到科研项目资助，他的日子就会像失业一样难过。

即便在企业的实验室、研究机构中，科学家也都需要像拉投资一样，向企业管理层说明他们研究成果的绩效，以便申请研究经费。管理层则会从企业角度轮番思考、质询这些申请。比如思考，虽然项目负责的教授声称他的研究可能会在 5 年内为公司带来新的产品，但是他是否值得信任？这些新产品会对市场上我们已有的同类产品产生冲击吗？如果答案是肯定的话，那么竞争对手是否已经开展同类的研究，我们是否需要深入开展研究以便能保持竞争优势？另一方面，在企业中的科学家，还会受到一个很大的局限，那就是由于行业竞争的限制，他们不能与自己的同行自由地交流项目与技术细节。这意味着，作为企业研究机构，它需要形成足够的规模，并建立一个可供科技人员充分进行学术交流的社区或机制。这样才能群策群力、集腋成裘。

里奇的观点：

通常，这种信息壁垒不利于科学领域的发展。处于竞争关系的实验室，一般会像军备竞赛一样同时开展大量平行、重复的研究，并试图取得领先优势。但是他们也可以有另外一种"竞争"方式，那就是互通有无，通过各自的努力促进研究主题快速、深入地推进。在科学领域也存在类似开源软件、开源硬件运动的"开放科学"运动（Open Science Movement）。这项运动旨在促进研究者能自由地交流，研究项目和数据能自由、广泛地流动传播。而一个名为"开放笔记本（Open notebook）"科学的项目实践，甚至可以让其他人实时获得正在收集的项目实验数据。研究数据的共享，是促进研究人员们不断为研究主题添砖加瓦，共同推进研究往纵深发展的唯一有效方式。我个人的愿景是，希望看到在未来一段时间内，开放科学能得到其他领域更广泛的支持。

有时候，科研人员产生了一个新想法，但不能说服他的雇主向这个创新想法继续投入资源，那么他可能会离开企业进行创业。这时候，科研人员就必须自己去和风险投资基金谈公司融资了。但此时，科学家与创业前受雇企业就需要共同协商知识产权归属问题，明确这个创新项目有哪部分知识产权属于科研人员自己独有，而哪些是属于前受雇企业。正如里奇在前面所提到的观点，理想情况下研究成果分享交流越频繁，科学研究推进的速度就会越快，但有时候现实却是非常骨感的。这是因为各个实验室都会想着在有限的研究经费中分一杯羹而有所保留。那么，如果科学想要实现真正的开放，就必须加大研究经费投入，支持更多优秀的研究者，而不是现在的支持一小部分。

科学家与工程师在工作中需要高度集中注意力，对细节要求也非常高。所以很多科学家在音乐演奏方面也会有很高的天赋和造诣。因为学习乐器可以培养人的专注力、记忆力、模式识别能力和顽强的毅力。在细致深入分析数据中可能蕴含的规律、寻找计算机程序错误以及撰写浩繁的项目申报书等相关科研工作中，这些素质同样是不可或缺的。而在科研中各种烦琐的跑腿、外勤工作，更是需要研究者有过硬的身体和坚忍的意志。科研工作者为了不断研究创新，工作都是没日没夜的，而且常常会在周末自觉地加班加点。而广泛的阅读、与同行交流以及和各种新生事物玩捉迷藏的游戏，是每个科研工作者的家常便饭。

日常的磨炼

和其他创新领域一样，科学研究同样需要打造一个小团队以便开展工作。大多数科学研究项目需要几个领域的专家共同合作。研究团队的成员可能散落在全球的各个角落，全靠现代通信技术以及便捷的航班来维持项目协作。在这一点上，科学研究和电影工业的操作模式是极其相似的。电影的团队成员因项目成立而聚，随项目结束而散，项目成员或许会在几年以后重组并延续往日的辉煌。电影制作人、导演、编剧绝大部分时间都居住自己的家里，可能在洛杉矶、纽约或托皮卡[⊖]。但是为了拍摄一部影片，他们可能会聚首新西兰的某个森林，在6个月里共同打造这部作品。

基于发表论文、专利等个人过往研究业绩甄选项目核心初创伙伴，往往是一项充满变数的工作，正所谓成也萧何、败也萧何。在团队成员之间建立充分的互信机制可以让新想法不断地涌现，而客观上成员之间的相互制约也能有效地避免这些创意的外泄。但巧妇难为无米之炊，除了需要聚合一个好团队以外，科学家和制片人还必须不断为他下一个宏大构思募集经费。虽

⊖ 托皮卡（Topeka），堪萨斯州首府。——译者注

然理想情况下创新为王，但是在科学研究和电影工业这两个专业领域中，获得投资人的青睐实际依靠的是你成功的经历和长时间坚忍不拔的来回游说。

　　人总是喜欢和自己背景相似的人一起工作。但是在创新的领域中，项目领导者必须不断从其他领域中获取新的灵感和方法。就好像在化学领域方面的新突破可能会对生物学家产生重要的影响，一些基础的发现往往需要跨学科的通力合作。一个好的科学项目领导者不能仅仅在自己的学科里埋头苦干，还得不断地寻求其他领域的合作者，为项目注入新鲜血液。在实地的研究人员往往比在实验室中工作的科学家更需要和他庞大的支持团队保持密切的合作。即便是单纯依靠思考的数学家，也需要不断从其他领域汲取养分。

　　科学研究需要花费大量时间，哪怕有些加班只是临时的。如果科学家需要实地开展研究，那就意味着需要没日没夜地泡在现场，进行测量、取样等一系列工作。而在实验室中，工作会按照科学家的研究节奏进行，会显得相对轻松一些。但如果遇上一个需要 12 小时才能完成的化学实验，想要准点下班几乎是不可能的。如果某个生物实验整个过程需要 4 小时进行一次记录测量，这通常也意味着你得每 4 小时检查一次，一天 24 小时、一周 7 天全天候待命，直到实验过程结束才能解脱。然而，科学家们不仅只有研究一项工作，他们在学校里的往往还需要上课，而在企业里的也需要常常与其他部门的同事打交道。总而言之，科学家并没有太多业余时间，不是在做实验的实验桌前就是在写实验报告的书桌前。在这些不为人知的艰辛付出背后，人们不禁会问，科研人员为什么会选择这条道路？

　　科研工作，需要前期投入大量时间和精力进行学习和积累，而在整个研究生涯中还需要不断地学习和证明自己。即使有这些艰难险阻，也不能吓退走上科学道路的勇士。因为探索和发现未知的事物给他们带来无与伦比的深刻体验，他们早就认定为科学实验奉献终身了。他们以相同的探险精神，探索各自领域中未知的精彩。

科研工作者的典型

　　我的职业生涯曾在某些研究项目中开展沟通协调工作。我通常把自己形容成一个项目百事通或者跨领域翻译者。在本节中，我并不会向大家介绍我做过的那些具体工作，而是向大家展现更多不同类型的研究人员，比如下面的一对数学家伉俪和一个工程师。

跨越南极

　　科学家通过他们的探索，不断拓宽我们的认知边界。有时候他们的研究可能会显得不太接地气，正如下面介绍的关于英国南极科考队（British Antarctic Survey，BAS）队员大卫·沃恩（David Vaughan）的案例一样。大卫·沃恩是一名研究极地冰层与全球气候关系的科学家，大部分时间在位于英国剑桥郡的科考队总部工作。然而，这些年他曾多次踏上南极大陆，按照他们的说法就是，每隔三五年，他就会去南极走一趟。沃恩探索过好几个少有人类足迹的南极区域。而探险者通常把那里称为"深场"（deep field）。图 14-1 和图 14-2 就是他在这些区域拍摄的实地照片。

图 14-1　大卫·沃恩在南极科考现场的自拍照　　　图 14-2　南极的营地（由大卫·沃恩拍摄并供图）

沃恩介绍说，"因为在野外工作时，我们就是整个团队要重点保障的对象，所以我们的使命感很强，一旦到了这里，就会拼命工作。在那里有我们的两个基地，庞大的支援团队分成两拨，一拨从英国向基地补给物资，一拨从基地出发把物资运送到深场支持我们的研究工作。"正因为向这些苦寒之地运送物资需要花费大量的人力物力，所以科学家们在野外都会不要命地工作。

在长达数月的日子里，极地科考人员会对某几样东西特别在乎，食物必然是其中的一项。"当你从衣食无忧的办公室一下子来到这里，你最想念的东西一定是食物，"沃恩调侃道，"在食物里，你会找到工作所需要的卡路里，更重要的是能找到放松自我的片刻闲暇。和伙伴在野外连续工作数周、四目相对的情景，想想就会让人觉得崩溃。连续高强度的工作会让人与人的关系变得像南极的温度一样冰冷，很容易一触即发。所以在这种枯燥而高强度的工作环境中，人都需要找到自己的放松方式，对我而言就是阅读。

在南极工作也有一些其他地方没有的好处，那就是，在夏天这里是名副其实的日不落！这就意味着在"晚上"看书的时候我们也无须点灯了。沃恩继续说道，"在这些年的考察任务里，我都是住在那些帐篷里——在这片白茫茫极寒之地，那就是我的温暖小窝了。"在南极除了极夜极昼以外，还有一个令人困惑的地方，那就是理论上这片大陆有 24 个时区。为了让我们还能有些时间观念，考察队还会定时和基地通话，并以此确定时间。

通常他们会在开始当天第一项工作时和基地进行第一次通话。无论他们在当天有多"晚"睡觉，他们都会在上一次通话的那个时间起床并向基地再次报告"我们已经起来并迎接新一天。"从这种种的经历中可以看出，极地科考人员和在太空执行任务的宇航员的情形非常相似。那么，和太空中相比，在南极的沃恩还缺少点什么呢？隐私——他解释道，"通常我们在面试新的科考人员时，我们会重点关注他们的合群程度。在野外，你的伙伴仅仅离你百米之遥，这是一个相当有限的空间，让你和同伴紧密接触。这会是一段非常好的关系，但也会让你总觉得跟前有人似的。而且更让人沮丧的是，很可能在接下来 10 周的时间，他（她）是你唯一能接触到的人了。"

对于他的最后一次南极之旅——探索南极大陆西侧的松岛冰川（Pine Island Glacier），沃恩回忆道，"那一次我们一行九人并且带了宿营帐篷。在整个任务里我们几乎都在生活帐篷和科研帐篷之间'两点一线'地忙碌着，同吃同住同劳动。那次野外任务足足有 60 天，让我们有了一次亲如手足的经历。大家的关系比三四个人约着一同出去吃饭要密切得多。"

我问沃恩，作为同行，他会不会在极地考察的闲暇阅读关于早期英国科学家的书籍。他说不会，他一般只读小说。为此他解释道，在几年前他参加的松岛湾科考任务中，"我们遭受海冰的阻碍而没能进入松岛湾。在返程时，探险队读了一本关于探险家库克远征队的书。根据书中描述，当年的他几乎和我们一样到达了相同的区域。你想一想，这是几乎发生在差不多 200 年以前、装备非常落后的情况下的事。这些前辈们得有多大的勇气和多强的意志才能坚持下来。和他们崇高的形象相比，我们总会觉得自己非常微不足道。因此，只要是在南极工作，我就不太愿意读这类题材的书。只要你读了，就会不由自主将自己和他们的壮举做比较。这些前辈凭着一腔热血，真正踏上了这片被看作人类禁区的大陆，并把自己的生命永远留在了那里。我相信，当时肯定有某种强大的力量推动着他们日复一日地探索这片不毛之地，但是我们对这些已经无从得知了。"

思想先锋

冰川探索是扩展我们认知边界的一项重要的活动。而在有些前沿领域，探索活动会非常抽象。可能只需要一张纸、一支笔，有时候也可能在计算机的帮助下，只凭借着一颗极其聪明的头脑就能发现大千世界的各种奥妙。在一般人眼里，数学可能就是这样一个最让人难以理解的学科，但是数学却渗透在社会的方方面面。无论是通过统计方法了解鸟类种群规模是否适应它所处的生态环境，还是那些非常抽象的纯数学研究，数学家们的当前每一项工作，都可能在未来的某一天对物理、化学等领域的突破产生重大影响。

实际上，数学家可不是一个少数派。根据美国数学学会的统计，他们的会员就有 3 万之多。许多数学家在团队中都是攻坚克难的重要角色，负责分析、攻关任务中的复杂难题。但一般人常常会问，数学家的工作真的能解决问题吗？即使他们发明了某种新的数学方法，那又怎么样，会有什么实际用途？这些问题其实都源于人们对数学家工作的不了解。可以认为，数学家的每一项新进展，都会为科学家和工程师提供一种认识、预测世界的更好的视角或工具。这就好比显微镜的发明扩展了人类的观察视野，为人们观察微观世界提供了一种新工具。

在 17 世纪末，英国人艾萨克·牛顿（Isaac Newton）和德国人戈特弗里德·威廉·莱布尼茨（Gottfried Wilhelm Leibniz）各自独立发明了今天被称为微积分的数学方法。在随后的几百年里，这个计算分析工具帮助科学先锋们对力学、电磁学等领域进行了深入研究。而在工程师的工作里也处处渗透了微积分。离开了它，工程师们几乎无法把飞机、汽车、高楼大厦从一个概念变成一张张可以施工的图纸。

一种有效的数学工具，可以大大减少无用的探索。借助对数学工具和精巧仪器的综合运用，科学家和工程师可以做出相对可靠预测和改进他们的各种想法。假如你能够理解生活中如果只有加减而没有乘除会有多么的艰难，你就会认识到一套完备、有用的数学工具对那些天天和它们打交道的人来说，是多么的重要！

数学家尼尔斯·利特（Niles Ritter）分析了数学和其他科学的一些关键区别。他指出："人们常常把数学比作科学皇冠上的一颗明珠，认为数学是科学的皇后。但是数学和科学有着明显的区别，那就是数学往往依靠推理而不依赖人的经验（empirical）。既然你可以完全在你的脑子里研究数学推理，那么你还需要从现实世界中获得经验吗？"

曾经作为一名数学教授、宇宙图片处理方法研究者的利特，他现在在一家远在犹他州内陆沙漠的软件公司任职，专职从事技术攻关。他继续阐述他的观点道："假设你把手中的一个立体方框放在阳光下的时候，你会发现地面上会出现一个线条非常复杂的影子。而当一只蚂蚁经过这些阴影时，它绝不会知道这些影子是由头顶上的阳光和立体方框所创造。"

图 14-3　尼尔斯·利特在犹他州维珍河附近（由 Jean Krause 供图）

在数学家尝试解决那些看起来在二维、甚至三维中很复杂的问题时，他们往往会从更抽象、更上位的层次重新审视这些问题。他们把这种思维称作"升维（lifting）"。有时候从二维的角度难以找到解决方法与模式的问题，比如上面提到的光影，一旦从更高维度看的时候，一切都可能变得简单。数学家习惯从普适的角度看待这个世界。通过这个视角，他们能从理性的角度找到事物变化发展的模式。

一个数学家或者理论物理学家从三维以外看待这个世界时，他们会看到些什么一般看不到的景象？比如，各种转瞬即逝的粒子，因为无法单独观测，往往让物理学家们很抓狂。而当在原子中的粒子发生转化时，科学家才能从变化中找到研究的一丝曙光。借助升维的思维模式，物理学家不会像蚂蚁看待地上的影子一样，看待他们所研究的粒子，他们会从异于常人的角度获得更深刻的认识。而利特也承认，这种思维习惯，常常会让数学家、理论物理学家看起来有点不食人间烟火的味道。如果他们把一切都思考得如此抽象，他们怎么会觉察到他们所穿的衣服其实还是需要由一根根棉线来织成？

利特也注意到，数学家喜欢用一套严谨、精确的规则理解事物。在 20 世纪初期，一些数学家，如大卫·希尔伯特（David Hilbert），希望用数学方法证明某些数学领域是完备而一致的。在经过几十年失败的摸爬滚打后，希尔伯特对此改变了看法，转而提出一种称为元数学（meta-mathematics）的理论。这是一种关于数学理论的理论。随后，库尔特·哥德尔（Kurt Göedel）进一步发展了这一理论。他证明了，即便是初等数学本身，也不能被证明是完备的⊖。对于以逻辑自洽为生命的数学家来说，这个论断犹如一个挥之不去的梦魇，让他们不得不将能否自洽作为探索纷繁复杂世界背后的规律的重要准则。

那么在现实中，数学家是不是坐在房间里，闭着眼睛，单纯依靠思考就能解决问题呢？答案是否定的，交流是他们开展工作的重要手段。实际上，数学家会根据手中不同的问题，和同行或者其他专业人士进行探讨交流。特别是他们被难题卡住了的时候，会将自己的思路和曾经尝试过的方法告诉对方，而其他人会分享自己解决类似问题的经验、思路和方法。

在科学研究中，解释数据是一件不容易的事情。在生物学和其他物质科学研究中，当数据并不能解释研究问题时，研究者发现主要原因往往是仪器精度或者类似因素。而对于数学家来说，研究工具可能也会影响他们的工作，但这并不常见。从数学作为其他研究的工具的角度来看，为了能在其他科学研究产生足够令人满意的数据结果，数学家常常需要说明他们所创造的数学工具的使用范围和条件。

在大众的印象中，数学是令人畏惧的。但其实学习数学并不仅仅是学习那些令人头疼的公式、定理，而是学习一种思考问题、解决问题的方法和视角。正如在第 12 章中所讨论过的，找到一个好的老师、找到一个适合你的切入点，是你能学好数学的重要保证。作为一个解决问题的专家，尼尔斯·利特认为大部分人都有能力成为一个数学家，但现实中那些根本不懂数学奥妙的数学教师让很多人对数学心生恐惧。一般人对数学的感受就好像一个闯关游戏，闯完"加减"，再闯"乘除"，然后是代数等。关卡越闯越难、无穷无尽。但是利特非常不认同这种观点。他认为，数学更像是一种艺术，一种看待世界的独特视角，而不仅仅是一种经验科学。

正如每个艺术家都是独一无二的，每一个数学家都有自己独有的问题解决风格。在面对同一个问题时，有些擅长形象思维，有些擅长抽象思维。擅长形象思维的人，在解决问题时会第一时间拿起粉笔，在黑板上写写画画各种图形，帮助他们将抽象问题转换为实体间的相互作用，从而启发他们解决问题的灵感。而擅长抽象思维的人则喜欢用各种字母、符号以及箭头表达他们的思考过程和结果。

这两种思维风格，就好像分别用绘画和文字来表达同一个艺术主题一样。但无论是哪种风格，到了最后，他们的思考成果都会是以抽象的形式呈现。抽象是数学家的挚爱，这可以让数学家有能力超越现实世界、自由翱翔，在现实世界之上俯瞰众生，解决各种具体问题。在帮助

⊖　希尔伯特提出其纲领，大意为建立一组公理体系，使一切数学命题原则上都可由此经有限步推定真伪。而哥德尔随后证明任何无矛盾的公理体系，只要包含初等数学的陈述，则必定存在一个不可判定命题，用这组公理不能判定其真假。——译者注

别人解决困扰他们的某个数学问题时，我常常会问道："在你的想象中，答案可能会是什么样子的？"令我惊奇的是，在这个暗含允许犯错的反问中，人们常常能借助思考这个问题，用自己的方式找到答案。

> **注意：**
>
> 　　在里奇的理解中，数学是一种逻辑训练。正如人类数数字的行为逐步发展成代数学那样，他认为数学更多是常识的深化而并非艺术。并且，因为人在艺术能力方面的差异会比数学大，所以将数学比作艺术未必让人更容易接受。对此我（指琼）持保留意见。对我而言，数学是一种优美的艺术形式，越深入数学的基础，这种艺术感觉越强烈。我认为数学是人类伟大的成就，但是人们却常常不懂得欣赏它的美，也不能体会它所体现的人类智慧的巨大飞跃。在辅导有数学恐惧症的成年人的时候，我发现，把数学比喻成艺术，一种不太容易理解但值得去学习和欣赏的东西，这会降低他们对数学的畏难情绪，让他们能更从容地跟随古代先贤的脚步慢慢进步。

　　要学习像数学或科学这样的学科，你必须像一个学习新动作的运动员一样，勇于尝试，不怕摔跤。数学家们认为，只要给他们足够的铅笔和白纸，他们一定会找到问题的答案。能否找到答案我不敢肯定，但是我敢肯定，不管给多少个废纸篓，他们也照样能填满。

鸟类社群探秘者

　　在本章前面部分，介绍过一些探索概念本源和抽象问题的科学家。但即使像生物学这种与现实世界联系紧密的学科，时至今日，无论是在分子水平解释 DNA，还是从宏观角度理解生态系统，都蕴含着大量纷繁复杂的值得研究、探索的抽象问题。

　　戴夫·莫里亚蒂（Dave Moriarty），任职于加利福尼亚州立理工大学的一名生物科学教授，就是这样一个横跨宏观与微观问题的科学家。他的科研领域是研究为何特定品种的鸟类可以共同生活，而其他鸟类却不能形成社群。他说道："这个问题背后隐藏着进化的奥秘，以及进化沿着这个途径演化的原因。从实践的角度来说，这个问题的答案和生物、生态保护息息相关。我们想开展保护工作，就必须搞清楚系统的构成以及演化的规律。"

　　现在，鸟类与地球其他物种之间的联系还有很多未解之谜尚待研究。例如，基于鸟类与恐龙在骨骼结构中的很多独特的共同特征，大部分科学家都认为鸟类起源于恐龙。莫里亚蒂带领着他的加利福尼亚州立理工大学研究团队，结合统计分析以及野外考察的方法，开展鸟类研究。他们最近的一项关于鸟类是如何组建家庭的研究，引起了广泛关注。

　　莫里亚蒂的团队通过 DNA 分析鸟巢中雏鸟的亲缘关系，证明鸟类一夫一妻制的传统理论有可能不成立。繁殖期的雌雄麻雀会季节性地走到一起，并搭建一个鸟巢。但事实上，即使是在鸟巢中，由麻雀爸妈共同抚育着的雏鸟，也有相当大的概率不是雄鸟的后代。"这些新发现的证据表明传统理论已经不能解释新的事实了。"

　　为了进一步完善理论，科学家需要开展更多的野外调查，收集数据，深入研究导致这一现象的本质原因。在鸟类的野外调查中，被莫里亚蒂戏称为"大自然的发网"的雾网⊖　是常用的安全捕鸟工具。野外的科研雾网常常隐蔽地设立在植被茂密的地方，一般用木架支撑，长约 10多米，高度比成年人还要高。当小鸟飞入网中并被网口缠住时，研究人员就会在网住的小鸟的脚上套上铜环，方便日后识别。莫里亚蒂介绍道："借助脚环的区分，我们可以搞清楚哪些鸟儿是一家的，然后采集记录它们的血样。"

　　而当雏鸟孵化出来以后，莫里亚蒂的学生也会对它们进行采样。如果她没有找到雏鸟而仅仅找到遗留的蛋壳，也可以通过采集上面的 DNA 样本进行鉴定。因为鸟蛋会很容易成为掠食者的美食，所以会在鸟巢里会留有很多破碎的蛋壳。最后，在野外采集的鸟类血液样本会被送回实验室，使用与法医进行 DNA 检验类似的技术对样本进行分类、鉴定并形成 DNA 档案库。同时，研究组会统计雏鸟性别的数目，并持续监测是否会出现出生性别比例不平衡的情况。通过一段时间的研究，这份新的研究数据为该地区鸟类数量的变化提供了新的解释，同时也为如何在鸟类生存环境遭受自然或人为破坏时开展种群保护提供了一手资料。

　　除此以外，莫里亚蒂还指导着很多开始崭露头角的科研新星。其中有些还成为联邦或州的鱼类与野生动物部门的雇员。这些学生需要学习如何开展野外调研，获取他们需要监控的动物的习性以及相关背景资料。并且，他们还要了解和这些受保护动物有关的法律法规，并在他们开展观察研究前取得必要、充分的授权。如果某个开发商想要在某个区域进行地产开发，那么这就需要事先完成生物、环境评价。这些受过莫里亚蒂系统指导的科学家就会接受政府委托，调查这个开发项目是否会对任何鸟类、哺乳类、爬行类或者两栖类等联邦和州的保护物种产生影响。

　　那么，莫里亚蒂教授的研究领域和其他的那些科学家有何差异呢？他自己是这么解释的："首先，在研究问题的尺度上就很不同。我们感兴趣的是生物体内部的化学反应是如何影响生物体本身的行为的。"换句话说，莫里亚蒂教授试图通过鸟蛋中 DNA 微观信息，探寻生态系统运作的宏观规律。

机器人研发者

　　在本章中，陆续介绍了一系列科学领域的研究者并进一步介绍了数学家的工作。为了完善对不同科技工作者群体形象的描绘，我们有必要了解工程师的工作范围和内容。在本节开篇处已经提到一些工程师和科学家之间的区别。那么到了跨界现象日益普遍的今天，那些向研究者跨界的工程师们究竟是如何开展日常工作的呢？克里斯·基茨（Chris Kitts）将是下面我们要介绍的主人公。他是一名工程学的助理教授，他带领着一个本科生、研究生团队研究各种各样的机器人。从他那充满各种新奇玩意的实验室中走出去的机器人，足迹遍布四方——从太浩湖底到加利福尼亚州海岸外的海沟，到地球上很多陆地和海洋，甚至宇宙空间都出现过它们的身影。

　　在基茨位于硅谷的圣塔克拉拉大学的实验室中，讨论用的白板挂满了墙壁，上面贴满了各种各样的图表、备忘和任务单。这些细节无一不反映着实验室人员的疯狂状态。没有什么能够

　　⊖　雾网（mist net），使用塑料细线编制的捕鸟网，常常用于鸟类与蝙蝠研究中。——译者注

阻挡这群玩电子游戏长大的孩子们投身于机器人研制的满腔热情。通过研发和搭建各种机器人，圣塔克拉拉大学的工程系学生学习了如何设计与建造复杂的机器。这个过程也让参与的学生明白众人拾柴火焰高的道理。这对参与的学生的专业生涯来说，是非常重要的一课。因为大多数工程项目需要团队合作，有时候这个团队的人数可能会多达千人。

基茨和他的研究团队的研究方向之一，是为科学家提供低成本的研究设备方案。比如他研发的 Triton 水底遥控机器人，就曾帮助科学家发现位于太浩湖深处的可能是古代滑坡的证据。对基茨而言，工程师和科学家之间的区别是简单而模糊的。他认为："工程师的终极目标就是创造工具和材料。"这种类型的工程师的工作领域有时和应用科学家非常接近。他们都关注新技术潜在的应用价值与可行性，而并不针对具体某个项目的应用。这样的工程研究为其他领域探索具体问题的研究者提供了更丰富的研究工具和研究思路。像在书中曾介绍过的很多专家学者那样，他也认为"小修小改（tinkering）"的动手经验是一把为孩子们打开科学与工程之门的金钥匙。这些经验可以让学生领略将想法变成现实的过程，还能让学生自主把握学习、成长的节奏。但是，基茨认为，只停留在"小修小改"的快乐之中是远远不够的。他说："一旦在入门以后，你就得尽快以真正的工程设计和分析规范你的行动与思考。"也就是说，小修小改，只有在有明确的思考方向下开展，才能取得更好的成果。

里奇的观点：

黑客和创客对小修小改（tinkering）的出神入化的使用，将这种普通的行为上升到艺术的层次。而在开展真正的大项目开发时，你就需要借助工程学的知识了。但我认为，只有在项目开展过程中需要用到这些的时候，你才需要专门去查找它。正如随手可得的计算器，让运算技巧的练习变得次要，使深入理解如何列式、求解实际问题的能力成为更重要的能力。类似地，互联网上信息唾手可得，在需要时有意识、有能力找到所需知识的素质比记忆大量的事实要重要得多。

回顾过去，展望未来

大约 10 年前，我获得了一个游览马萨诸塞州普利茅斯的机会。那里是 1620 年清教徒们乘坐"五月花"号登陆美洲并建立第一个定居点的地方。我到达当地时已是 6 月，但气候依旧是阴冷而潮湿。在新英格兰早春的日子里，找个干爽的地方，来一碗热乎乎的咖喱驱走恼人的湿冷是一个挺不错的主意。当然，普利茅斯的旅游区里不缺这样的休闲场所，但是在当地四处走走暖暖身子，并且发掘一些当地美食似乎是更好的选择。

从普利茅斯的海边向外眺望，可以看到科德角湾。像修长手臂一样的半岛将大西洋的一汪碧蓝轻轻地抱在怀里。灰蒙蒙的天空飘着细雨，海天浩渺，波澜不惊。就在普利茅斯港口里，静静矗立着一艘 1∶1 大小的"五月花"号仿古复制品，就像图 14-4 那样。稍显突兀的是，船上的某个地方竟然覆盖着一块塑胶布。这也许是个正在维修的地方，但它与船体风格极不协调。我甚至顽皮地想，这块塑料布会不会是当年土著送给清教徒们的礼物？除了这块布以外，外头那个极为现代的电动机就更让人哑然失笑。

而在海岸线上的一条小路上，矗立着一座恢宏而肃穆的建筑。在一排宏伟的灰色石柱中间的地面上有一个开口。我站在石柱中间，从开口向下望，我发现从这个别具匠心的设计中，普利茅斯岩（Plymouth Rock）和泛着涟漪的海岸构成了一幅极美的图画，如图 14-5 所示。在经历了 400 年风雨洗礼后，这块斑驳的纪念石已经看不出原来的形状。虽然这块小石头貌不起眼，但它象征着那一段从当年清教徒的皮靴踏上北美大陆后徐徐展开的波澜壮阔的美利坚历史。欲穷千里目，更上一层楼。为了俯瞰整个城市和海湾，我决定登高望远。穿过旅游商店和餐厅，穿过教堂，我不知不觉走到了山上的一个郁郁葱葱的墓园。在幽静的墓园里，整个世界好像消失了一般，在我耳边回响的只剩下偶尔海雾凝结滴落在树叶上的嘀嗒声和我的脚步声。

图 14-4　阴天下的复古"五月花"号

图 14-5　现在只剩下 1.8m 大小的普利茅斯岩

走着走着，眼前的一块标识牌引起了我的注意。停下来一看，发现原来我走到了普利茅斯殖民地首任总督威廉·布拉德福德（William Bradford）的墓前。墓碑上苔痕斑驳，墓志铭已经难以辨读（见图 14-6）。墓碑后面朦胧的树影和从海岸上蒸腾上来的丝丝云雾让人仿佛回到创立和守卫殖民地的那段艰辛、磨难的岁月。也许这个山顶是当年开拓者们登高眺望商船、观察敌情的最佳位置吧。

在布拉德福德先生墓碑前，我陷入深深的思索。整整 5 小时的飞行，这是怎样的机缘驱使我横跨了整个美国大陆，从洛杉矶来到波士顿与您相遇？这趟旅程能为我在喷气推进实验室研究星际飞船的孤独日子增添些许动力吗？身在天堂的先生，如果得知他为之奋斗一生的美利坚合众国今天已有 3.16 亿的公民并已经能免受当年曾经肆虐过北美大地的疾病所侵害的消息，他会有怎样的感慨？如果那个万帕诺亚

图 14-6　威廉·布拉德福德之墓，距今大约 350 年

格部落酋长马萨索伊特的英灵也在此，他又会给我怎样的启示？

在镇上，立有这两位伟人的纪念塑像。透过薄薄的雾霭，我仿佛看到他们两个并肩走来：布拉德福德先生头戴朝圣帽，斗篷随风摆动；马萨索伊特酋长穿着印第安短裤，威风凛凛。面对 3 个多世纪前的他们，我会说些什么呢？我想我会给他们展示土星和金星上的图片，并对他们说，今天生活在美利坚土地上的我们，已经能够探索土星、金星上的奥秘了。这些图片或许已经大大超出他们的想象能力了，而传回这些照片的各种机器人、飞行器对他们来说可能更是天方夜谭。

而见到 21 世纪的我，两位先人又会问些什么呢？如果他们知道我是坐着旅游大巴，穿过山下蜿蜒的山路来到这里的，他们是否会惊讶地问，今天的美利坚是不是正被女巫和魔法统治着？不知道他们是否会认为，在这片土地上的人们还在战争和饥饿中挣扎？也不知道他们能否意识到，他们已然是一段伟大的探索征程中的一部分，而这段伟大的探索征程已经走出地球，延伸到了太阳系的边缘⊖。清教徒们从欧洲带来了当时最先进的科学与文明，让这片土地的生产关系和技术水平发生了翻天覆地的变化。对当时的马萨索伊特酋长来说，他是否能意识到这些新鲜的事物会为他的子民带来什么？当然，站在印第安土地上作为旅游者的我们，当然可以一边享受着现代科技为他们遮风挡雨，一边浪漫地想象着当年印第安人田园牧歌的简单生活。但事实上，我们是无法体会酋长和他的子民们当年在这片土地为生存而苦苦挣扎的艰辛。⊖ 当然，这个日新月异的世界也是原住民无法想象的。雨停了，我抖了抖雨衣上的水滴，思绪慢慢回到当下，这个不完美但真实的当下。我想是时候离开这个烟雨缭绕，能引万千思绪的墓地，去寻找一碗热辣驱寒的咖喱了。

有时我又想，假若身后我也与先贤们长眠于此，400 年以后也同样有机会和那时的人们展开这么一场穿越时空的精神对话，我会问他们些什么问题？那些来自 2415 年的普利茅斯游客大约需要穿越 800 年的历史云雾，才能回到他的精神原点。而当他追忆的思绪之舟航行到 2015 年时，今天的我们又能为他留下哪些可以传承 400 年的印迹呢？来自未来的访客是穿着舒适的奇装异服，还是穿着比 1600 年时还原始的土布毛皮？他会是身材健美、健康长寿的人，还是身体孱弱、英年但将死之人？他会是那时生存在地球还是其他星球的，少数幸存者中的一个，还是茫茫人海中的一员？

面对未来的人们，我也许还会询问，我所笃信的科学技术阵营是否还占据着上风——那时的世界，科学和理性还存在吗？还是说那时的世界已经变得千疮百孔，而人类所掌握的科学技术已经无力解决这些问题？我想，每一个世纪的人们都应当把他们的当下看作人类进程中的关键时刻。然而当下，在辉煌背后所潜藏的危机日益严重。我们可以借助已有的科学知识和方法，创造出惊人的技术奇迹。但是我们没有重视培养那些能立足当下，并有足够能力与智慧创造未来的科学家和工程师。我们的公民能足够理解当下我们在气候变化和能源使用方面所面临抉择的艰难，以及技术攻关的艰辛吗？科学告诉我们，人类对世界的认识边界总在不断拓宽与发展。在这个世界上，很少有事情是一成不变的，但似乎有一件是例外。那就是世界人口的快速增加。

⊖ 作者在这里暗喻美国发射旅行者号飞船探索太阳系的太空探索活动。——译者注
⊖ 在这段描述中，反映了作者有一定的欧洲文明中心论倾向，请读者审辩地阅读并分析。——译者注

　　在我的想象中，2415 年来这个公园的访客，会是一个 200 岁，家住火星来地球寻根度假的人。他应该会穿一件紫绿相间的太空衣。而在里奇看来，如果 2415 年的人们还穿着需要人工参与制造的衣服，那将是对时代进步的最大嘲讽。而我则期盼到了那时候，人们还能在科德角享受清凉迷人的夏日，而普利茅斯岩和布拉德福德、马萨索伊特酋长走过的那片海滩还没有被上升的海平面所淹没。

　　我们所有人，无论是科学家、学生还是各国的公民，都身系着未来世界的福祉。我们的一举一动都决定着 2415 年的人们是否得坐船才能来到普利茅斯，或者说他们是否有足够的资源能继续生存发展而免于饥饿。想一想从 1620 年以来这片土地上翻天覆地的变化，我们每一个人都应该思考自己如何行动起来，才能把世代以来原住民、众多科学家和社会先驱的荣光不断延续下去。我认为最好的途径就是自己主动成为一个探索者，一个业余的科学研究者。我们生活的周围充满了各种未知，让我们走出去不断探索，直到找到我们心中信仰的那个答案。

注意：

　　较大的大学和科学实验室通常设有开放式设施，让工作人员可以在那里畅谈、交流各自的工作。如果你家附近就有一个，你通常可以查阅他们的网站获得相关的活动信息。这些机构会不定期举办一些讲座或者在线研讨会，让你可以了解到现在的科技工作人员是如何开展工作的。

总结

　　通过本章，你了解了几位科学家、工程师和数学家平日开展工作的方式，并且知道了他们对自身的工作定位与评价。本章同时讨论了这些不同专业角色之间的差异和他们之间模糊的界限。由第 12~14 章组成的部分，总结了对于过去 350 年的一系列反思，以及对未来 350 年可能取得的一系列进展。

第4部分

整装，出发

　　在本书的第4部分，也是最后的一部分，通过比较黑客、创客的世界与科学家、工程师的世界，融汇了之前提及的所有理念。第15章描述了这样一个核心理念，那就是在这两个世界中，人们从失败中学到的东西比他们从成功中学到的要多得多。你必须在吸取了失败的教训以后，才能推进你的工作和研究领域。在第16章，作者将这种实际经验与学习科学的研究过程相联系。而在第17章，最后一章中，作者反思了作为科学家，可以从黑客身上学习哪些优点。

第 15 章　迭代中学习

　　贯穿本书的一条重要的主线就是崇尚造物，从错误中学习。在传统教育中，通常都在关注做事过程的"正确性"。这种视角深深地暗喻着教师传授的知识天然的就是以这种"正确"的面孔出现在学生面前。但在任何一个真正参与过实际工程项目的人看来，事实并不是这样。一个有经验的项目经理往往会在预算中留出一块，防备各种事前无法预测的、未知的意外情况。开展一个工程项目就是在一个陌生的、充满变数的领域中不断探索、不断积累并解决问题的过程。一些大的工程失败之所以会产生，就是因为其中隐藏着大家都不了解的新知识。这就意味着那些重大发现往往就是从重大失败中孕育而来。从第 12 章到第 14 章，琼讲述了科学中很多发现往往就起源于意外。一个受过良好训练的科学工作者在天时、地利、人和兼备的情况下，综合运用专业知识对偶然现象进行分析，最后才能完成科学发现。

　　但是，"基于成功（teaching-only-success）"的教学风格却有另一套解决方案。在那套方案里，学生总是坐在椅子上，被动接受知识的灌输。在琼的众多高校教育经历中，这种方式经常被使用。首先是教师会讲解材料的整体框架，然后对每一部分进行深入分析，接着就是让学生做一些练习、实验等活动以便能测试他们的掌握程度。最后，针对还没有掌握的内容或者新内容重复以上的步骤。这种课堂模式有很大的副作用，那就是很容易让人有一种把各种聪明人装在同一个模子里的感觉。这最终会让学生对这些学科产生畏惧。当然，这种模式在某些学科的学习中能产生很好的效果，比如通过这种方式你可以学习到流利的语文读写。你可以从这个过程中知道背后的规律，然后专家、教师会帮你总结归纳。最后你需要全盘接受这些内容、运用它们并将它们完整地放进你的知识体系中。

　　然而，如果你不学会从错误中学习，难道你准备一辈子都重复同样的错误吗？虽然错误总是五花八门的，但我们总可以归纳出一些常见的情况。本章尝试给像琼那样在传统教育体系中成长的，而又想通过实践的、黑客风格的方式教授学生的人一些教学上的建议，帮助他们开展造物教学。本章主要以琼想要成为一名导师为主要视角展开叙述。里奇会偶尔从旁插入一些评论，而且还会在他与其他人合作进行项目迭代并最终完美完成项目的过程中，详细描述他的观点。

关于失败与挫折

　　如果你是在传统教育中成长的人，一旦遇到需要通过自学才能解决问题的情况时，你会如何开始你的工作？在本书里，我们已经向你介绍了通过书本和一些传统渠道可以获取信息，而一些传统渠道无法获得的信息，可以尝试通过在线的开源社区寻求答案。但事实上，创客技术的发展日新月异。只有那些明确了自己学习目标的人，那些在问问题之前已查阅了一些背景资料的人，才能更好地在社区中获得发展。即便你不是专家，也可以在创客空间中闲逛，在社区上灌水（见第 9 章的介绍）。然而面对巨量的知识和陌生的设备，初学者往往并不知道自己应该从哪里开始。

在第 8 章中，我们介绍了一些面向"初学者"的技术。这或许能给你一些基本知识，让你能更好地从编写代码和电子制作中入门。那些知识或许能成为你入门的阶梯，也可能不是。而里奇则认为学习那种理论知识简直浪费时间。他更喜欢从一个 Arduino 相关的简单项目，从一段普通程序代码入手，而不是学习一个被简化的、弱化的系统。如果选择了一个并不适合你，但精简、设计水平又很烂的平台开始你的造物之路，那么你可能需要在排查错误原因中花费大量的时间。而当你进阶以后，你可能会发现它并不能提供你所需要的高级功能，让你被迫重新学习、使用另一套系统。

简化通常是为了削减造价，并造成一系列功能上的限制。就如同你永远不可能在儿童游泳池中学跳水和游泳一样，简化的系统不利于进一步深入、完整的学习。但从另外一个角度而言，把这些电子积木用作娱乐消遣也未尝不可。很多孩子从这些东西里面也能学会很多的知识和技能。需要声明的是，我们并非暗示只有使用 C 语言编程和使用 Arduino 系统才是唯一的正路。只要能促进问题解决能力的培养，只要是进行实体造物，任何手段和平台都有自己的优势。

如果你是一个老师，但是没有足够时间去尝试所有的创客黑科技，而恰好你的班上有一个特别有创客潜质的、又有足够时间去尝试的学生，那么你可以把你想了解的项目介绍给他，和他一起开展这些项目。那个学生就会好像一个侦察兵一样带着你和其他习惯于被动学习的学生们前行，发现和纠正这一路上遇到的任何错误。事实上，在校高中学生可能会比他们的老师有更多的时间去尝试新技术、去试错。而我们遇到的老师很多时候认为，这样一项由学生引领的项目是非常有价值的，和他们普通的"家庭作业"是不一样的。

里奇的观点：

对普通人而言，总有一些东西是你不知道的。学着如何正确地问问题，会引导你往正确的方向上迈出一小步。如果你有足够运气，兴许还能迈上一大步。就我而言，我在研究 3D 打印技术的时候，常常发现自己在问一些没人能回答的问题。这种状态常常预示着，研究者已经走到了将要突破的边缘。而我整个研究和突破的过程是这样的：

关于问问题，首先，你得问自己是否知道如何寻找这个问题的答案。如果你觉得无能为力，那么这个问题可能对你来说过于艰深复杂了。那么，你也不要幻想着能一下子找到问题的答案，最好就是把这个复杂问题分解成为几个相对简单的子问题。不断重复对这些问题进行不断地分析和分解，直到它们接近或者达到你能够解决的程度。最理想的情况是，最好这些细分问题都是是非题，你只需要回答是或不是。通过沿着问题链向上回溯、研究，直到最后你能解决最初的那个艰深复杂的问题为止。并且，从这个分解、回溯并最终解决问题的过程中，你还会逐步掌握一套解决类似问题的方法。

如果你站在了领域的前沿地带，那么你会发现所面临的问题就是没有其他人能回答你的疑问。这时，就需要科学方法登场了（请参阅第 13 章的内容）。除了从理论上寻求问题的答案外，你还需要设计实验将问题转换为一系列可测量的步骤，通过这个过程寻找答案。如果不能一下子找到答案，至少这个实验能为你指明下一步探寻的方向。在设计受控实验的过程中，你需要将问题细化为单个可测量的指标。因为在你的每一个实验中只能测量一个对象。

失败 VS 迭代

在黑客社区中，失败是一个褒义词。这代表着一种屡败屡战、敢于获取最终胜利的态度和能力。而有些人则更愿意用"迭代能力（iterate）"来形容这种品质。这种描述可能会有更深的内涵。对工程师来说，他们总想着不断迭代改进他们的产品，要不然他们不会总是去测试他们的产品。失败总是不受欢迎的，但是不断发现、改正错误的过程，就如同一部福尔摩斯探案小说，能最终把我们引向真相的彼岸。而且还有些激进的人认为，你只能从错误中才能真正学到东西。

在第 5 章圣马修教会学校的约翰·尤美科布（John Umekubo）喜欢用"在迭代中学习"而不是"在失败中学习"来鼓励学生进步。但这一词之差，就体现了文化、理念的巨大差异。想想专业设计师的工作过程你就能理解，没有任何设计方案能在脑子里一蹴而就。

重大失败

测试中总会伴随着失败，可能发生在研究者的车库，也可能是在机构的实验室中。但有时候，有些悲剧会发生在公众的视野并造成重大的生命、财产损失，同时让前期的努力化为乌有。在善后的过程中，我们常常从这些重大失败中获益良多。之后研制的系统也变得更加健壮、安全。这让我想起了泰坦尼克号和挑战者号的故事。

当我还在读大学的时候，书中的很多知识都随时代而有所发展。我们除了学习更新了的知识以外，还常常在一些特意设计的、充满了错误与意外的项目场景中，通过团队协作的形式学习如何发现错误，学习如何制定排查错误的实验方案。这已经是很久以前的经历了，那时还没有互联网，所以没有办法在线找到我们当年的实验报告了。在科技发达的今天，原始创新是很困难的。但是在工程学的课堂中，你依然需要扮演"发现者"的角色，从中学习创新地解决问题的能力。下面我将列举一些经典的失败案例，希望能引起你的研究兴趣，去探寻这些极端情景背后的原因：

● 塔科马海峡吊桥（Tacoma Narrows Bridge）事故。这座横跨皮吉特湾的大桥在 1940 年首度通车，但不久以后就崩塌了。这座桥的设计方案让它很容易受共振的影响。共振原理同样也发生在荡秋千上，让你可以用相对小的力就能把秋千摆动很大的角度。回顾整个事故的发生过程，桥梁设计师意识到他们重视了桥梁其他影响因素的分析，但忽视了分析强风从侧面吹过桥梁时可能引起的摆动情况。这种情况就像是大人用手以恰好的频率推小孩子荡秋千一样。在维基百科中，这是一个专门的词条页⊖介绍了整个事情的始末。请一定记住要观看页面中震撼的影像记录，那会让你终生难忘！

● "挑战者"号航天飞机事故。航天飞机是一个极端复杂、巨大的系统，对安全性的要求非常严格。在事故后分析原因的公开听证会上，加州理工学院理查德·费曼（Richard Feynman）教授所做的几个经典实验，就非常值得创客们借鉴。那时，他要来一杯冰水，现场做了一个现象明晰的小实验⊜，然后得到了一个直指问题核心的观点。这个情节在费曼的自传⊜中有详细、精彩的描述。

● 博帕尔（Bhopal）惨剧。1984 年在印度的博帕尔，美国联合碳化物公司（Union Carbide）农药厂发生了一系列严重事故，泄漏的大量毒气烟雾在工厂周围造成了重大人员伤亡。记录与反思事件来龙去脉的著作、文献已经汗牛充栋，而南希·莱文森（Nancy Leveson）的作品是其中独特而深刻的一部。在这个事件清单后的提示部分会有所介绍。这个事故通常被认为是"多归因"的经典案例，是制度、设施、流程等多个因素相互作用而导致的综合结果。

● 20 世纪四五十年代的航空旅行。在载客航空运输的早期岁月里，飞机常常出现故障。这促使设计师们学会了提升飞行器可靠性的方法。如果你稍稍查阅一些那个时候飞机的结构设计和意外的原因，你就能发现一大堆有待分析研究的结构问题，甚至很有可能让你从此远离乘坐飞机！在维基百科的"1950—1959 年美国班机"㉳的页面中，你能发现一系列当时运营的客机型号。你在搜索引擎中试着搜索其中的一款机型，然后"+"上"意外（accident）""故障（failure）"作为关键词，你会发现一系列以"洛克希德·马丁公司伊莱克特拉机型（Electra）㊀结构问题"为首的，多种飞机型号会在飞行中发生机翼解体的事故。这些事故是由一些很罕见的极端情况所导致的，类似前面提及的塔科马海峡吊桥事故。

提示：

有一本讲述工程事故的经典著作是亨利·波卓斯基（Henry Petroski）所著的《设计，人类的本性》㊅。20 世纪 70 年代末，当琼到麻省理工学院读书的时候，学校会将这本书的早期版本发放给每一个学生作为必读书籍。另一本关于预防软件系统事故的经典著作就是南希·莱文森的《基于系统思维构筑安全系统》㊆。关于这方面的进一步介绍可以参看作者主页 http://sunnyday.mit.edu。

⊖　页面网址为 https://en.wikipedia.org/wiki/Tacoma_Narrows_Bridge_(1940)。中文网页为：维基百科、百度百科中"塔科马海峡大桥"词条。——译者注

⊜　关于实验的背景和详情，除了参考其自传外，还可以通过网络搜索关键词"费曼冰水实验"。——译者注

⊜　*What Do You Care What Other People Think? Further Adventures of a Curious Character* 英文版由美国 W.W. Norton 出版社出版，中译本名为《你好，我是费曼》，由南海出版公司出版。——译者注

㉳　页面地址为 https://en.wikipedia.org/wiki/Category:United_States_airliners_1950—1959。——原书注

㊀　该机型的中文介绍网址为百度百科的"L-188A 伊莱克特拉"词条。——译者注

㊅　该书英文原版名为 *To Engineer is Human: The Role of Failure In Successful Design*，1992 年由 Vintage 出版社出版。中译版《设计，人类的本性》2012 年由中信出版社出版。——译者注

㊆　该书英文原版名为 *Safeware: System Safety and Computers*，1995 年由 Addison-Wesley Professional 出版社出版。中译版《基于系统思维构筑安全系统》2015 年由国防工业出版社出版。——译者注

基于问题的学习

学习如何解决一个大问题，学习分析系统失效的方法，从我读大学的年代就已经是工程教育中必不可少的一部分。基于项目的学习（Project-based learning，PBL）业已成为美国基础教育的最新标准——《共同核心标准》（Common Core）⊖ 中的核心部分，即便可能存在一些争议。巴克教育研究所（Buck Institute for education，http://bie.org）收集、设计了大量基于 PBL 理念的课程资源。

在大学以上的高等教育中，很多面向产品设计师、工程师等领域的设计教育有一个共同的教育原点，那就是通过给学生布置一个"设计任务简报（design brief）"，让他们在创新产品或服务的过程中，解决现实问题或者市场需求。解决这些问题常常需要同时使用多个传统学科的知识，所以这类课程的教学任务可能需要由多学科教师所组成的团队承担，或者邀请一个通晓这些学科的跨学科大牛来任教。

迭代，让设计更健壮⊖

本节的叙述聚焦于完整的、表面上正常受控的系统中隐藏的各种错误。我们会问，对于防范大错而言，将错误分散、变小，真的是一个好方法吗？假如你做了一个能工作但性能不完美的产品原型，并且打算以此为基础迭代改进，你能很容易地从迭代过程中发现隐藏的问题吗？假如你原本有一个设计方案，但后来根据需要提升了、甚至更改了你的设计标准而使这个方案作废了，这算不算一个工程失误？在下一节里，作为迭代性探索的一个样本，我们将会为大家展示一个关于 3D 打印机迭代设计的案例研究。

案例分析：轴夹的故事

正如之前一直提及的，里奇参与设计了好几款早期的 3D 打印机机型（详情回顾第 3 章），其中包括开源的 RepRap 项目中的一款。在第 9 章的"开源软件还是免费软件"中，图 9-1 所展示的 RepRap "华莱士"型号就是他设计的。在接下来第 15 章中，图 15-1 所展示的"迷你孟德尔（Mini-Mendel）"的设计原型也是出自他的手。在本节里，里奇将会为大家介绍他决定将"迷你孟德尔"进化改型为"华莱士"背后的来龙去脉。

对于 3D 打印机设计者而言，他们所面临的其中一个难题就是在他们建造第一部机器之前，并没有 3D 打印机可以帮助他们制造零件⊖。早期的打印机原型，使用一些如带螺头光滑金属杆之类的机械零件和别的 3D 打印机打印的塑料零件作为部件。这就得求助于其他拥有 3D 打印机的伙伴了。接下来的文字，记录了里奇在 2010 年下半年开始研制 3D 打印机的一些经验和故事。作为一个最基本的背景知识，我们这里所描述的 3D 打印机都是工作在"笛卡尔坐标系"的——

⊖ 《共同核心标准》的英文官方网页为 www.corestandards.org/about-the-standards。——原书注

⊖ 原文使用了"Robust"一词，健壮为通译。在控制领域有专属概念"鲁棒性"，即系统在参数变动时是否还能维持系统性能稳定的特性。——译者注

⊖ 这也就是开展 RepRap 项目的其中一个初衷，制作一套"可繁殖"的 3D 打印系统。——译者注

这意味着喷头是沿着 X、Y、Z 三个轴分别做直线运动的。一般而言，载物台会带动着物体在一个或两个坐标轴上运行。比如在这里你将会了解到，我所设计的型号载物台是沿着 Y 轴运动的。而挤出塑料的加热头则运行在剩下的坐标轴上。当然，有一些"笛卡尔"式 3D 打印机的载物台会静止不动。但这种机器不在讨论之列。

　　当我最开始设计建造"迷你孟德尔"型 3D 打印机[○] 时，一堆冗余而复杂的问题挡住我前进的路。最初，这些打印机使用线性光滑金属杆以便能让滑块匀速地运动。而我最早想简化的部件就是能将 Y 轴线性光滑金属杆和控制层上下运动的螺头光滑金属杆[○] 连在一起的紧固夹块。这套夹块原本设计分为两部分，能通过 4 个螺钉进行连接、紧固。在另一个方向上，螺头光滑金属杆穿过夹块，并通过一对螺钉从两边夹紧夹块。如图 15-2 所示。对于这么一个简单任务来说，零件太多、结构太累赘了。在我组装这个结构时，我很快就意识到螺钉减少到 2 个也能达到相同的目标。

图 15-1　里奇的迷你孟德尔型打印机，随后他将
这个型号改进为"华莱士"型

图 15-2　迷你孟德尔上轴夹块的原始
版本，使用了两个而不是 4 个螺钉

　　即便减少了螺钉数量，结构也依然复杂、冗余。因为 RepRap 项目尤其关注结构重量，所以非打印的零部件能少用就少用。而就我的个人追求而言，除了按照项目目标减少非打印部件数量，同时我还努力减少打印部件的数量。这能让制造一台新机器的周期更短、价格更低。基于这种想法，我进一步想到，那两个用来固定螺头光滑金属杆位置的螺母，借助固定线性光滑金属杆的一体化夹块，同时可以用来夹紧线性光滑金属杆，如图 15-3 所示。这是我第一次尝试使用 3D 打印技术制造物件，你可以从图中看到当时的打印质量还有很大的提升空间。在改进效果过程中，打印机设计方案更完善了，我也学到了更多知识，同时也对控制 3D 打印的软件做了重大改进。

───────

　　○　"迷你孟德尔"型号，随后改名定型为 RepRap "赫胥黎（Huxley）"型。——原书注
　　○　在这种机型中，载物台是在机器的"前后"之间（Z 轴）运动。——原书注

图 15-3　我的第一个版本轴夹块设计

　　根据这个想法，我设计了一个夹块的改进版本，并将它贴到网站上让其他人试验效果。因为那时我手头根本就没有可以制造部件的打印机。有网友尝试了这个设计，给出了正面的评价并提出一些建设性意见。另一方面，由于我并没有实际的 3D 打印经验，所以我并不清楚打印模型层与层之间的结合力是决定部件结构强度的核心因素。因此其他热心网友建议我改变模型的打印方向，以便能增强结构强度。当我真正看到模型被打印出来时，我才深切感受到网友的建议有多么正确！这些建议让我的第二个设计版本的效能比之前版本有了质的飞跃，如图 15-4 所示。

图 15-4　我设计的新型更坚固的轴夹块。当时的打印质量已经完全可以接受了

　　这个夹块设计的改进非常有效，而且影响深远。约瑟夫·普鲁萨（Josef Prusa），众所周知的著名 RepRap 打印机设计师，在他随后的"普鲁萨·孟德尔"版本打印机中，也采用了这个改进设计，虽然好像他也是独立发现了这项改进的。接着没多久，这款机型很快就成了当时的爆款。

　　然而，零件数量并不总是越少越好。在"迷你孟德尔"后，我下一个打印机项目是 Makerbot CupcakeCNC[⊖]。这款数控机床采用木质外壳，所以它得使用另一种方法固定光轴。在新夹块的两面各有过孔，螺钉可以从中穿过。夹块所夹住的另一块木板上也有相应的过孔，让夹块可以通过螺钉、螺母从两侧夹住木板，并让光轴能很好固定。因为夹块在组装固定前需要有足够的空间让光轴穿过，所以运行中的机床常常会带动这根光轴，让它与夹块上的孔产生滑动摩擦，并且会在机床转向时撞击夹块。这也就是这台 Cupcake 机床噪声极大的一个原因。而且光轴的移动会让夹块夹紧光轴的孔产生磨损，从而降低它紧固光轴的效能。这会让光轴越来越难在机器运转中被固定在应有的位置上。

那时候，在 Thingiverse[⊖] 网站上有很多改进模型用来解决这个问题。我最早想到的解决办法，是在夹块孔和轴之间加一片泡沫塑料薄片，让轴不会位移也不会撞击夹块。但这显然只是权宜之计。一个被越来越多人使用的改进设计，就如同我之前用在"迷你孟德尔"的夹块上一样，使用螺钉螺母来固定光轴外面的一个弹性夹块。但是我不喜欢这个解决方案，因为在夹块安装以后，打印层与层之间很容易受到运动所产生的剪切力影响。所以，最后我进一步改进，实现了一个更简单的设计。和前面的夹紧原理不同，新设计使用了一个松紧螺母将光轴压向夹块孔壁，这样就能很好地固定光轴的位置了，如图 15-5 所示。

图 15-5　我为 CupcakeCNC 设计的轴夹块

当我在设计 RepRap "华莱士"的时候，我将这个新设计应用在 Z 轴上，但在 X、Y 轴上依然沿用了"迷你孟德尔"的轴夹块结构。因为我想在机器上尽可能减少螺钉用量，所以我不断想办法充分挖掘每一个螺钉的潜力。比如用一颗螺钉紧固多个夹块，然后让它穿过一些滑轮，甚至电动机最后固定在另一个夹块上。就这样，我不断地迭代更新零件的新版本，甚至有时新版设计出来了，但旧版本零件还在打印机中打印！

在今天的 3D 打印机设计中，线性移动元件已经逐步取代光轴，目的是让装配更加简便。组装 3D 打印机越来越旺的人气，为各种高品质零件创造了一个越来越大的市场，让消费者能有更多选择。这是以前想都不敢想的事情，至少以前同类的零件品质并没有那么高，或者价格并不亲民。光轴设计并没有消失，但是装配它们的手段也有了一定改进。在 Printrbot Jr. 型等简易 3D 打印机设计方案中，开始采用金属扎带固定轴和轴承。在"普鲁萨" i3 版本中也是用了类似的方法。随着高精度的加工工具和 3D 打印机使用越来越普遍，零件精度也越来越高。有些 3D 打印机在设计中甚至使用压配合[⊖]（press-fit）零件，或者有足够弹力的无螺钉的弹性夹块。

⊖　项目介绍网页见 http://en.wikipedia.org/wiki/MakerBot_Industries。CNC 是数控机床。——原书注

⊖　www.thingiverse.com 是一个 3D 打印模型的数据库。——原书注

⊖　压配合是指轴的直径比孔稍大，通过在润滑条件下的加压压入后，使轴与孔形成紧密连接的机械配合方法。——译者注

在 3D 打印机设计的不断迭代过程中，我和网友们都在线分享各自的设计和模型。因为这些设计和模型都是开源的（详见第 9 章），所以大家都可以尝试其他人的设计，给出使用反馈，并且可以相互启发进而产生出更好的设计方案。这就是 RepRap 项目的初衷。项目认为机械设计也可以像生物体那样进化。那些设计优良的方案会逐步流行，并且成为更多新版本的设计基础；而其他的设计则随着时间慢慢消亡。生物进化依靠随机变异和自然选择的方式逐步产生如此复杂但又能很好与环境相适应的生命体。如此精巧的过程让一些人难以相信这是生命适应环境，而不是环境迎合生命的结果。机械设计的迭代进化也存在类似的过程。每一个小而美的改进，都能快速推动方案朝着更有用、更可用的方向优化。

琼的观点：

我觉得这是一个很有意思的案例研究。其中一个原因就是让我可以看到一个领域的进展到底能有多快。本书中所记述的内容仅仅是 4~5 年[⊖]以前才发生的事情，但那些硬件现在看来都显得老掉牙了，真是恍如隔世。而另一个原因则是，以我在大机构从事工程师的经验来看，失败的故事常常只会成为众人茶余饭后的谈资。这些失败的经验可能会被记录下来，但只有那些导致了严重后果的失误才需要以正式报告的形式向上汇报，而我幸好从来没有遇到过。所有听回来的失败故事都会被分门别类地整理好，正如我们这类接受传统教育的学习者所喜欢的那样。但是，对于黑客的传统来说，他们会将很多失败和行不通的方案记录在案，而且并不会将这看作一种负面行为。

初涉某个领域的人往往很容易会迷失在一大堆错误之中。如果任由参与者漫无目的地试错，会拖慢整个系统的发展进度。但是，如何衡量一个工程系统的复杂程度，以及如何判断这个复杂系统是否像 RepRap 打印机那样进行不断迭代，将会是一个有难度但相当有趣的问题。如果将系统的进化过程的各种细节信息都记录下来，那么任何想为项目添砖加瓦的设计者就可以通过回顾项目历史进行学习，避免在新设计中重复旧错误。当我遇到问题时，我通常会从论文或者教科书中寻求解决问题的方法。但我看到里奇并不是这样的。当他遇到他无法解决的问题时，他总是会通过计算机、网络的方式寻求答案。这两种方法孰优孰劣，已然成为我俩日常争论的主要议题。但有一点毫无疑问，那就是在网络原住民的下一代身上，这两种方法会有进一步融合。

问题迭代能力——职场新技能

在第 11 章中，曾经讲述过帕萨迪纳城市学院开展"造中学"的项目案例。那么从更广泛的职场来说，学校培养的这种问题迭代能力如何才能逐步转化为职场技能呢？这里有一点值得我们注意的是，现在越来越多的公司崇尚迭代开发，类似的学习经历会在那些使用 3D 打印技术

⊖　英文原版写作于 2014 年，并于 2015 年出版。——译者注

和电子原型技术开发消费电子产品的公司中直接转化为职场工作能力。

　　关于迭代，有一个称为最小化可行产品（Minimum Viable Product，MVP）的概念。这是艾什·莫瑞亚（Ash Maurya）在《精益创业实战（第 2 版）》[⊖] 中讨论"精益创业（Lean Start-up）"时提出的一个核心概念。所谓最小化可行产品，是指具备产品基本功能，可以交付给客户用于测试和获得反馈，并用作后期迭代基础的最小规模的产品原型。在很多软件工程方法中也非常鼓励类似的方法。在本书所提及的一系列新技术出现前，这种迭代的方法更多用于软件开发领域而非硬件。到了现在，硬件迭代的成本已经大大降低，许多运用在开发手机 APP 和网页的理念正慢慢迁移到硬件开发领域。所以，学生在学校中就开始接触迭代式的项目和学习方式，可以帮助他们成为更有竞争力的职场人士，甚至可以成为成功的创业者。

总结

　　在本章中，我们开始整合"经历造物的学习（learning through making）"过程中的各个环节。前 11 章，我们分别讨论了这些环节。从第 12 章到第 14 章，我们分析了造物过程与科学方法的一些相似之处。最后我们将目光聚焦在一个开源 3D 打印机早期研发的案例，并试图从中说明通过迭代过程中的一系列小改进和小失败，最终可以促成一个优秀的设计方案的诞生。

　　在接下来两章中，我们将深入探索科学方法与造物过程的共性，并讨论它们的一些可能的应用场景。第 16 章重点关注在造物中学习科学，而第 17 章则探讨了创客、黑客社区中可供科学家借鉴的经验与方法。

　　⊖　中译本《精益创业实战（第 2 版）》2013 年由人民邮电出版社出版，英文原版为 *Running Lean:Iterate from Plan A to a Plan That Works,Second Edition*，2012 年由 O'Reilly Media 出版社出版。——译者注

第 16 章　科学在"造"中学

在第 15 章中，我们曾经探讨在不断尝试与实践中学习，可以逐步减少错误。而从第 12 章到第 14 章，我们通过介绍科学家、工程师和数学家们的工作经历，并试图从中发现他们当中有多少人是从拆装、观察和调试中展开他们的研究的。在本章中，我们将讨论这些动手实践的理念应用到其他学科的教学中，无论是正规课堂中的教学还是其他场合中的活动。当然，我们很清楚自己并没有 K-12 学段的教学经历与经验。但是我们曾向公众科普过书中提及的各种技术。我们也曾经接受过教师和学校管理者的咨询并帮助他们思考如何借助 3D 打印技术、Arduino 平台、可穿戴技术等技术手段增强正规课堂教学的效能。在书中各处，特别是第 5 章、第 8 章、第 10 章，介绍了我们对一些学校的采访案例，在第 11 章中我们也讨论了一个高等教育中开展造中学的案例。这些案例为我们的观点和做法提供了一定的佐证。

造物，正和其他很多口号和热词一起，越来越流行。琼就非常不喜欢 STEM 或者 STEAM 这个更费解的词语[⊖]。她觉得直接使用"学习"一词会比使用"STEM/STEAM学习"之类的词语更有价值。在那些词中，历史、政治这些重要的学科的位置在哪里呢？STEM 学习能告诉学生如何在森林里扎营并学会如何不让野生动物偷吃了你的食物吗？在本章中，我们主要谈论"科学"。但我们所指的科学一词的含义更广泛，包括了一切需要被辩证地思考、认识的事物以及终生学习、不断提升自身技能的科学态度。因为琼在多所大学任助教多年，所以本章主要从她的视角展开阐述。里奇会在需要的地方补充陈述他的观点。

当前，本书所描述的技术在学校的应用还处于非常初级的阶段。教育一向非常保守，应对变化方面与工业相比显得非常缓慢。所以 3D 打印技术、Arduino 平台和可穿戴技术需要过一段时间才可能进入教育的主流。当她听到有人提出"教育中的创客运动（the maker movement in education）"的说法时，琼深感不安。将造物视为一种"运动（movement）"，这是一种偏激的并会产生不良影响的倾向，因为其中暗含着一种"非黑即白"的信仰和排他的观念[⊖]。她觉得，大部分教育者都在借造物概念的流行来发论文，无论他们是否理解其中的含义。造物的核心在思考如何借助技术手段，扩展学生各方面的可能性，而不是用新技术来重复那些你已经做过的、用传统工具就能够实现的老项目。因为这实在是一种买椟还珠的行为，会让人对新技术产生不好的印象。

以 3D 打印课程为例，我们不应将使用 3D 打印机打印模型作为主要内容，因为使用硬纸板

⊖　STEM 是科学（science）、技术（technology）、工程（engineering）、数学（math）的英文单词首字母的集合，而 A 则是艺术（art）的首字母。——原书注

⊖　对于这个问题，里奇有不同的观点，会在下面介绍。——原书注

制作模型会更简单方便。正如我们在书中一直强调的那样，我们可以借助简单的东西，比如定制一个 3D 打印钥匙扣，去获取直观的、感性的认识，但更重要的是坚持不断地深入学习、实践。仔细想一想，今年你正在用的 3D 打印技术和微处理器在几年前还离普通民众非常遥远。我们正是希望通过本书，帮助人们跨越"从网上下个模型打印一下"的这种简单应用阶段，真正进入设计与创新，并领会、学习造物过程中的所有内涵。如果在造物过程中你的学生暂时遇到困难了，那么恭喜你！这将为你创造了一个极好的教育时机，让他们能观看、甚至参与到排除错误的过程，并从中学习。他们从这个过程中能学习到的，一定比他们跟着说明书一步步实验所学到的所有知识都要丰富得多。

里奇的观点：

> 教育对技术反应缓慢的保守倾向事实上是一个巨大的系统性缺陷。这对下一代的能力培养会产生很大影响。教育是外部传授给你的一些东西，而学习则是你自己主动的习得。到了现在，我已经完全倾向于正规教育已经用处不大的观点，因为一直落后于时代发展的教育会让教育本身产生谬误。所以，创客运动或许能为这种情况带来一幅新蓝图。我希望并且相信这幅美好的愿景是一种对现实潜移默化的更替，而不是一时的流行与狂热。并且我不认为"运动"一词暗含着琼所形容的那种偏执和狂热。运动在达到它的目标时就会自动停下来，正如今天女性已平等享有投票权，当年女性投票运动（women's suffrage movement）就不复存在了。

学习造物中的科学

有几个思路可以帮助你思考如何通过造物的方式教授科学、数学以及其他技术学科。第一种方式是教授造物中所蕴含的科学本质和原理。比如了解电路的工作原理，加热槽中的热量的散失规律；学习如何编写代码，如何计算确定造物时所需的物料用量。在以前，类似的实践努力曾经是电工实验室（electronics lab）的主要活动内容。那时学生被要求坐在实验室并两两结伴，一起动手弯电线、拧螺钉。时至今日，这个场景并没有太大变化。不一样的地方可能是，现在的实验项目会比以前更开放、更贴近实际一些。比如让学生用电池、开关和灯泡等器件制作可以编程的电路，做成任何他们想做的物件。做任何学生想做的，当然是一个很好的学习锚点，但也潜藏着困难。与单纯阅读相关材料相比，在课堂开展造物活动面临的其中一个挑战就是需要耗费更长的时间。而另一个挑战就是，与单纯观看造物操作视频相比会受很多不确定因素的影响。但是挑战越大收益越大，学生在造物中的收获会比传统实验多得多。

使用 3D 打印学习

回忆起沉浸在 3D 打印世界的日子，我发现我从中收获巨大。在大学，我学习的是航天工程专业。但是随着时间迁移，我慢慢变成了一个百事通，并将更多的精力集中在软件以及项目协调的工作中。在第 1 章中讲述的就是我在开源世界里苦苦寻找切入点的故事。那时的我没有太多使用现代元器件和工具，比如 3D CAD 设计软件，进行开发工作的经验。

让我能度过这个艰苦过程的，是系统归纳知识和系统、有序排查错误的能力。另外，我也很有幸能和一位优秀的 3D 打印机设计、建造者一起工作。在网络上，里奇会经常被看作 3D 打印技术的元老，被问及各种 3D 打印问题。当我在互联网的信息海洋中溺水的时候，我非常庆幸还能找到这么一个救生圈帮我渡过难关。当我慢慢走上正轨后，我也会花上很多时间，并且尝试用各种方式向公众科普 3D 打印，并比较哪一种形式能取得更好的效果。在我的经验中，下面清单列出了一些可以通过造物方式教授的内容，这和下一节将谈及的将创客技术引入现有课程的方式有着明显的区别。内容细节可参阅第 3 章所描述的 3D 打印工作流程和下面的介绍。

● 3D 计算机辅助设计（CAD）：除了使用别人的模型进行 3D 打印以外，你需要学习如何使用 CAD 软件或者 3D 扫描仪系统进行建模。对于大部分交互式建模软件来说，需要你有一台能运行建模软件的计算机和过得去的鼠标操控技巧。而对于某些代码式建模软件，比如像 OpenSCAD 那样的，可能需要你有一定的程序思维和技巧了。对 3D 扫描仪来说，使用和效果都不尽如人意，而且需要复杂的后期处理软件。

● 设计规则：当你设计的模型并不像预期那样严丝合缝，那些诸如在设计中为接插部分预留合适的空隙之类的设计规则，就会深深地印在你的脑海里。通常一根 5mm 的棒需要一个直径比它大一点的孔才能插得进去。但是尺寸需要大多少，更像一个艺术而不是一个科学问题，需要因物而异，因工具而异。3D 打印技术为这类问题提供了一个重要选项，因为它有着比机械加工更低的迭代成本。这个优势可以让学生有充分的机会不断地迭代改进设计，寻找不同的设计可能性，避免了太过依赖经验和分析教条的弊病。

● 理解虚拟的局限：3D 打印技术可以让物体从虚拟世界中的模型变成现实的实体。这种转化不会自动发生，也不是严格对应的。这些特质常常可以为介绍计算机建模局限性、物质属性、结构合理性以及热动力学方面的知识创造各种有趣的教学时机，并且会产生让人惊奇的效果。或者，我们可以更哲学地认为，这是一个可以让学生理解虚拟与现实之间差异的过程。一般来说，模型在计算机屏幕上看起来完美无缺，并不代表它就一定能被完美地打印出来。找出导致这种不完美背后的原因，能很好地锻炼批判思维，也能培养出很强的耐性。

● 了解物质特性：如果一个人打印模型的数量特别多，他一定会了解很多不同塑料在不同温度下的不同行为特性。这让他会根据具体情况微调打印机的工作温度。而一个 3D 模型在打印时是横着还是竖着摆放，也会对模型的打印难度和打印强度有很大的影响。因为打印物体的问题常常出现在打印层的边界上，至少挤丝型 3D 打印机会有这种情况。

● 机器人学：3D 打印机本身就是一个自动化机器人，很多还常常以散件套装的形式出售。对 3D 打印机的结构仔细观察，组装机器时进行的各种调试，这些都会是建造机电系统宝贵的经验。从零开始搭建一部 3D 打印机，是一个知易行难的过程。现在大部分组装打印机都在网络上有在线说明书，你可以找来看看它是否在你能掌控的范围之内。

● 设计美学：虽然本节主要是介绍科技和数学，但如果用漂亮的模型作为介绍 3D 打印技术的项目，你也同样可以在技术教育中渗透设计美学。即便不用 3D 打印机打印出来，至少也可以作为一个艺术设计项目在 3D 建模软件中建模。

里奇的观点：

> 　　在我看来，琼在自学时面对开源文档的无从下手，以及由此产生的畏惧和不安，是因为这些文档本就应该是被用的，而不是被学的。一旦你在用这些文档的时候，那么你就已经成功找到一个锚点——一个明确的目标，和一些需要解决的问题。因为在没有明确语境的情况下学习新信息，就如同理解一句没有主语的句子一样无从下手。

而从不利的方面来看，3D 打印目前仍受速度慢的制约。这导致了很多演示和介绍需要延长到课堂之外进行。如果学生无法完整观摩整个过程，有一个独立的创客空间让打印机能有一个稳定的工作空间，是一个很好的选项。否则，教师需要安排一段更长的课堂时间来容纳打印过程了。

提示：

> 　　如果你让学生从数据库中挑选一个模型，然后体验 3D 打印的效果，那么他们通常会选择一些他们感兴趣的模型，而不会考虑这个模型是否符合打印要求。一旦遇到那些超出打印机打印范围的模型而打印失败时，他们常常会感到失望。因为有些提交到数据库中的 3D 模型，设计者可能并没有真正在 3D 打印机中打印验证过。
>
> 　　如果你是任课教师，可能需要提前检查模型的质量并测试它们是否能被正确打印。要让你的学生从低难度的模型开始体验 3D 打印过程，你可以试着在数据库中找那些有很多正面评价、并且有人已经打印成功的模型文件。在一些模型数据库里是鼓励用户将自己成功打印的作品贴图到网站上的。想要获得模型，你可以到第 3 章 "下载打印模型" 中介绍过的一些常用模型数据库网站上下载；又或者用第 3 章的 "创建打印模型" 已做介绍的简单 3D 建模软件随意建一个模型。

通过使用 Arduino、可穿戴设备和传感器来学习

将 Arduino 系统、传感器和其他电子模块纳入课程内容中似乎是一件水到渠成的事，因为类似的电子技术课程已经存在一段时间了。元器件是如何工作的，如何测试元器件，传感器如何与环境进行互动等内容，都是最常学习的内容。根据你的学生年龄和程度，挑选一些适合他们的元器件组合，给他们一个可以利用这些元器件完成的任务，这可能是激发他们深入学习电路、了解元器件原理的最佳途径。而在第 7 章中曾经提及的可穿戴技术，则是为那些已经关闭了技术学习大门的学生打开的另一扇有趣的窗。在下一节中，我们将会讨论将造物融入传统科

学课程的相关内容。使用 Arduino 和传感器制造科学仪器会是一个很好的入门途径。相关内容在第 6 章的公众科学部分也有介绍。

传统科学课（数学课）的创客化

科学教育在人们的传统印象中，被看作是一个金字塔型的结构严谨的体系。首先你需要学习一些基础知识，然后才能在这些基础知识上进一步学习其他知识。这套知识体系一直运作良好，并且这还是一种能将海量而复杂、与数学密切关联的科学知识系统化的途径。在传统的科学教育中，当然也有实验室和课堂演示。而我们将造物技术融入传统实验室的设想，是试图开发传统实验室在真正动手与研究方面的潜能，让那些按图索骥式的学校传统实验室升级换代。

为实验定制器材

汤姆·哈格隆德（Tom Haglund）是西洛杉矶 Windward 学校的任课教师，他计划在一个项目中探究咸水观赏鱼与 3D 打印珊瑚、真珊瑚之间互动是否有区别。假珊瑚是经过 3D 扫描，使用和乐高积木材质相同的天然 ABS 塑料打印而成。和很多复杂的 3D 模型一样，珊瑚模型需要额外打印支撑结构才能顺利完成。图 16-1 展示了一个刚打印完成的珊瑚模型。你还可以在上面看到一片片与模型相连的、随后将会被清理的支撑结构。

图 16-1　已经完成打印的珊瑚模型，打印支撑尚未去除

打印这个模型之所以需要支撑，是因为物件是从载物台往上逐层打印的，一旦模型向外伸出的部分超过一定限度时，就必须在这部分与载物台之间打印连续的支撑结构，这才能实现悬空结构的打印。有趣的是，珊瑚本身也是一个"增材制造"的成果。由于水的作用，这样珊瑚

在沉积生长的时候无须支撑就能形成千姿百态的复杂形状。

　　图 16-2 和图 16-3 是打印珊瑚和真珊瑚两者的对比照片。从图 16-2 中你可以看到打印珊瑚还原度非常高。但图 16-3 则不太一样，仔细比对以后你还是能发现有些细节不尽相同。这是由于 3D 扫描仪发出的扫描光线并不一定都能到达物体的每个角落，所以导致扫描并还原表面坑坑洼洼的物体是非常困难的。

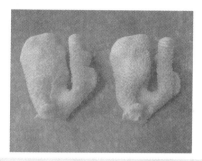

图 16-2　一种珊瑚（右）和它的 3D 打
　　　　印复制品（左）

图 16-3　另一种珊瑚（右）和它的 3D 打印复
　　　　制品（左）

　　打印以后，真假珊瑚被分别浸入两桶清水中，让它们能溶解出无关的杂质和多余的盐分，如图 16-4 所示。假珊瑚使用天然 ABS 材料打印而成。这种材料在自然环境中非常稳定。如果测试能成功让鱼儿分辨不出珊瑚的真假，那这将会是一项有趣的创新研究。无论是人工养殖环境还是野外环境，这种方式都能为学生创设一个比目前任何一种其他微生态系统更可靠、更精确的定制微生态系统。

图 16-4　分别用水浸泡的珊瑚。左边桶为真珊瑚，右边桶为珊瑚模型

　　在这个案例中，学生使用为他们准备好的假珊瑚，而不是让他们自己制作。由一个选定的老师、职员或者一个小组来专门使用新技术制作这些器材和设备，是发挥新技术优势的一种好方法。

　　我们曾经采访过的一些教师和职员表示，教师引领是解决技术进入传统课堂的一种好的短期方案。这能让学生有机会在一些他们自己在现实生活中无法进入的领域展开探索。这种做法能让师生逐步通过课堂与课后的活动彼此熟悉，携手进步，最后衍生出一系列的实践项目。

复杂概念直观化

化学常常被认为很难掌握。这是因为分子复杂结构、分子中的电子轨道等概念都十分的抽象。在第 11 章中曾经介绍过一种利用 3D 打印的化学原子模型，被用作向失明的学生讲述电子轨道概念的案例。这个概念对正常的孩子来说也有难度。此外，化学模型数量众多、纷繁复杂。有些简单的模型学生可以直接使用 3D 打印机打印出来，而有些非常复杂的模型仍然需要依靠打印并组装的方式来实现。比如多肽，在 www.peppytides.org 网站上就有一些多肽链的 3D 模型供人下载、打印组装。而网络上有很多化学建模软件可供选择。在某些情况下，这些软件还能将建模结果输出为可供 3D 打印的分子模型。

在前面我们已经了解过一些利用 3D 打印制作组织学模型的早期尝试[⊖]，以及"DNA 折纸"模型[⊖]。目前，3D 建模的过程依然相当费时费力。希望随着工具的发展，建模速度的进展能很快赶上日益增长的需求。

实物学习

一般而言，想象齿轮和其他一些机械结构的具体运作过程是一件不容易的事。里奇曾设计过一套像"小提琴玩具（fiddle toy）"大受欢迎的行星齿轮结构模型。整个结构是一体打印成型的，只需要稍加外力就可以活动自如了。这个特色模型如图 16-5 所示。这个设计和指南已共享在 Youmagine 网站[⊖]上，供人自由下载。

图 16-5　3D 打印行星齿轮模型

对于已经跨过"下载 - 打印"阶段的学生来说，在 3D 建模软件中设计一个可行的模型，然后分析决定如何把它正确打印为实体，这是一项相当有挑战性的技术应用任务。如果你翻阅第 3 章曾经列举的那些 3D 打印模型数据库，从中搜索"齿轮（gear）"一词，你能找到很多可以让你试用的模型。

创造科学仪器

我们已经在第 6 章讨论过公众科学以及开源实验室的内容，其中包含了很多制作仪器仪表的内容。因此在这里我们将不再赘述。但我们依然强调现实中可用于 Arduino 的传感器有很多。很多极具性价比的传感器模块可以满足你在实验室或野外测量的需要，但前提是你需要仔细阅

⊖　比如 Atlantic Cape Community College 的 Mike Kolitsky 老师。——作者注

⊖　比如加州理工学院的 Matt Gethers 和他的合作者。——作者注

⊖　网站网址：www.youmagine.com/designs/quick-print-gear-bearing。——译者注

读模块的使用参数手册并确保仪器的输出结果是你想要的。

为失明学生提供学习辅助

我们曾在第 11 章介绍了为失明学生制造化学学具，以及辅助学生进行校园定位的项目。失明学生的任课老师总是想方设法为他们的学生创造各种各样可触摸的模型。而现在便捷的快速制造工具可以让他们比以前更容易、更廉价地造出他们所需要的物件。

由 Benetech[⊖] 运营的 DIAGRAM 中心[⊖] 则是一个致力于创建更易于获取的电子多媒体资源的组织。该中心正逐步关注 3D 打印的潜在应用，并汇集了一些研究建议放在网页 http://diagramcenter.org/3d-printing.html 中。

跨越现实的藩篱

变革总是一件困难的事，教育中的变革则难上加难。教育投入的不足让老师不能放飞想象的翅膀做他们想做的任何事情，而事实上教师也得按部就班地开展教学。其中一个现实问题是，如果学校想外派一个老师学习新技术，那学校就得临时请人替代他的工作，否则就得牺牲老师的个人休息时间。而另一个问题就是，如果将自我导向学习（self-directed learning）融入学习，需要解决如何评估学生是否掌握了那些需要掌握的内容，并解决部分学生对这种学习方式的抵触情绪。

解决这些问题的一个好的方法就是打造一个有多学科背景的教学团队，尝试开展一些跨学科整合的项目。一个艺术或者劳技课教师在动手实践方面会比较有经验；而科学、数学教师通常在计算上比较在行。在第 10 章介绍过的加利福尼亚州卡斯迪加学校和它的创意无边实验室（Bourn Idea Lab[⊖]）的网站上，介绍了很多他们学生做的跨学科项目，从制造达芬奇机械、设计循环系统到制作发光节日贺卡都有。

> **提示：**
>
> 通过介绍我们可以看到，作为技术专家，我们最好的进入方法是询问教师他们最想和学生一起做的事情是什么，并且帮助教师确定哪些活动是比较容易实现的。如果人们不能理解这件事情的可行性，那么他们的认知就会走极端，要么会觉得事情离他们很远、太高大上，要么觉得太低端、觉得为什么不用他们熟悉的传统方法实现。

⊖ 官网为 www.benetech.org。一个致力于用软件赋能社区，让社区更美好的组织。——原书注
⊖ 全称为 Digital Image And Graphic Resources for Accessible Materials，网址为 http://diagramcenter.org。——原书注
⊖ 实验室博客网址为 http://bournidealab.blogspot.com。——原书注

让我们造起来

之前介绍的所有内容都是基于一个基本判断，那就是基于真实体验和实践的学习是非常有效的。几年前，我曾在一个工艺美术学院体验过吹制玻璃器皿。在初学者的一天体验课程中，吹制玻璃镇纸是一个传统保留项目，就好像今天我们在介绍 3D 打印机时通常都会选择钥匙扣这类的小玩意。在图 16-6 中的就是吹制的玻璃镇纸和我做的一个花瓶。如果读者想进一步了解吹制玻璃的工艺过程，请在搜索引擎中搜索"玻璃吹制课程"之类的关键词。

图 16-6　琼的玻璃镇纸和花瓶

通过那 6 小时的体验课程，我对以前从书本中了解到的玻璃这种材料有了更全面而深入的了解。红热的玻璃和太妃糖有点类似。但不同的是，太妃糖如果温度太高，自身就会膨胀。而且在吹制玻璃时，温度很高。你就好像时时刻刻拿着一团火在到处走，所以在操作时必须很小心，包括不能穿任何化纤衣物。因为化纤衣物燃点很低，靠近高温物体时很容易就会自燃着火。在吹制玻璃中，有一项不太容易被觉察的，只有亲自操作过的人才知道的要求，那就是你的动作必须迅速而精准。那些经验丰富的吹制玻璃工艺师在工作时，动作收放自如，优美得就好像一个芭蕾舞者一样。在玻璃降温固化的过程中，每一个外部作用都会被记录在它的外形上。而由于经验有限，我在正吹制的薄壁花瓶上不经意地留下了一个不大不小的缺陷。为了不把它打碎重新融化吹制，师傅不得不接过我的半成品帮我弥补缺陷，并完成后面的吹制。

总结

本章中，我们讨论了如何通过造物学习那些传统的学科，特别是科学。首先，我们介绍了通过分析、理解本书介绍过的各种技术背后的原理而学习科学和数学的一种教学思路。然后，我们讨论了如何将技术作为一种先进工具应用到已有课程的另一种教学思路。在第 17 章，我们将跳出教科书，去探寻那些黑客和创客身上值得专业科学家学习、借鉴的地方。

第 17 章　创客，科学家的他山之石

本书中，我们经常提及科学家与创客或者黑客之间的相似性。在前一章我们也曾介绍如何在造物中教授科学。但如果两者位置调转一下，可能会发生什么情况？也就是说，科学家可以从创客或者黑客身上借鉴哪些有价值的东西呢？在这个归纳全书的章节中，我们打算分别通过两个视角讨论这个问题。首先，从实用主义的角度来看，创客社区中的技术人员和技术可以对科学家群体有什么用处？其次，从哲学的角度来看，创客与科学家在本质上究竟有多么相似，或者说有多么不同？通过不断回顾并展望我们各自共同的或独有的经验，本章将串联全书各章内容，最终表达我们各自的独立观点。

向创客学习的应用科学家

科学仪器一向价格比较昂贵。所以一台仪器常常需要使用很长时间，而且研究计划需要根据已有仪器的类型和性能来设计实验。但我们心里清楚，这并不是最好的途径，科学家应该有根据研究需要设计所需仪器的能力，而不是将就用着手边的仪器展开研究。第 6 章中介绍过的"开源实验室"就是在这方面的考虑。不过，要使自制仪器发挥作用，仍存在一些挑战。科学家虽然在自己的研究领域是专家，但是却未必都能理解他们所使用的仪器的运作细节。这会让他们容易高估或低估了自制仪器的复杂性与难度。

人通常是一个实验室最宝贵但不容易流动的资源，而实验室通常会配有维修、制作仪器的职员，所以实验室通常不会以造物素质作为挑选研究人员的首要条件。如果你是 DNA 结构某些研究领域的世界级专家，那么是否精通步进电动机的使用似乎对你并没有太大的影响。

但在某些情况下，比如某个仪器或装置并没有公司能提供，科学家如果能发挥创客技能，就能让实验设想很快成为可能，而不需要在等靠要中浪费时间。还有一种情况就是，当科学实验需要定制一批小物件，比如捕虫器之类的，而商家不愿意加工，手工制作又非常费时费力的时候，借助 3D 打印机，科学家就轻松解决小批量生产的问题。

3D 打印捕虫器

昆虫学家是一群坚韧的研究者。他们的工作让他们必须去到各种难以想象的地方，研究在那里生活的大大小小的，有些可能只有微尘大小的各种各样的昆虫。这让他们需要经常定制各种非常小的、但简单可靠的小装置来追踪昆虫的行踪，了解它们的习性。想要了解一些为教育者提供的布控款式的捕虫器的信息，可以登录 www.bugdorm.com 查阅相关资料，或者在搜索引擎中搜索关键词"捕虫器（insect trap）"。在网络上，有很多令人眼界大开、用于捕捉一些对人

类活动有影响的昆虫的捕虫小工具。

而当专业昆虫学家在追踪一些新发现的、对经济与生态有潜在威胁的昆虫时，比如第 6 章中曾提过的杂食性小蠹，他们常常需具备快速赶制一些新的捕虫设备的能力。

因此，琼一直和一些相关研究机构和人员保持接触，提醒他们关注 3D 打印技术在他们的研究领域中应用的潜力。丹·贝里（Dan Berry）就是其中一位。他是洛杉矶亨廷顿图书馆、艺术收藏和植物园（Huntington Library, Art Collections and Botanical Gardens）的苗圃管理负责人，曾经与加利福尼亚大学河畔分校合作研究过杂食性小蠹的问题。也正是他让琼和河畔分校 Richard Stouthamer 教授的实验室[⊖]保持着紧密联系。

Stouthamer 教授、Berry 和他们的合作者一直在研究杂食性小蠹的问题。在研究过程中他们发现用 3D 打印技术制作特制捕虫器，可以压缩器材准备时间。这让他们能便捷地收集这种害虫的各种行为数据。制作几十个甚至几百个这样的特制捕虫笼子，是 3D 打印机最擅长的领域。与外发加工和手工制作相比，有非常高的时效性和性价比。琼和里奇当时工作的、位于帕萨迪纳的 Deezmaker 3D 打印公司当时就和研究人员密切配合，设计定制了一系列复杂的捕虫器。

通过最初几个版本的捕虫器迭代设计，研究人员和工程师们逐步搞清了捕虫器的具体需求和技术实现手段。随后，实验室购置了 3D 打印机，方便在实验室中不断设计、改进、制作他们的捕虫器。图 17-1 展示的就是 Stouthamer 实验室的博士后研究员罗杰·邓肯·塞尔比（Roger Duncan Selby）正在使用实验室的 3D 打印机打印模型的情景。

图 17-1　在昆虫实验室中正在打印的捕虫器

⊖　实验室网站主页：www.entomology.ucr.edu/faculty/stouthamer.html。——原书注

　　如果你是一个研究人员，在实验设计时发现市面上并没有你所需要的商业化实验部件，那么使用第 2 章中介绍过的 Arduino 或者类似的系统来制作简单、小型机器人、自动化装置或仪器，是一个比较容易上手的途径。同样，现在要为装置接上一个摄像头或者接触传感器进行远程监控，也变得越来越简单。在很多科学研究领域，研究手段正逐步发生变化。在实验现场设置仪器并自动收集数据，正在成为研究人员获取实验数据的重要手段。

　　在 Arduino 用户社区中有一款专为"科学与测量（Science and Measurement）"而设计的开发板，详细信息可以登录社区 http://forum.arduino.cc，在"主题（Topics）"下查询相关信息。美国国家卫生研究院的网站上也有一个专门提供 3D 打印实验室装置模型与实物模型的网页 http://3dprint.nih.gov。

实验室自动化探索

　　稍加改装，3D 打印机就能变成简单的实验室自动化设备。假设一个科学家需要在实验中精密地控制两个小设备以特定的路径做三维空间运动。如果通过人工实现这个目标，实验室工作人员需要用双手不断重复一系列乏味的动作。但实验室和 3D 打印公司联合设计的自动化设备同样也可以实现这样的目标，甚至能做得更好。不过随后的应用表明，一旦更新了自动化流程，这个设备的某些装置可能会因此而失效。如果遇到这种情况，那就只能重新对设备编程以恢复功能。但如果这发生在最后期限之前，最后还只能靠人手完成任务。后来实验室又将 3D 打印机改装并用在一些研究项目中。但从这个案例中我们也应该总结出一个经验，那就是不能够在一个时间紧迫的项目中，尝试一些不太有把握的带有黑客风格的技术方案。因为这些方案往往有很多需要探索完善的地方。

应用创客技术展现抽象概念

　　科学家、工程师和数学家常常会通过实体模型帮助他们形象地思考抽象概念，或者通过实体模型观察最后的全尺寸实物的各种设计细节。比如古生物学家就是最早应用 3D 打印技术的科学家群体之一。他们使用 3D 扫描、打印技术替代过去的石膏翻模来复制古生物化石。并且，通过扫描以后获得的实物模型文件，便于传播、交流和修改。人们可以将 3D 打印模型放在手中一边介绍一边向其他人演示，与展示计算机图片相比，3D 打印模型有更丰富的细节和更立体的感受。

　　正如在第 11 章介绍过的，使用 3D 打印化学分子模型也是 3D 打印技术早期的一个应用场景，但那只是针对演示特定分子模型而设计的。如果你想在化学研究中使用 3D 打印制作任意分子模型，那么请确认你使用的软件是否能将模型输出为 3D 打印机能识别的格式，比如 STL。琼已经出版的著作 *Mastering 3D Printing* 中就有一章专门介绍 3D 打印技术在科学可视化中的应用与案例。一般来说如果你使用 3D 软件制作了一个"表面模型○（surface model）"，那么通过某种转化可能可以变成可输出的模型。如果你所使用的软件并不能直接生成 STL 文件，那么你可以通过搜索"转换 ** 文件为 STL"，搜索有没有对应的转换软件。○

现在，一些科学论文会在传统插图基础上增加可下载的三维模型作为辅助演示。一群美国国家航空航天局的科学家在研究环绕在船底座双星系统周围的侏儒星云时就使用了这样的技术。他们使用低分辨率射电望远镜获得了星云表面的一系列图像，然后输入到天文学建模软件中。软件将这些图片合成分析后，最终为星云建立了一个表面三维模型。这个模型也有一个适合打印输出的版本放在网络上。虽然在计算机显示器中进行三维立体显示并不是一个新鲜的技术，但是让大众能通过 3D 打印机方便、廉价地获取三维实体模型，这对交流与教学大有裨益。这个案例的详细内容可在网址 www.nasa.gov/content/goddard/astronomers-bring-the-third-dimension-to-a-doomed-stars-outburst/ 中找到。

科学家向左，创客向右？

我们清楚地认识到，很多源自黑客、创客社区的技术创意和实践能促进科学家工作的成效。但是，在本书的介绍中，我们尝试让读者看到他们两者之间平行发展的一面。那么，黑客和创客本身的哪些特质值得科学家深入思考呢？换句话来说，就是假如面对相同的问题，技术专家能为科学家提供怎样不同的视角？本节我们将通过几个案例说明我们的观点。首先，里奇会介绍黑客社区是如何进行类似于同行评议的活动的。然后，琼将谈谈科学家在科学探索中借鉴某些黑客的视角，可能会有意想不到的收益。

黑客也有同行评议

同行评议是科学家群体中的共识。在开源黑客、创客社区里，黑客和创客们也有着类似的制度。也许是不太正式的约定，但至少也是我们这个群体的共同信念。当某一个项目以开源的形式发布后，每一个人都可以获取其代码并使用。一旦这个项目获得足够的关注度，并且有很多人不断为它贡献新代码，那么这种开源模式可以让一个复杂如 Linux 的复杂系统快速迭代更新。

由于开源项目参与人员众多且约束松散，因此你也许会认为这可能会给一些别有用心的人偷偷植入恶意代码的机会，比如设置一个绕开安全防护的后门程序等。但恰恰相反，在计算机

○ 3D 建模技术一般分为两类：实体建模（Solid Modeling）和表面建模（Surface Modeling）两类。两者最大的区别是模型表面是否能围住一个封闭的空间。实体建模要求表面必须能闭合，而表面建模则不一定。——译者注

○ 一般的 3D 建模软件，如 blender 都有"输出为 STL"的功能。所以只要你的模型能被这些软件打开，就可以转换相应的模型文件为 STL 格式。——译者注

安全社区中，开源通常被视为"可信任软件"的先决条件。某个黑客可以在项目中植入恶意后门代码，但因为开源，这个漏洞也同样可以被任何一个代码审查者、使用者发现。特别是加密算法，必通过开源的方式以证明其绝对的安全性。事实上，任何代码都可以被植入后门，但因为私有代码无法被审核，而开源代码可以，这让开源代码更具有安全性、可靠性。

Truecrypt⊖ 项目的案例分析

开源项目代码安全问题的一个例子就是 Truecrypt 项目。这个软件可以让用户有加密整个硬盘中包括操作系统在内的所有个人数据的能力。显然，如果在这样一个被广泛使用的软件中有一个后门程序，那后果将会不堪设想。在 2013 年，项目社区发起了一个审查代码安全性的众筹活动。除了确保代码不含任何后门以外，还邀请了专业的密码学家寻找加密算法和程序中的任何弱点。在本书写作的时候，这份审查报告刚刚公布。报告人称，项目经审查以后并没有发现大的问题，但确定了几处在特定的异常情况下可能会受到攻击的地方。既然找到了弱点，那么程序就可以进一步改进了。

在这类情况下，一个项目的代码可以在任何时间，被任何有知识有能力的人审查的机制，远比集中审查重要得多。代码托管网站上的代码、维基百科上的页面，都是由独立个体负责审核内容的修改申请的。任何故意的错误都可以被及时发现并还原。这种机制，对别有用心的人有足够的震慑力，并且可以阻止任何不良信息进入项目。

黑客的评判标准

在软硬件开发中并没有绝对的对与错，但黑客自有其评判标准。在"黑客辞典（Jargon File）"中对于项目好坏的第一条定义是"快餐一般只能管饱，而不能管好"，而第二条就是"慢工出细活"。⊖　拼拼凑凑的系统也许能勉强工作，但是设计严谨的项目一定会更好。个中的差异与奥妙只有深入其中才能体会。

在 3D 打印模型网站上浏览各种模型时，你也许会觉得眼花缭乱，并且觉得很难分辨其中的优劣。这是因为你还处于初学阶段，并没有太多经验。3D 模型的优劣取决于很多因素，以及设计目的，然而可打印性从来都是衡量模型质量的第一条准绳。在网站上，要了解一个模型的打印质量，在评论区阅读对模型的评价是一条途径，而浏览用户贴上来的打印成品图片则是进一步确定模型质量的更好的途径。如果一个模型大家都反映不能成功打印，也没有贴相应图片，那使用者就得擦亮眼睛、提高警惕了。

与科学论文评议依靠论文的高度可复现性以及两三个同行对论文深入细致审查的方式不同，黑客的同行评议是根据社区审查、跟帖评论以及项目使用、改造过程中的使用情况汇总而成。这有点像论文一次性审查制度的迭代版本。如果一个项目没有评论、也没有人继续完善，意味着这个项目被淘汰，如同科学论文被拒稿一般。论文被拒、项目失败当然令人沮丧，负面的效应至少持续一段时间。但是在黑客评议社交性与迭代性的氛围中，可能会更容易激发作者

⊖　Truecrypt，一个流行的开源加密软件。——译者注
⊖　原文为"a quick job that produces what is needed, but not well"，"An incredibly good, and perhaps very time-consuming, piece of work that produces exactly what is needed"。——译者注

改进项目的欲望。项目也许在日后能重新引起人们的关注。

> **注意：**
>
> 　　如果一个项目没有得到黑客们的关注，那并不意味着这个项目运行不好或者没有用。这可能仅仅显得无趣，不适合黑客的口味而已。在"黑客辞典"中对一个"无趣"的项目是这样定义的："项目无趣是指这个方案既没有推进技术发展，设计与编程上也没有挑战性。"接着，"黑客辞典"进一步说道，"伪黑客们常常认为无趣的问题会极其浪费时间，解决无趣的问题应该是其他凡夫俗子做的事情。然而真正的黑客却可以化腐朽为神奇，从无趣的问题中挖掘出趣味，并且最终解决这个问题。因此，解决那些原始问题可以看作黑客的特殊使命。"所以对"有趣问题"的定义上，科学家与黑客殊途同归。

在下一节中，琼将探讨科学家和黑客们对待冒险的态度。科学家会被允许冒险和失败吗？虽然在书中我们反复提到失败乃成功之母，但是公众能够接受科学家的冒险和失败吗？这些问题都是否值得探讨。

承担风险

在本书中，我们刻画了很多关于创客、黑客、工程师、科学家以及数学家的相似之处。在琼的职业生涯早期，大约在 20 世纪 80 年代，成为科学家或工程师曾经是一件很酷的事情，这有点像人们看待创客或黑客的态度。但随着时间的推移，科学家和工程师要么被看作专家，要么被视为一群沉闷无趣的人。为此，琼问一个科学家朋友，让他用一个词描述对科学家和黑客的印象。这位科学家朋友对自己的描述是"有条不紊"，而对黑客的描述则是"富于创新"。这个答案让琼非常沮丧。精确与清晰这两种科学家应有的特质正被慢慢遗忘，让她感到遗憾。

科研资助的烦恼

害怕风险已经成为当前科研基金制度所造成的一种恶果，至少在美国如此。科学基金的竞争越来越大，课题命中比例越来越低。在某些领域中甚至需要你在展开实验之前就能证明你很有可能取得积极成果，否则无法获得资助。任何突破性的进展，都需要本科生们夜以继日、全年无休的艰苦付出。如果实验失败，项目将会悄悄地结束。这意味着其他研究者也可能会花费大量的人力物力重走这个弯路。换句话说，科学家一方面和黑客一样喜欢追寻各种新鲜问题，但却没有像黑客一样组成一个能分享各自失败经历的社区。这严重影响了科学研究进展的速度与效率。

同样，在美国医疗领域中，做任何项目一旦进入人体试验阶段，或者需要取得 FDA 认证，就得花费大量实验经费。这意味着常常需要将正在测试的成果用各种专利严密保护起来，否则很难吸引到投资者解决所需的巨额经费。研究者一旦走上了这条可能用黄金才能铺就的审查之路，面对"这是否能成功？"之类的问题，他真的无法用"嗯，也许"之类不确定的语气来应对。

低成本驱动创新

创新的成本总是高昂的吗？答案是否定的。其中一个典型的反例就是 3D 打印技术。最初，3D 打印技术是一项基础创新，以许可的形式授权给少数几个公司进行产业应用开发。少数掌握了核心专利的公司选择了高昂的价格作为壁垒，导致了当时市场相对狭窄。到了后来，正如第 9 章叙述过的一样，当技术专利过期以后，开源社区将它引了进来，并开发出很多不同类型的 3D 打印机。这一下打开了消费市场，这让那些从前牢牢掌控了技术的巨头们，比如 Stratasys、3D System 以及更早的 Z 公司，即便不再享受技术的专利保护，业绩也有很大的提升。

Stratasys 公司的股票价格因此在 2013 年达到了顶峰，比它 10 年前价格增长了 730%，而 3D System 在峰值时攀升到接近 1200%。到了 2015 年第二季度，即便两个公司的股价有了很大调整，但是依然比 20 多年前增值了超过 250%。

这种产业市场爆炸性发展的背后，有相当一部分能量来自于黑客社区。他们有能力以相对较低的成本研发新的技术和产品，并且在诸如 Kickstarter 这样的众筹平台上发布很多新项目。发展到了今天，在低端的消费级 3D 打印机市场中，一些公司基于自身利益的考虑，正试图重新利用专利作为壁垒，在市场空间中划分自己的势力范围。风物长宜放眼量，但只要成熟商业世界中任何一部分能插上黑客的翅膀，就可能给这个世界带来一些好的改变，当然也会有很多差强人意的。

可以肯定的是，黑客精神从来没有离开过软件世界。准确来说，可以认为这是由于软件项目启动成本极其低廉，不存在围绕大量资金的约束与监管的结果，至少在初创阶段如此。所以我们希望，随着硬件原型制作方面的成本大幅下降，从事硬件方面和科研成果转化方面的初创企业能像软件和互联网创业一样蓬勃发展。这些公司可能是由一群敢于冒险的创业者和投资人创立的，或者通过众筹渠道向一群志同道合的人募集创业资金。因为社会需要科学家们不断开拓未知的领域，做一些很可能会失败的创新探索。但就以目前情况而言，增加科研基金资助总量似乎不太可能发生，而众筹、风险投资支持下的低成本创新创业，这也许是支持科学家们走向伟大创新的一条可行途径。

变革时刻

世界上，很多棘手的问题通常都需要科学与社会方面协同提供综合解决方案，比如对抗全球气候变化、消除饥饿以及普及教育等。又比如在美国国内，中西部会不时经历极端严寒，如图 17-2 所示，而西南部的水资源也渐渐干涸。

也许没有任何一个人能独立给出这些问题的答案。因为这需要许多人长时间的通力协作，一步一步去解决这些问题。科学家们通过基础课题研究提供理论和知识，黑客与创客们通过创新、造物，在不断的失败与尝试发展解决问题的技术，找出具体的解决方案。我们希望本书能在这些方面让你有所启发，让你能懂得如何创新，敢于冒险，而且能在不断的实践中完善自己的想法。

　　并且，我们希望你在开始学习本书所提到的那些技术项目时，能够带上一个孩子和你一起造物，无论项目是简单还是复杂。对他们来说，这种经历也许能引领他们走进科学的大门，就像图 17-3 的小女孩一样。正如在书中所述，条条大路通罗马。无论哪一条路，都可以让勇敢的探索者到达前人从没有去过的地方。

图 17-2　芝加哥的寒冬（2014 年 2 月）

图 17-3　序言作者之一的可可正在焊接中（由 Mosa Kaleel 摄影并供图）

总结

　　本章讨论了科学家可以向黑客、创客借鉴的一些方面，比如借用一些黑客、创客所开发的技术帮助自己的研究工作，并且可以汲取他们敢于冒险的文化养分。在阐述这些观点的时候，我们试图向读者展现科学家如果多一点点创客范将会有哪些收获。

BBC micro:bit 官方学习指南

Arduino 编程：实现梦想的工具和技术

我的第一套编程启蒙绘本

乐高 BOOST 创意搭建指南：
95 例绝妙机械组合

玩转乐高 BOOST ：超好玩的
创意搭建编程指南

玩转乐高 EV3 机器人：
玛雅历险记

玩转乐高 EV3：搭建
和编程 AI 机器人

玩转乐高：拓展 EV3

玩转乐高：探索 EV3

玩转乐高虚拟搭建

VEX EDR 机器人
创客教程

VEX IQ 机器人
创客教程

从 0 到 1 机器人入门

无人机：引领空中
机器人新革命

图书在版编目（CIP）数据

STEAM 教育指南：青少年人工智能时代成长攻略 /（美）琼·霍华斯（Joan Horvath）等著；梁志成译 . —北京：机械工业出版社，2019.1

（STEAM 教育与 AI 丛书）

书名原文：The New Shop Class: Getting Started with 3D Printing, Arduino, and Wearable Tech

ISBN 978-7-111-61795-2

Ⅰ . ① S··· Ⅱ . ①琼··· ②梁··· Ⅲ . ①人工智能 – 青少年读物 Ⅳ . ① TP18-49

中国版本图书馆 CIP 数据核字（2019）第 018684 号

机械工业出版社（北京市百万庄大街 22 号　邮政编码 100037）

策划编辑：林　桢　　责任编辑：闫洪庆

责任校对：肖　琳　　封面设计：鞠　杨

责任印制：张　博

三河市国英印务有限公司印刷

2020 年 1 月第 1 版第 1 次印刷

184mm×240mm · 14.25 印张 · 323 千字

标准书号：ISBN 978-7-111-61795-2

定价：69.00 元

电话服务　　　　　　　　网络服务

客服电话：010-88361066　机 工 官 网：www.cmpbook.com

　　　　　010-88379833　机 工 官 博：weibo.com/cmp1952

　　　　　010-68326294　金 书 网：www.golden-book.com

封底无防伪标均为盗版　　机工教育服务网：www.cmpedu.com